高职高专计算机类专业系列教材

JSP程序设计

（第二版）

主编　秦继林　朱旭刚　国海涛　吴升刚

西安电子科技大学出版社

内容简介

本书深入贯彻全国教育大会精神，对接信息产业人才发展需求，落实“育人为本、德育为先、能力为重、全面发展”的人才培养理念，立足就业岗位需求，对接 JavaWeb 应用开发职业技能标准，以学生为主体，突出重点技术，在注重学生实战能力培养的同时，还着力培养其大局意识、规范意识、服务意识、责任意识、安全意识、时间观念、系统思维、创新思维等职业素质。

全书以一个红色主题漫画网站的建设任务贯穿始终，融入 JSP 与 Servlet 技术的基础知识和编程技巧，内容包括 JSP 程序设计基础、JSP 内置对象、JSP 访问数据库、Servlet 基础、MVC 设计模式、EL 和 JSTL 及 Ajax 等 JavaWeb 核心技术。本书按照典型工作任务的相互依赖关系，将学习任务分为若干层次，处于同一层次中的任务再按照知识体系进行组织。每个任务按照“任务描述→技能目标→知识链接→任务实现→拓展与提高→技能训练”的流程组织内容。最后通过一个综合实战项目来巩固 JavaWeb 应用程序开发的流程，提高学生的软件设计和编码能力。

本书提供了丰富的教学资源，希望让“学生学”“教师教”及“自主学习”都达到事半功倍的效果。本书可作为软件技术、大数据技术等电子信息类专业的教材，也可作为企业培训教材或读者自学用书。

图书在版编目 (CIP) 数据

JSP 程序设计 / 秦继林等主编 . -- 2 版 . -- 西安 : 西安电子科技大学出版社, 2025. 5. -- ISBN 978-7-5606-7674-6

Ⅰ. TP312.8；TP393.092.2

中国国家版本馆 CIP 数据核字第 2025T3G609 号

策　　划　刘小莉
责任编辑　刘小莉
出版发行　西安电子科技大学出版社 (西安市太白南路 2 号)
电　　话　(029) 88202421　88201467　　邮　　编　710071
网　　址　www.xduph.com　　电子邮箱　xdupfxb001@163.com
经　　销　新华书店
印刷单位　陕西精工印务有限公司
版　　次　2025 年 5 月第 2 版　　2025 年 5 月第 1 次印刷
开　　本　787 毫米 × 1092 毫米　1/16　　印　　张　15.5
字　　数　360 千字
定　　价　48.00 元
ISBN 978-7-5606-7674-6

XDUP 7975002-1

前　言

JSP 与 Servlet 技术作为 JavaWeb 应用开发的核心技术，不仅开发灵活、运行高效，而且可以提高系统的执行性能。随着 Internet 的发展和普及，基于 Web 的应用程序已成为软件行业的主流，JSP 与 Servlet 开发技术以其明显的优势，在 Web 应用开发领域占据着主导地位。

实践没有止境，理论创新也没有止境。为了适应软件市场的需求变化，各普通高校、高职院校和中职学校的计算机相关专业都开设了“JavaWeb 程序设计”这门课程，目标是培养学生掌握 Web 应用程序开发的基本方法；培养学生运用 JavaWeb 技术进行中小型 Web 应用系统开发的能力；培养学生形成良好的编程习惯和团队意识；培养学生的大局意识、规范意识、服务意识、责任意识、时间观念等职业素质；培养学生的自主学习和创新能力；使学生能够胜任新一代信息技术企业的 JavaWeb 程序员工作岗位，成为有技术、讲诚信的德才兼备的高素质人才，敬业奉献、服务人民。

本书坚守中华文化立场，提炼展示中华文明的精神标识和文化精髓，围绕一个红色主题漫画网站，将社会主义核心价值观和红色文化以教学案例、综合实战、学习启示、小故事等形式融入每一个教学环节。本书对接 JavaWeb 应用开发职业技能标准，采用项目贯穿、任务驱动的形式，从语言基础、核心技术、高级应用 3 个层次全面、翔实地介绍了 JavaWeb 应用开发所需的各种知识和技术。为了提高学生的学习兴趣，本书精心设计了与教学目标及课程贯穿项目结合紧密、适用于“学生学”和“教师教”的分解任务，实现了整体与部分相结合，将知识讲解融入分解任务中，能很好地指导学生实践，从而培养学生的技术应用能力，树立学习自信心。

一、内容结构

从 JSP 与 Servlet 技术的知识结构和学生的认知规律出发，本书将教学内容分为 8 章。第 1～7 章每章包括 2～3 个学习任务，每个任务中又包含若干知识点和示例。第 8 章是一个综合实战项目，通过需求分析和系统设计，让学生熟悉软件开发的流程，提高学生的软件设计和编码能力。各章任务和知识点如下表所示。

各章任务和知识点

章节名称	任　务	知　识　点
第 1 章 JSP 程序设计基础	任务 1.1　分析课程主题项目	C/S 架构与 B/S 架构
		静态网页与动态网页
		常用的动态网页技术
	任务 1.2　为漫画网站创建 Web 应用	搭建 Tomcat 服务器
		在 Eclipse 中配置 Tomcat 服务器
		创建第一个 Web 应用

续表一

章节名称	任　务	知　识　点
第 1 章 JSP 程序设计基础	任务 1.3　为漫画网站主页添加页面元素	JSP 简介
		JSP 的执行过程
		设置默认访问页
		JSP 的页面元素
第 2 章 JSP 内置对象	任务 2.1　获取管理员的登录请求	JSP 内置对象概述
		out 对象
		request 对象
		response 对象
	任务 2.2　实现页面的访问控制	session 对象
		include 指令
	任务 2.3　统计网站的访问次数	application 对象
		对象的作用域
		其他内置对象
第 3 章 JSP 访问数据库	任务 3.1　实现管理员的登录功能	搭建 MySQL 数据库开发环境
		JDBC 技术简介
		JDBC 实现数据查询功能
		优化数据查询代码
	任务 3.2　用简单的三层架构实现漫画类型的添加	基于 PreparedStatement 实现数据的添加
		软件设计分层模式
	任务 3.3　优化三层架构代码	BaseDao 的抽取
		基于接口的优化分层代码
第 4 章 Servlet 基础	任务 4.1　获取会员的注册请求	Servlet 简介
		Servlet API
		Servlet 的简单应用
		Servlet 的生命周期
	任务 4.2　基于 Servlet 和三层架构完成会员的注册	用 Eclipse 向导创建 Servlet
		JSP 与 Servlet 的关系
	任务 4.3　使用 Filter 对注册请求进行编码过滤	Filter 简介
		Filter API
		Filter 的简单应用
		用 Eclipse 向导创建 Filter
第 5 章 MVC 设计模式	任务 5.1　基于 MVC 实现漫画类型的删除与修改	JavaBean 简介
		MVC 编程模式
		JSP Model1 与 JSP Model2
		MVC 模式与三层架构的区别

续表二

章节名称	任　务	知　识　点
第 5 章 MVC 设计模式	任务 5.2　实现漫画类别的分页显示	分页技术简介
		分页的实现思路
	任务 5.3　基于 MVC 实现漫画信息的添加	用 Commons-FileUpload 组件实现文件上传
		用 Commons-FileUpload 组件控制文件上传
第 6 章 EL 和 JSTL	任务 6.1　使用 EL 表达式实现问卷调查	EL 表达式概述
		EL 表达式的语法
		EL 表达式隐式对象
	任务 6.2　使用 JSTL 和 EL 显示漫画列表	JSTL 概述
		JSTL 核心标签库简介
		通用标签
		条件标签
		迭代标签
第 7 章 用 Ajax 改善用户体验	任务 7.1　基于 Ajax 实现无刷新的用户名存在性验证	Ajax 技术概述
		jQuery 的 $.ajax() 方法
	任务 7.2　使用 JSON 生成漫画类型列表	JSON 简介
		JSON 的基本用法
第 8 章 综合实战项目	任务 8.1　需求分析	项目概述
		功能分析
	任务 8.2　数据库设计	数据字典及表结构设计
	任务 8.3　参考界面设计	根据功能提供参考界面

二、本书特点

(1) 打破传统的教学模式，用案例贯穿和任务驱动的形式组织教学内容。全书共包含 22 个学习任务，通过对每个任务进行详细分析，让学生直观地了解每节课要解决的问题和可以实现的效果，从而解决了传统教学中只讲知识点概念而不讲知识点应用的问题。

(2) 加强实践教学环节，突出“做中教，做中学”的职业教育特色。采用“演示与思考”“边讲边做”“讨论与交流”“技能训练”等学生能够参与的教学活动形式，使学生能够轻松地掌握 JavaWeb 应用开发所需的基础知识和基本技能。

(3) 内容浅显易懂，图示丰富直观，可为学生自主学习提供方便。每个知识点都配有简单易懂的示例，每个任务的实现过程都有丰富的代码配图，让学生的学习更加简单、更加直观。

三、学时安排

本书建议学时为 80 学时，各章建议学时安排如下表所示。

建议学时安排

章 节 名 称	建议学时
第 1 章　JSP 程序设计基础	8
第 2 章　JSP 内置对象	8
第 3 章　JSP 访问数据库	12
第 4 章　Servlet 基础	10
第 5 章　MVC 设计模式	10
第 6 章　EL 和 JSTL	8
第 7 章　用 Ajax 改善用户体验	8
第 8 章　综合实战项目	16
合　　计	80

四、适用范围

本书不仅适合软件技术专业、计算机应用技术专业，以及大数据、云计算等新兴专业的教师和学生使用，还适合对 JavaWeb 应用程序开发有兴趣的编程爱好者自学。

五、致谢

本书由秦继林撰稿并整理示例代码，由朱旭刚、国海涛和吴升刚开发课程案例。感谢所有参与本书编写及教材论证的教师和专家，同时感谢浪潮电子信息产业股份有限公司、金现代信息产业股份有限公司、山东麦港数据系统有限公司提供的宝贵建议与支持。

由于作者水平有限，疏漏之处在所难免，恳请各位读者批评指正。

编　者

2025 年 5 月

目　录

第1章　JSP 程序设计基础

情景描述

本书选取红色主题漫画网站作为课程主题项目，融入家国情怀、职业道德、职业意识、职业能力等元素。所有知识点将围绕该项目逐层递进、逐步扩展，从而营造出一个积极向上的学习情境。

本章的主要学习任务是分析漫画网站的功能并完成数据库设计、创建网站的 Web 应用、为网站主页添加页面元素，并且能够运用集合进行数据存取，进而掌握动态网站的运行原理、JavaWeb 项目的开发流程、JSP 基本语法以及集合框架在 Web 项目中的常见用法。

学习目标

- ✧ 了解 C/S 架构与 B/S 架构。
- ✧ 熟悉静态网页与动态网页的区别。
- ✧ 熟悉动态网站的运行原理。
- ✧ 掌握 JavaWeb 项目的开发流程。
- ✧ 掌握 JSP 的执行过程。
- ✧ 掌握 JSP 的基本语法。
- ✧ 掌握集合框架在 Web 项目中的常见用法。
- ✧ 培养科学系统的软件工程思维模式。
- ✧ 培养 B/S 程序架构的全局观。
- ✧ 培养系统思维和团队意识。

任务 1.1　分析课程主题项目

任务描述

从开发背景、功能描述、界面设计及数据提取等方面，对漫画网站原型进行分析，进而熟悉该项目的主要功能，并完成数据库的设计。

技能目标

✧ 能够运用 B/S 思维设计应用程序。
✧ 能够绘制系统功能结构图。

知识链接

1.1.1 C/S 架构与 B/S 架构

信息化时代的一个主要特征就是计算机网络的应用。计算机网络从最初的集中式运行模式，经过了 C/S 阶段，已经发展到目前最流行的 B/S 运行模式。C/S 是一种历史悠久且技术成熟的架构，B/S 是从 C/S 派生而来的新生代架构，有很多创新，是 Web 时代的产物。

一、C/S 架构

1. 概念

C/S 架构的全称是 Client/Server 架构，即客户端 / 服务器端架构。其中，客户端包含一个或多个在用户电脑上运行的程序。服务器端有两种：一种是数据库服务器端，客户端通过数据库连接访问服务器端的数据；另一种是 Socket 服务器端，服务器端的程序通过 Socket 与客户端的程序进行通信。

如图 1-1 所示，C/S 架构也可以称为胖客户端架构，因为客户端需要实现绝大多数的业务逻辑和界面展示。这种架构中，客户端需要承受很大的压力，因为显示逻辑和事务处理都包含在其中，通过与数据库的交互完成数据持久化，以此满足实际项目的需求。

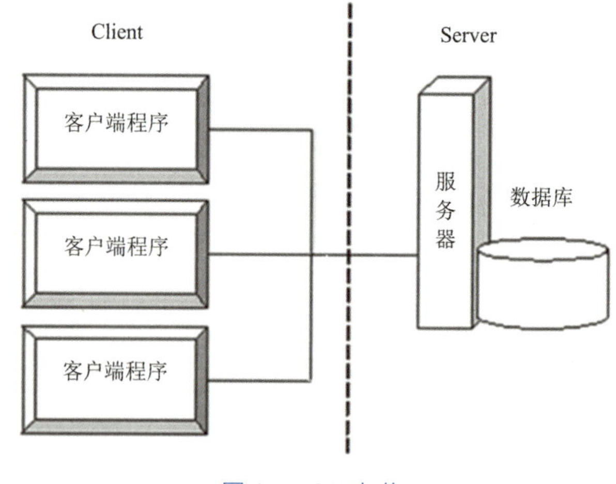

图 1-1 C/S 架构

2. 特点

(1) 优点：

① C/S 架构的界面和操作很丰富；

② 安全性能够得到有效保障；

③ 交互模式简单，响应速度较快。

(2) 缺点：

① 适用面窄，通常用于局域网中；

② 由于客户端程序需要安装才可使用，因此不适合面向一些不可知的用户；

③ 维护成本高，若要完成一次升级，所有客户端程序都需要变更。

二、B/S 架构

1. 概念

B/S 架构的全称是 Browser/Server 架构，即浏览器 / 服务器架构。Browser 是指 Web 浏览器，即客户端无须特殊安装，只要有 Web 浏览器即可。前端只承担极少数的事务逻辑，主要事务逻辑在服务器端实现。

如图 1-2 所示，B/S 架构也可以称为瘦客户端架构，因为客户端包含的操作很少，主要负责数据呈现，事务处理逻辑大部分放在了 Web 应用程序上，这样就减少了客户端的压力。

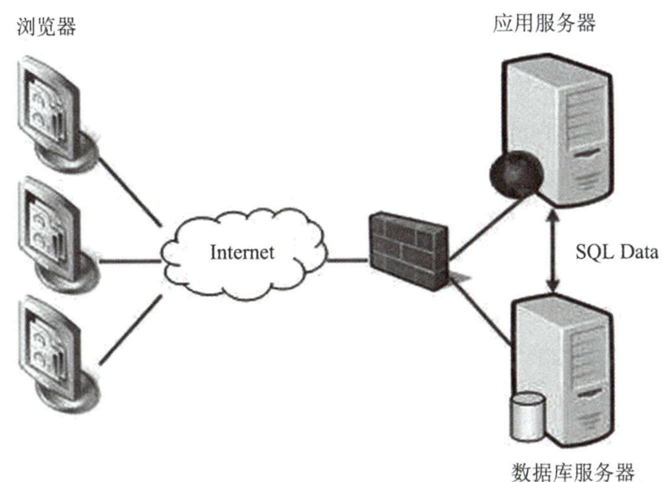

图 1-2　B/S 架构

2. 特点

(1) 优点：

① 客户端无须安装，有 Web 浏览器即可；

② B/S 架构的系统可以直接配置在广域网上，实现多客户访问，适用面广；

③ 维护成本低，完成一次升级，无须升级多个客户端，升级服务器即可。

(2) 缺点：

① 在浏览器兼容性方面，B/S 架构的能力不尽如人意；

② B/S 架构的前端表现力很难达到 C/S 架构的程度；

③ 在速度和安全性上需要花费巨大的设计成本；

④ 客户端与服务器端的交互是请求 - 响应模式，通常需要刷新页面。

应该说，B/S 架构和 C/S 架构各有千秋，它们都是当前非常重要的系统架构。在适用性、维护的工作量等方面，B/S 架构比 C/S 架构要强很多；但在运行速度、数据安全、人机交互等方面，B/S 架构远不如 C/S 架构。然而，随着计算机系统将浏览器技术植入操作系统内部，B/S 架构已成为当今应用软件的首选架构。

1.1.2　静态网页与动态网页

B/S 架构一般由浏览器、Web 应用程序和数据库服务端构成，而 Web 应用程序其实是由许多 Web 页面构成的，这些 Web 页面又分为静态网页和动态网页。网站设计师会根据网站的实际情况选择设计不同的网页。那么，静态网页和动态网页之间究竟有什么区别呢？

一、静态网页

1. 概念

静态网页不是指网页中的元素都静止不动，而是指网页文件中没有后台代码，只有 HTML 标记，一般后缀为 .htm、.html、.shtml 或 .xml 等。静态网页可以包含 GIF 动画、Flash 动画、JavaScript 脚本等。

静态网页一经制成，内容不会再发生变化，不管何人何时访问，显示的内容都是一样的。如果要修改网页内容，就必须修改其源代码，然后重新上传到服务器上。因此，对于静态网页，用户可以直接双击打开，看到的效果与访问服务器是相同的，即服务器参加与否对页面内容不会产生影响。

2. 工作流程

如图 1-3 所示，静态网页的工作流程可以分为以下 3 个环节：

(1) 创建静态网页文件，并在 Web 服务器上发布；

(2) 用户在浏览器地址栏中输入该网页的 URL，并发送请求到 Web 服务器；

(3) Web 服务器找到该静态网页的位置，并将其转换为 HTML 流传送到客户端浏览器。

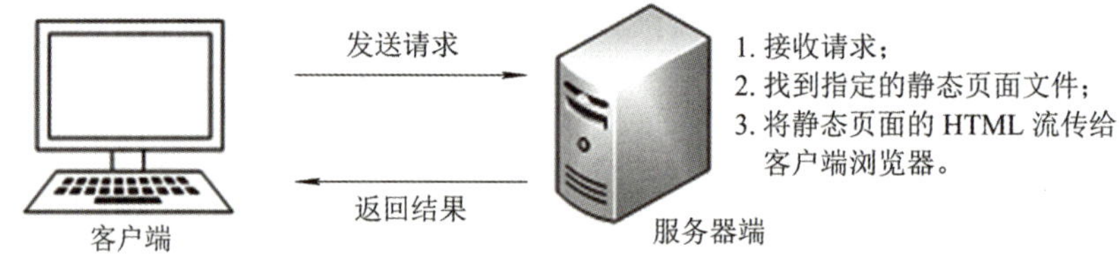

图 1-3　静态网页工作流程

二、动态网页

1. 概念

动态网页是指在服务器端运行的网页文件，其中除了使用 HTML 标记，还包含一些实现特定功能的程序代码，这些代码使得浏览器与服务器之间可以进行交互，即服务器可以根据客户端的不同请求动态产生网页内容。动态网页的后缀名通常根据所用的程序设计语言的不同而不同，一般为 .asp、.aspx、cgi、.php、.perl、.jsp 等。动态网页可以根据不同的时间、不同的浏览者显示不同的信息。常见的论坛、聊天室及本书的贯穿项目都是用动态网页实现的。

2. 工作流程

动态网页相对复杂，不能直接双击打开。如图 1-4 所示，动态网页的工作流程一般分为以下 4 个环节：

(1) 创建动态网页文件，编写功能代码，并在 Web 服务器上发布；

(2) 用户在浏览器地址栏中输入该网页的地址，并发送访问请求到 Web 服务器；

(3) Web 服务器找到此动态网页的位置，并执行其中的程序代码，进而动态建立 HTML 流传给客户端浏览器；

(4) 客户端浏览器接收到 HTML 流，显示此网页的内容。

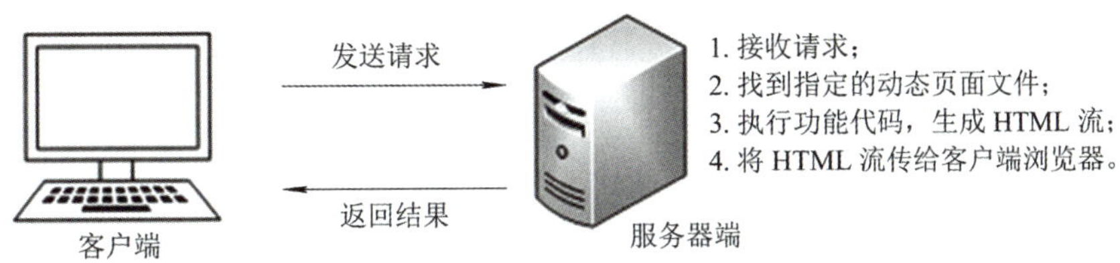

图 1-4　动态网页工作流程

静态网页和动态网页之间并不矛盾。在 Web 应用程序开发中，可以采用静动结合的原则，动态内容用动态网页实现，静态内容用静态网页实现。在同一个网站中，动态网页内容和静态网页内容同时存在也是很常见的事情。

1.1.3　常用的动态网页技术

无论何种网络资源，想被远程客户端访问，都必须有一个与之对应的网络通信程序。当发出访问请求时，这个网络通信程序将读取该资源的具体数据，并发送给来访者。Web 服务器就是这样一个程序，它用于完成底层网络通信，处理客户请求。有了 Web 服务器，Web 应用程序的开发者只需关注如何编写 Web 资源，而无须关心资源如何发送到客户端，从而减轻了开发者的工作量。

在面向服务器的 Web 开发中，客户端浏览器无须任何附加的软件支持，即使是动态网页，其功能代码的执行结果也会被重新嵌入 HTML 代码中，然后一起发送给浏览器。其中的 HTML 代码主要负责描述信息的显示样式，而功能代码则用来描述处理逻辑。普通的 HTML 页面只依赖于 Web 服务器，而动态页面则需要附加的引擎来分析和执行功能代码。

常用的动态 Web 开发技术有 ASP、ASP.NET、PHP、JSP 等。

一、ASP

ASP(Active Server Page) 意为动态服务器页面，它是由微软开发的嵌在网页中并由服务器端运行的脚本技术 (与浏览器无关)。

适用 ASP 的 Web 服务器：Windows 下的 Internet Information Services(IIS)。

适用 ASP 的语言：VBS/JS 脚本语言 + HTML。

ASP 既不是一种程序语言，也不是一种开发工具，而是一种技术框架。

二、ASP.NET

ASP.NET 并非编程语言，而是微软针对 ASP 的缺点研发的一种新的开发平台。它实现了业务逻辑和 HTML 页面的文件分离，无论页面原型如何改变，业务逻辑代码都不必做任何改动，代码重用性和维护性得到了提升。

适用 ASP.NET 的 Web 服务器：Windows 下的 Internet Information Services(IIS)。

适用 ASP.NET 的语言：C# 语言、VB 语言、J# 语言等 + HTML，其中 C# 最常用。

三、PHP

PHP 是 Professional Hypertext Preprocessor（超文本预处理语言）的缩写。PHP 原本的简称为 Personal Home Page，最初是丹麦程序员为了维护个人网页而用 C 语言开发的一些工具程序集，后来又用 C 语言重新编写，增加了数据库访问功能。

PHP 也是一种在服务器端执行的嵌入 HTML 文档的脚本语言，语言风格类似 C 语言。由于 PHP 具有简单高效、开源免费、跨平台等特性，因而受到很多 Web 开发人员的欢迎。

PHP 支持绝大多数数据库，常搭配 MySQL 数据库和 Apache Web 服务器。

四、JSP

JSP 的全称为 Java Server Pages，是以 Java 语言作为脚本语言的新一代网站开发技术。

适用 JSP 的 Web 服务器：Tomcat、WebLogic、JBoss、WebSphere 等。

适用 JSP 的语言：Java 程序段 (Scriptlet) 和 JSP 标记 (tag) + HTML。

由于 Java 语言具有跨平台特性，故 JSP 不受操作系统或开发平台的制约，而且有多种服务器可以支持，因此，JSP 经常在企业级系统开发中使用。

在后续章节中，我们将采用 JSP 及其相关技术，完成漫画网站的大部分功能。

任务实现

下面对漫画网站原型进行分析，熟悉该项目的主要功能，并完成数据库的设计。

一、开发背景

动漫文化已成为信息时代的重要文化形态之一，是科技、艺术、思想的高度融合，所传达的信息十分丰富，已经逐渐成为当代青少年休闲生活的一部分。本书选取红色主题漫画网站设计作为课程主题项目，将中华文化、红色经典、革命历史、英雄故事等素材以深受青少年喜爱的动漫形式予以呈现，将观赏动漫与继承革命传统、弘扬革命精神、传承红色基因交互融合，帮助青少年接受爱国主义教育，树立正确的人生观、价值观。

二、功能描述

漫画网站有三类用户，分别是管理员、会员及匿名用户。其系统结构如图 1-5 所示。匿名用户只能浏览网站首页、阅读部分在线漫画；用户注册后才能成为会员，会员登录后可以查看所有漫画信息、阅读所有在线漫画、使用漫画心愿单及购买实物漫画书；管理员无须注册，直接使用固定账号登录即可对会员及漫画信息进行管理。

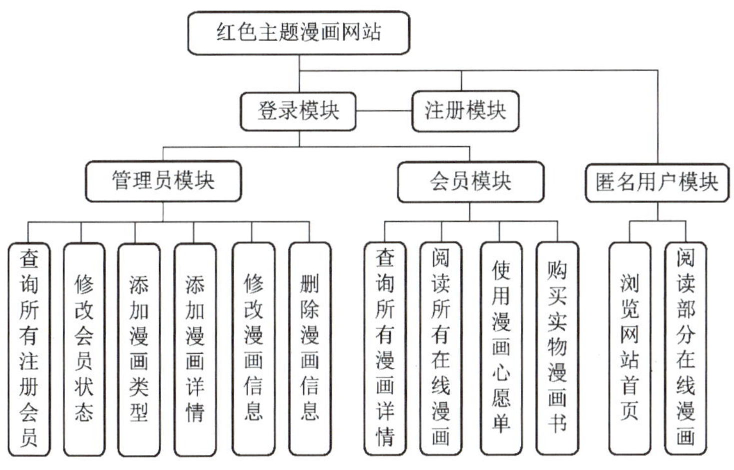

图 1-5　系统结构图

■ **启示：项目整体管理，需要大局观**

观大势者明，谋大局者胜。在软件项目中，大局观应该贯穿软件开发过程的始末。无论是整体规划，还是局部方案，都不能偏离总目标。

三、原型界面设计

1. 主页

如图 1-6 所示，红色主题漫画网站主页中包含最新发布的漫画信息及会员登录模块。

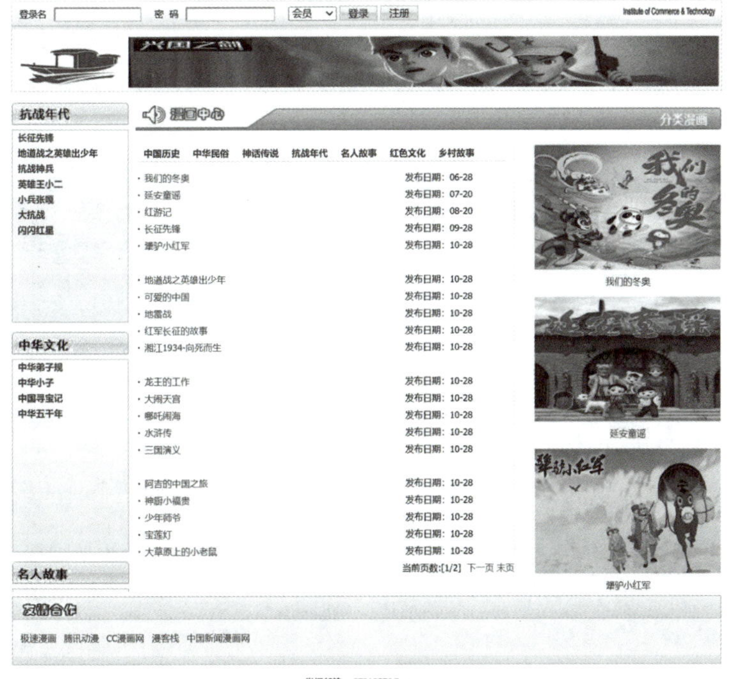

图 1-6　红色主题漫画网站主页

2. 会员注册页面

会员注册页面如图 1-7 所示。用户注册需要填写账号、密码、姓名、年龄、邮箱、电话、住址、性别及所属省份信息。

欢迎注册我的漫画网站！

兴国之剑

返回

用户注册：

账号：

密码：

确认：

姓名：

年龄：

邮箱：

电话：

住址：

性别：○男 ○女

省份：山东省

提交 重置

关于我们 | 联系我们 | 广告服务 | 法律声明 | 招聘信息 | 网站地图 | 留言反馈

图 1-7 会员注册页面

3. 会员主页

如图 1-8 所示，会员主页包含动漫信息查询、心愿单及实物订单查询等功能。

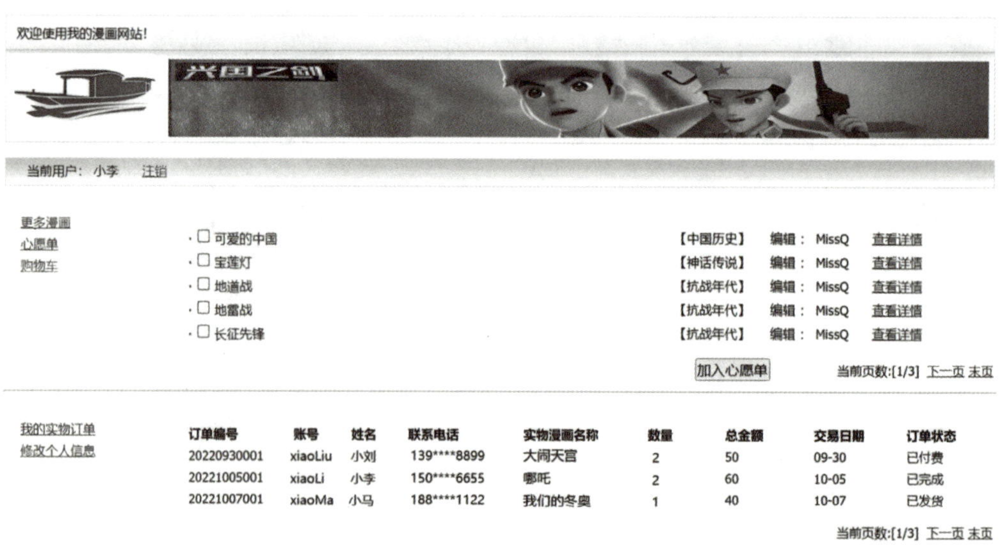

图 1-8 会员主页

4. 漫画详情页面

如图 1-9 所示，漫画详情页面包含动漫主题、封面图片、内容介绍、发布人、发布日期、更新时间及阅读链接等内容。

图 1-9　漫画详情页面

5. 实物购买页面

实物购买页面如图 1-10 所示，会员在购买实物漫画书时需要提供漫画名称、购买数量、收件人姓名、联系电话、收货地址等信息。

欢迎选购我的漫画书！

兴国之剑

返回

购买实物：

名称：

单价：元

数量：

合计：元

姓名：

电话：

地址：

购买 重置 加入购物车

关于我们 | 联系我们 | 广告服务 | 法律声明 | 招聘信息 | 网站地图 | 留言反馈

图 1-10　实物购买页面

6. 实物订单查询页面

实物订单查询页面如图 1-11 所示。会员在实物订单查询页面中可以确认收货。

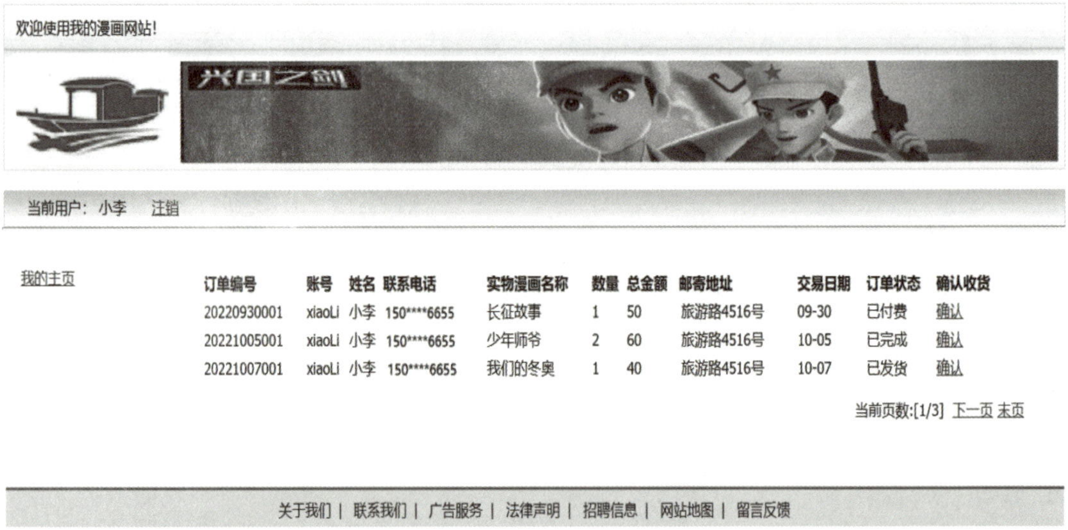

欢迎使用我的漫画网站！

兴国之剑

当前用户：小李　注销

我的主页

订单编号	账号	姓名	联系电话	实物漫画名称	数量	总金额	邮寄地址	交易日期	订单状态	确认收货
20220930001	xiaoLi	小李	150****6655	长征故事	1	50	旅游路4516号	09-30	已付费	确认
20221005001	xiaoLi	小李	150****6655	少年师爷	2	60	旅游路4516号	10-05	已完成	确认
20221007001	xiaoLi	小李	150****6655	我们的冬奥	1	40	旅游路4516号	10-07	已发货	确认

当前页数:[1/3] 下一页 末页

关于我们 | 联系我们 | 广告服务 | 法律声明 | 招聘信息 | 网站地图 | 留言反馈

图 1-11　实物订单查询页面

7. 管理员主页

管理员主页如图 1-12 所示。管理员登录后，可以对会员信息、漫画类型、漫画信息及实物订单等数据信息进行管理。

图 1-12　管理员主页

8. 添加漫画种类页面

添加漫画种类页面如图 1-13 所示。管理员登录后，可以添加漫画种类。

图 1-13　添加漫画种类页面

9. 添加漫画详情页面

添加漫画详情页面如图 1-14 所示。管理员登录后，可以根据漫画种类添加漫画详情，包括漫画类型、标题、作者、链接、库存、内容简介及封面图片等信息。

欢迎使用漫画网站!

兴国之剑

管理员：MissQ 注销

我的主页
添加种类
添加漫画
更多漫画

添加漫画：

类型 中国历史

标题 作者

编辑 链接

时段 库存

内容简介

出版社 上传图片 选择文件 未选择文件

提交 重置

关于我们 | 联系我们 | 广告服务 | 法律声明 | 招聘信息 | 网站地图 | 留言反馈

图 1-14　添加漫画详情页面

10. 实物订单管理页面

实物订单管理页面如图 1-15 所示。管理员可以在实物订单管理页面中进行发货操作。

我的主页

订单编号	账号	姓名	联系电话	实物漫画名称	数量	总金额	邮寄地址	交易日期	订单状态	确认发货
20220930001	xiaoLi	小李	150****6655	地道战	1	50	旅游路4516号	09-09	已付费	发货
20221005001	xiaoLi	小李	150****6655	长征先锋	2	60	旅游路4516号	10-05	已完成	发货
20221007001	xiaoLi	小李	150****6655	红游记	2	60	旅游路4516号	10-17	已发货	发货

当前页数:[1/3] 下一页 末页

关于我们 | 联系我们 | 广告服务 | 法律声明 | 招聘信息 | 网站地图 | 留言反馈

图 1-15　实物订单管理页面

■ 说明：本书贯穿项目的原型代码已在本书配套资源中提供，请读者从出版社网站自行下载，并根据实际需求进行调整。

四、数据库设计

通过对漫画网站进行模块划分和原型分析，不难发现该项目的主要功能集中在会员信息和漫画信息的管理上，因此，该项目的主要数据也集中在这两个模块中。

1. 数据字典

根据漫画网站的功能分析，各数据对象可以通过如表 1-1 所示的数据字典进行描述。该数据字典包含管理员信息表、漫画类型表、漫画信息表、会员信息表和实物订单信息表五部分。

表 1-1　数 据 字 典

序号	表	功能说明
1	admin	管理员信息表
2	cartoontype	漫画类型表
3	cartoon	漫画信息表
4	user	会员信息表
5	ct_order	实物订单信息表

2. 实体关系图

各数据实体之间的逻辑关系如图 1-16 所示。

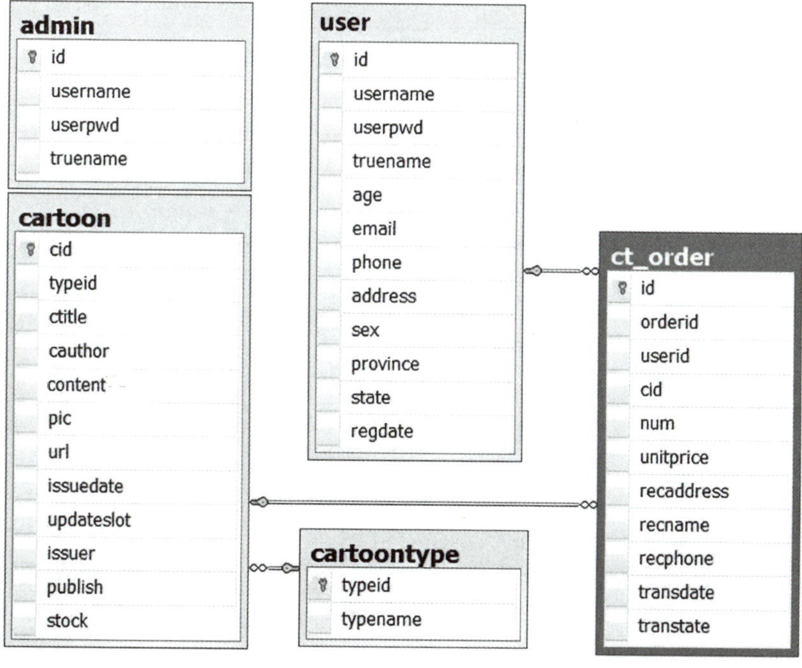

图 1-16　数据实体关系图

3. 数据表设计

如表 1-2～表 1-6 所示，分别对管理员信息、漫画类型、漫画信息、会员信息及实物订单信息进行数据设计。

表 1-2 管理员信息表

表 名	列名	数据类型	长度	空 / 非空	约束条件	说 明
admin (管理员信息表)	id	int		非空	主键 (Primary Key)	编号
	username	varchar	50	非空		管理员账号
	userpwd	varchar	50	非空		管理员密码
	truename	varchar	50			管理员姓名

注：管理员无须注册，直接使用现有账号登录即可；id 是自动增长列。

表 1-3 漫画类型表

表 名	列名	数据类型	长度	空 / 非空	约束条件	说 明
cartoontype (漫画类型表)	typeid	int		非空	主键 (Primary Key)	类型编号
	typename	varchar	50	非空		类型名称

注：typeid 是自动增长列。

表 1-4 漫画信息表

表 名	列名	数据类型	长度	空 / 非空	约束条件	说 明
cartoon (漫画信息表)	cid	int		非空	主键 (Primary Key)	编号
	typeid	int		非空	外键 (Foreign Key)	漫画类型
	ctitle	varchar	200	非空		漫画标题(名称)
	cauthor	varchar	50			漫画作者
	content	text				内容简介
	pic	varchar	50			封面图片
	url	text		非空		阅读链接
	issuedate	datetime		非空		发表日期
	updateslot	varchar	50			更新时间段
	issuer	varchar	50	非空		编辑
	publish	varchar	50			出版社
	stock	int		非空		库存量

注：① cid 是自动增长列；

② typeid 是漫画类型表的外键，用来表示漫画所属类型。

表 1-5　会员信息表

表　名	列名	数据类型	长度	空 / 非空	约束条件	说　明
user (会员信息表)	id	int		非空	主键 (Primary Key)	编号 (自增)
	username	varchar	50	非空		账号
	userpwd	varchar	50	非空		密码
	truename	varchar	50	非空		姓名
	age	int				年龄
	email	varchar	50			邮箱
	phone	varchar	50			联系电话
	address	varchar	50			地址
	sex	varchar	50	非空		性别
	province	varchar	50	非空		省份
	state	int		非空		状态
	regdate	datetime				注册日期

注：state 表示会员状态，有激活和冻结两种取值，分别用 1 和 0 表示，默认为 1。

表 1-6　实物订单信息表

表　名	列名	数据类型	长度	空 / 非空	约束条件	说　明
ct_order (实物订单信息表)	id	int		非空	主键 (Primary Key)	编号 (自增)
	orderid	varchar	50	非空		订单编号
	userid	int		非空	外键 (Foreigh Key)	会员编号
	cid	int		非空	外键 (Foreigh Key)	漫画编号
	num	int		非空		购买数量
	unitprice	decimal(6,2)		非空		漫画单价
	recaddress	varchar	200	非空		收货地址
	recname	varchar	100	非空		收货人
	recphone	varchar	50	非空		电话
	transdate	datetime		非空		交易日期
	transtate	varchar	50	非空		订单状态

注：① orderid 由日期和随机编码 (或时间戳) 组成，在生成时需要进行查重；

② userid 是会员信息表的外键；

③ cid 是漫画信息表的外键；

④ transtate 表示订单状态，有待付款、已付款、已发货和已完成四种取值。

■ 说明：本书贯穿项目的数据库脚本已在本书配套资源中提供，其中包括建库、建表、插入测试数据等命令，请读者自行下载。该脚本适用于 SQL Server 和 MySQL 数据库，读者可以根据实际需求进行调整。

拓展与提高

在对应用程序进行分析的过程中，如何把需求和功能准确地描述出来是非常关键的，而用例图就是非常重要的需求描述工具之一。

用例图是由参与者 (Actor)、用例 (Use Case) 以及它们之间的关系构成的用于描述系统功能的静态视图，它列出了系统中的用例和系统外的参与者，并显示哪个参与者参与了哪个用例的执行，多用于静态建模阶段。

用例图一般由参与者、用例、系统边界以及用例图中的关系四类元素构成。

■ 启示：用户至上，强化服务意识

在软件项目中，需求分析是项目成败的关键。需求是衔接用户方与开发方的桥梁。需求人员只有具备较强的服务意识，换位思考，才能准确把握客户的真实需求。

一、参与者

参与者不是特指人，而是指系统以外的、在使用系统或与系统交互中所扮演的角色。因此参与者可以是人，可以是事物，也可以是其他系统等。参与者在用例图中用简笔人物画来表示，人物下面附上参与者的名称。

二、用例

用例是对包括变量在内的一组动作序列的描述，系统执行这些动作，并产生可观察的结果。简单来说，用例就是参与者想要系统做的事情。对于用例的命名，可以选择简单的、带有动作性的名称。用例在画图中用椭圆来表示，椭圆下面附上用例的名称。

三、系统边界

系统边界是用来表示正在建模系统的边界。边界内表示系统的组成部分，边界外表示系统外部。系统边界在画图中用方框来表示，同时附上系统的名称，参与者画在边界的外面，用例画在边界的里面。在画图时，系统边界可以省略。

四、用例图中的关系

如表 1-7 所示，用例图中的关系有关联、包含、扩展及泛化四种，分别用不同的图形表示。图 1-17 是一个关于用户管理系统的用例图，比较形象地展示了这四种关系。

表 1-7 用例图中的关系

关系		描述	图形表示
参与者与用例之间的关系	关联	表示参与者与用例之间的交互途径（有时也用带箭头的实线表明发起用例的是参与者）	————
用例之间的关系	包含	箭头指向的用例为被包含的用例，称为包含用例；箭头出发的用例为基用例。包含用例是必选的，如果缺少包含用例，基用例就不完整；包含用例必须被执行，不需要满足某种条件，其执行并不会改变基用例的行为	<<include>> ------->
	扩展	箭头指向的用例为被扩展的用例，称为扩展用例；箭头出发的用例为基用例。扩展用例是可选的，如果缺少扩展用例，不会影响到基用例的完整性；扩展用例在一定条件下才会执行，并且其执行会改变基用例的行为	<<extend>> ------->
参与者之间的关系	泛化	发出箭头的事物是一种箭头指向的事物。泛化关系是一般关系和特殊的关系，发出箭头的一方代表特殊一方，箭头指向的一方代表一般一方。特殊一方继承了一般一方的特性并增加了新的特性	————▷

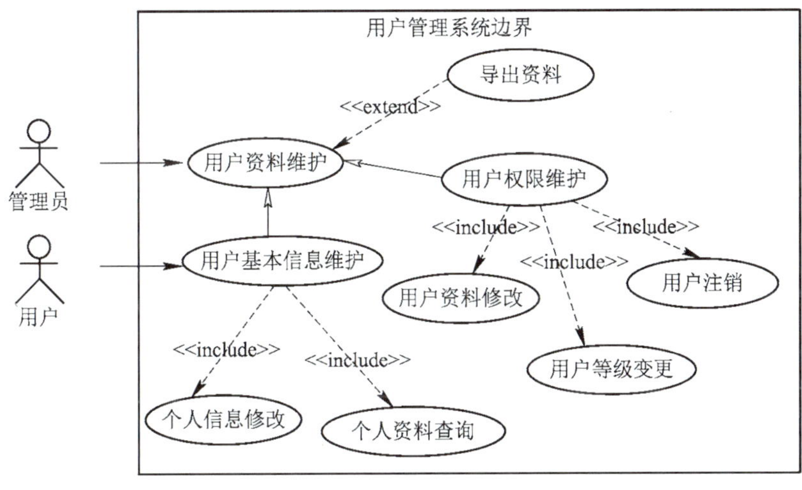

图 1-17 用户管理系统用例图

技能训练

一、目的

✧ 能够准确判断应用系统的用户需求。
✧ 能够通过用例图描述应用系统的功能划分。

二、要求

绘制课程主题项目漫画网站的会员管理模块的用例图。

任务 1.2　为漫画网站创建 Web 应用

任务描述

搭建 JavaWeb 应用程序开发环境，为漫画网站创建 Web 应用，并在服务器上发布和运行该应用。

技能目标

✧ 能够安装 JDK 并正确配置环境变量。
✧ 能够安装并配置 Tomcat 服务器。
✧ 能够为 Eclipse 配置运行时的环境和服务器。
✧ 能够用 Eclipse 创建 Web 应用。
✧ 学会创建 Web 页面。
✧ 能够发布并运行 Web 应用。

知识链接

1.2.1　搭建 Tomcat 服务器

在学习 JavaWeb 开发之前需要安装一个支持 JSP/Servlet 规范的 Web 服务器。目前，Apache Geronimo、BEA、CAS、IBM、JBoss、NEC 等厂家的产品都支持该规范。

Tomcat 是 Apache 软件基金会重点支持的项目之一，它技术先进、性能稳定、支持全部 JSP 及 Servlet 规范，而且开源免费，深受 Java 爱好者的喜爱并得到了很多软件开发商的认可，成为目前比较流行的 Web 应用服务器。

Tomcat 的版本在不断地升级，功能也在不断地完善与增强，初学者可以下载 9.0 以上的版本进行学习。

一、JDK 的安装与配置

JDK(Java Development Kit) 是 Java 语言的软件开发工具包。开发 Java 程序必须安装 JDK，否则无法编译源文件。JRE(Java Runtime Environment，Java 运行环境）是运行 Java 程序所必需的环境，包含 JVM 标准及 Java 核心类库。

在安装 Tomcat 之前，必须先安装 JDK，因为 Tomcat 本身是纯 Java 程序，需要 JVM

来运行；此外，JSP 和 Servlet 也需要 JDK 来编译。

1. 下载并安装 JDK

从甲骨文官方网站下载 JDK 安装包，如图 1-18 所示，根据自己电脑的操作系统选择正确的版本进行下载。

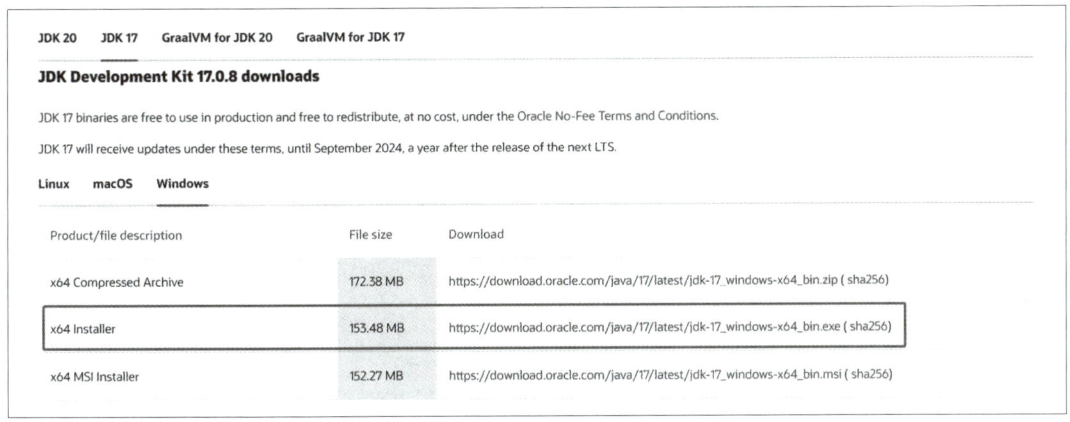

图 1-18　下载 JDK 的安装包

双击下载好的安装包，根据提示进行 JDK 的安装。安装过程中需要根据图 1-19 和图 1-20 所示选择合适的 JDK 安装路径。

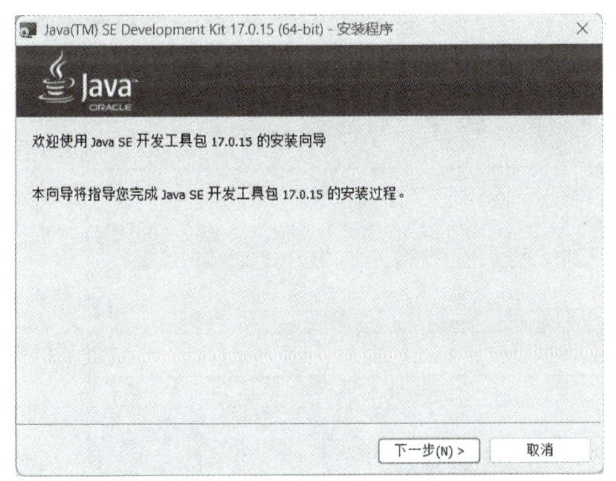

图 1-19　JDK 的安装向导

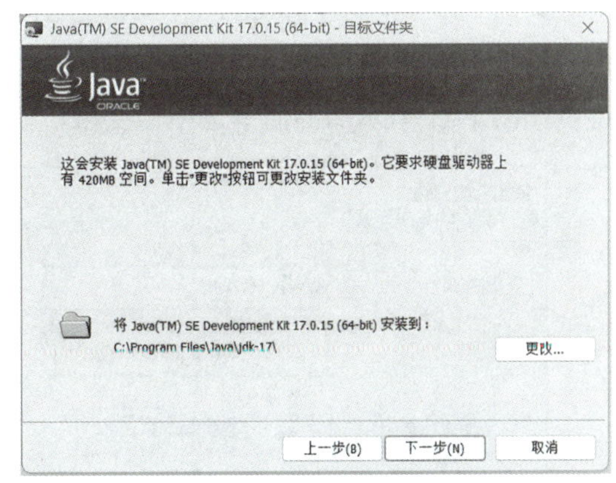

图 1-20　JRE 的安装路径

2. 配置 JDK 环境变量

环境变量是为系统或用户应用程序设置的一些参数，分为用户变量和系统变量。用户变量只对当前用户有效；系统变量对所有用户有效。每个变量的具体作用与其变量名相关。

1) 配置 JAVA_HOME 环境变量

JAVA_HOME 被规定为 JDK 的安装目录，它可以保证 Tomcat 或其他应用程序能够准确定位所需的 JDK；而且其他环境变量还可以通过 %JAVA_HOME% 来引用 JDK 安装目录，无须再输入复杂的路径字符串。

在系统桌面单击“计算机”图标，在快捷菜单中选择“属性”命令，打开“系统”对话框，如图 1-21 所示，单击“环境变量”按钮，弹出“环境变量”对话框，新建 JAVA_HOME 变量。

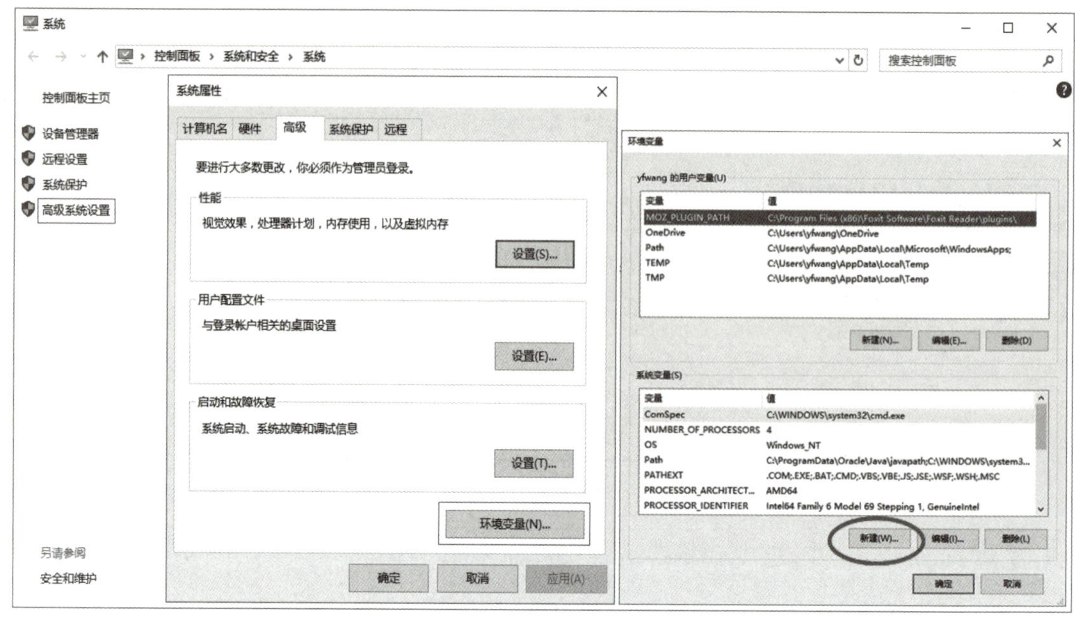

图 1-21 “环境变量”对话框

如图 1-22 所示，将 JAVA_HOME 变量的值设置为 JDK 相应版本的安装路径根目录。若系统变量中存在名为 JAVA_HOME 的变量名，则需核对变量值是否正确。如果不正确，则可以在图 1-21 所示的界面中选中该变量，单击“编辑”按钮进行修改。

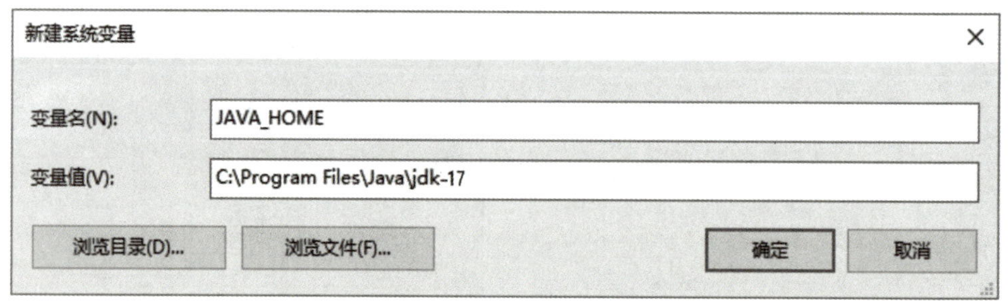

图 1-22 JAVA_HOME 变量

2) 配置 Path 环境变量

Path 环境变量的作用是指定可执行文件的完整路径。在命令行窗口中执行指令时，如果可执行文件不在当前目录下，那么系统就会依次搜索 Path 中设置的路径。

我们可以从“系统变量”中选中“Path”变量，如图 1-23 所示，单击“编辑”按钮，弹出“编辑环境变量”对话框。图 1-24 显示的是已经配置好的系统环境变量，当其中不包含 JDK 的可执行文件路径时，需单击“新建”按钮，添加一个新值“%JAVA_HOME%\bin”(或直接输入完整路径“C:\Program Files\Java\jdk-17\bin”)；当系统变量中存在 JDK 的可执行文件路径时，需核对变量值是否正确，若不正确，则可以选中相应取值，单击“编辑”按钮进行修改。

图 1-23　选择 Path 变量

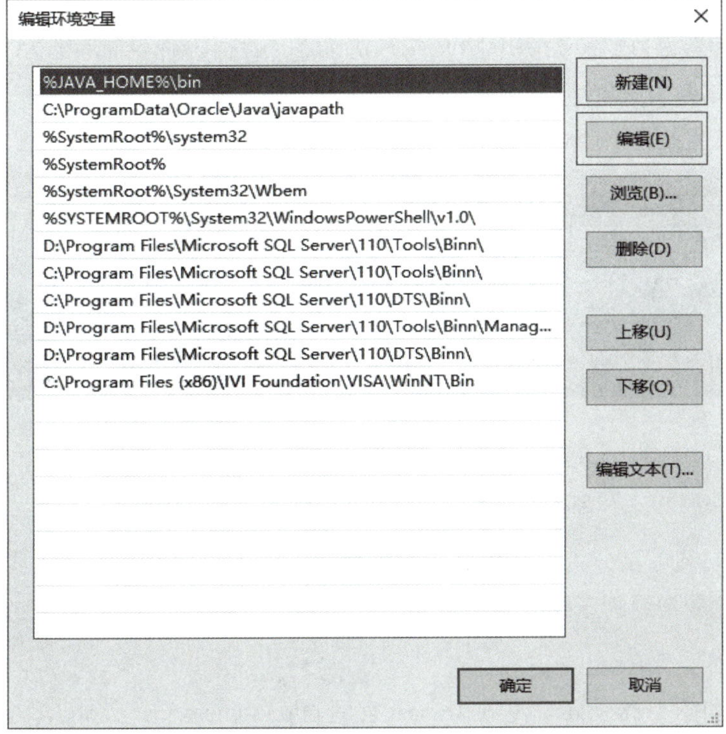

图 1-24　编辑 Path 变量

3) 配置 ClassPath 环境变量

ClassPath 环境变量用于指定程序中所使用的类文件所在的位置。在设置该变量的取值时，可以用点（“.”）来表示在当前路径下搜索 Java 类。如果编译器按照 ClassPath 指定的路径找不到所需要的类，则会提示找不到类这样的错误。

我们可以单击“系统变量”中的“新建”按钮，显示结果如图 1-25 所示，创建 ClassPath 环境变量，用于设置程序运行时所需要的类库路径。当系统变量中存在名为 ClassPath 的变量时，需核对变量值是否正确，若不正确，则可以选中 ClassPath 变量，单击“编辑”按钮进行修改。

新建系统变量

变量名(N): ClassPath

变量值(V): .;%JAVA_HOME%\lib;

浏览目录(D)... 浏览文件(F)... 确定 取消

图 1-25 设置 ClassPath 环境变量

设置 ClassPath 时，需要给出至少两部分的取值：一部分是用点表示的当前路径；另一部分是 JDK 基础类库存放的路径，即 JDK 安装路径下的 lib 文件夹。这两部分用分号隔开。如果还需要引用第三方类库，继续添加相应的路径即可。

环境变量配置好以后，如图 1-26 所示，可以通过在命令行界面中输入“java -version”来验证 JDK 环境是否配置成功。

图 1-26 验证 JDK 环境是否配置成功

二、Tomcat 的安装与启动

Tomcat 的安装可以分为安装版和压缩版两种方式，其中安装版方式比较简单。我们重点介绍目前比较常用的压缩版方式。

1. 下载压缩版 Tomcat

如图 1-27 和图 1-28 所示，进入 Tomcat 官网 http://tomcat.apache.org/，并根据需要选择合适的版本进行下载。

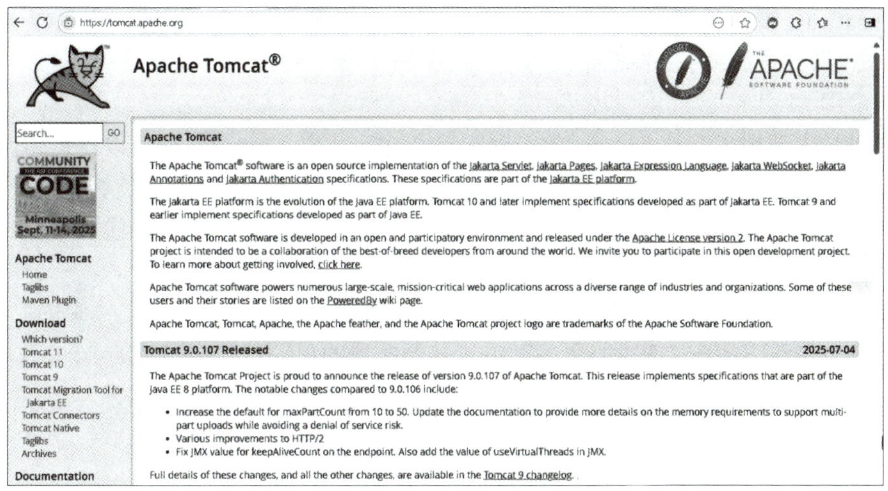

图 1-27　Tomcat 官网

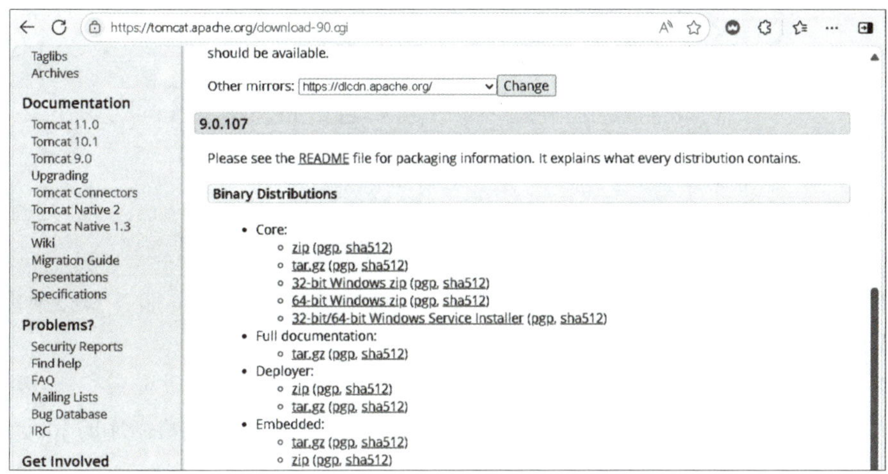

图 1-28　选择 Tomcat 版本

2. Tomcat 目录结构

把下载好的 Tomcat 压缩包解压到合适的路径下，可以看到其完整的目录结构，如图 1-29 所示。

图 1-29　解压后的 Tomcat

1) bin 目录

bin 目录用于存放 Tomcat 命令，主要有两大类：一类是以 .sh 结尾的 Linux 命令，另一类是以 .bat 结尾的 Windows 命令。其中，startup.bat 用来启动 Tomcat，shutdown.bat 用来关闭 Tomcat。在该目录下，还可以进行 JDK 路径、Tomcat 路径的设置，也可以通过修改 catalina 来设置 Tomcat 内存等。

2) conf 目录

conf 目录主要用来存放 Tomcat 的一些配置文件。其中，server.xml 可以设置端口号、域名或 IP、默认加载项目及请求编码等参数；web.xml 可以设置 Tomcat 支持的文件类型等参数；context.xml 可以配置数据源之类的参数；tomcat-users.xml 可以配置管理 Tomcat 的用户与权限。

如果想修改 Tomcat 服务器的启动端口，则可以在 server.xml 配置文件中的 Connector 节点进行端口修改。如图 1-30 所示，将 Tomcat 服务器的启动端口由默认的 8080 改成 8081。

Tomcat服务器启动端口默认配置

```
<Connector port="8080" protocol="HTTP/1.1"
           connectionTimeout="20000"
           redirectPort="8443" />
```

将Tomcat服务器启动端口修改成8081端口

```
<Connector port="8081" protocol="HTTP/1.1"
           connectionTimeout="20000"
           redirectPort="8443" />
```

图 1-30 修改 Tomcat 端口

需要注意的是，一旦服务器中的 server.xml 文件改变了，Tomcat 服务器必须重新启动后才会读取新的配置信息。

3) lib 目录

lib 目录主要用来存放 Tomcat 运行所需要加载的 jar 包，如连接数据库的 jdbc 包等。

4) logs 目录

logs 目录用来存放 Tomcat 在运行过程中产生的日志文件，如在控制台输出的日志等。在 Windows 环境中，控制台的输出日志在 catalina.××××-××-××.log 文件中；在 Linux 环境中，控制台的输出日志在 catalina.out 文件中。

5) temp 目录

temp 目录用来存放 Tomcat 在运行过程中产生的临时文件。

6) webapps 目录

webapps 目录用来存放应用程序，当 Tomcat 启动时会去加载 webapps 目录下的应用程序。应用程序可以以文件夹、war 包、jar 包的形式发布，也可以把应用程序放置在磁盘的任意位置，以配置文件映射的形式发布。

7) work 目录

work 目录用来存放 Tomcat 在运行时的编译后文件，如 JSP 编译后的文件。清空 work 目录，然后重启 Tomcat，可以达到清除缓存的作用。

3. 启动 Tomcat

要启动 Tomcat，可双击 bin 目录下的 startup.bat，启动过程如图 1-31 所示。

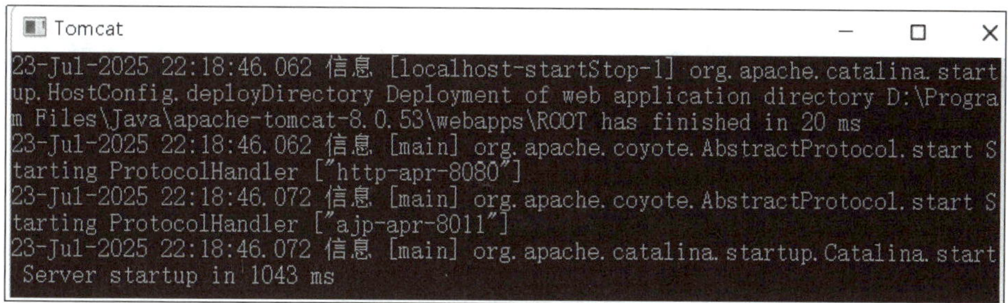

图 1-31　Tomcat 的启动过程

■ 提示：

启动 Tomcat 时的常见故障有以下两种：

(1) 端口被占用。可以通过在命令行中输入指令“netstat -na”查看被占用的端口，如果启动端口被占用，则可以通过 server.xml 修改 Tomcat 的启动端口。

(2) 缺少 JAVA_HOME 或 JRE_HOME 环境变量。可以通过新建或修改这两个环境变量的取值来解除故障。JAVA_HOME 和 JRE_HOME 的取值分别是 JDK 和 JRE 的安装路径根目录。

启动 Tomcat 后，可以在浏览器地址栏输入“http://localhost:8080”，访问 Tomcat 默认主页，测试其安装配置是否成功。如果出现如图 1-32 所示的内容就说明配置成功了。

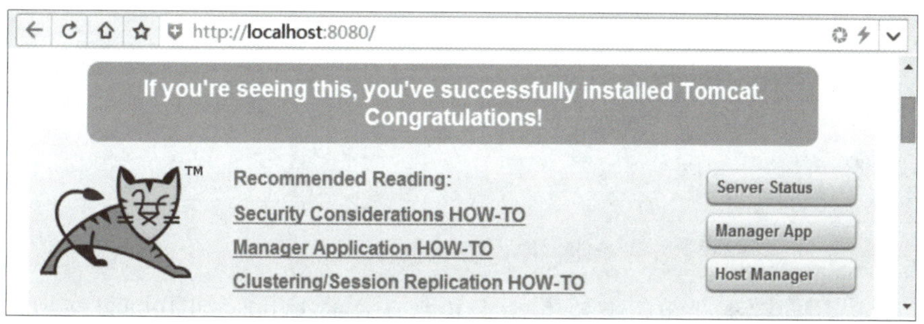

图 1-32　访问 Tomcat 主页

1.2.2　在 Eclipse 中配置 Tomcat 服务器

Eclipse 是 JavaWeb 企业级开发中最流行的工具，利用它可以在数据库和 JavaEE 的开发、发布以及应用程序服务器的整合方面极大地提高工作效率。其安装过程比较简单，这里就不再介绍。

由于 Eclipse 自带的 Tomcat 功能不够完善，无法更好地清除服务器缓存，也无法方便地查看服务器的运行状态，因此我们需要在 Eclipse 中关联自己下载并解压缩的 Tomcat。

首先打开 Eclipse，选择 Window→Preferences，如图 1-33 所示，进行偏好设置。

进入偏好设置后，如图 1-34 所示，在搜索栏中输入“Server”查找服务器选项。在搜索结果中设置相应版本的 Tomcat。

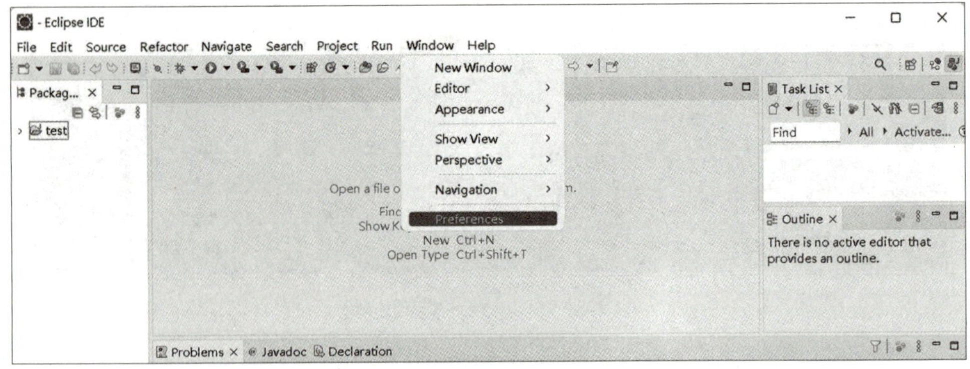

图 1-33 偏好设置

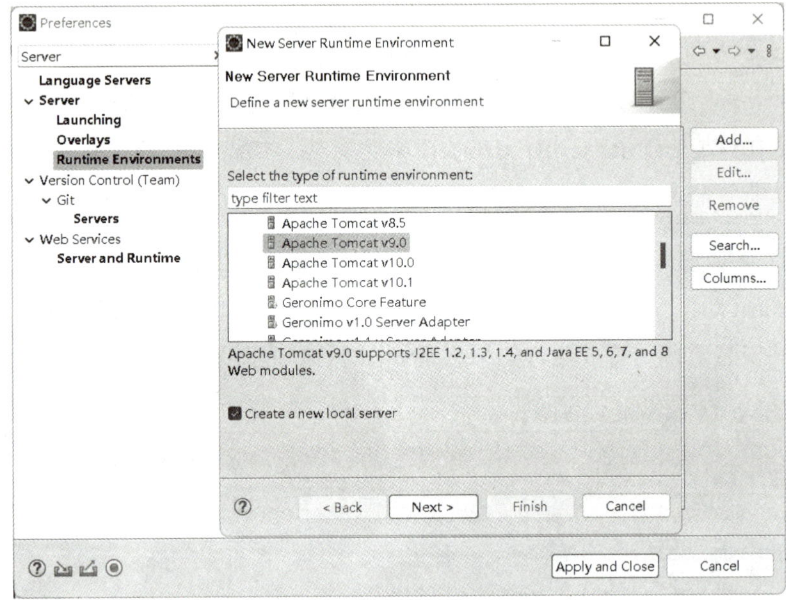

图 1-34 设置 Tomcat

为了统一 JDK 版本，如图 1-35 和图 1-36 所示，将 Eclipse 和 Tomcat 对应的 JDK 都设置为需要安装的版本。如果选项中没有，则需单击对话框右侧的“Add”按钮，将自己安装的 JDK 根目录添加进去；如果选项中有，但路径错误，则可以单击“Edit”按钮进行修改。最后单击“OK”按钮，完成设置。

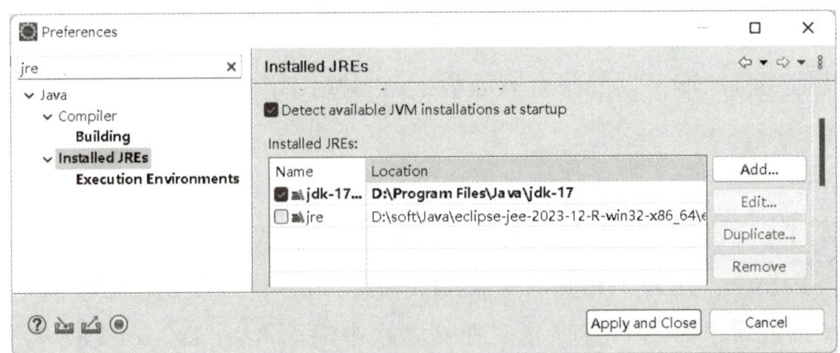

图 1-35 Installed JREs 设置

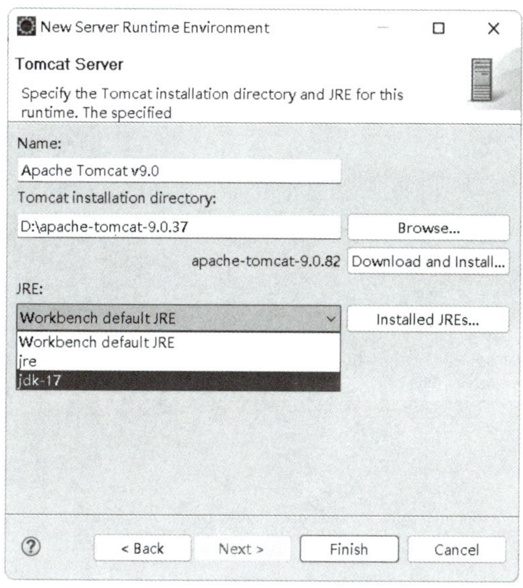

图 1-36　设置 Tomcat 对应的 JDK

1.2.3　创建第一个 Web 应用

在 Eclipse 中创建 Web 应用时，可能会因版本不同而导致其操作步骤略有差异。

一、新建 Web 项目

首先，通过“File”菜单创建一个 Web 项目，如图 1-37 所示，选择“Dynamic Web Project”。如果菜单中没有 Web Project 选项，则可以选择“Other”选项，打开“New”窗口搜索 Web Project 项目类型，并进行创建，如图 1-38 所示。

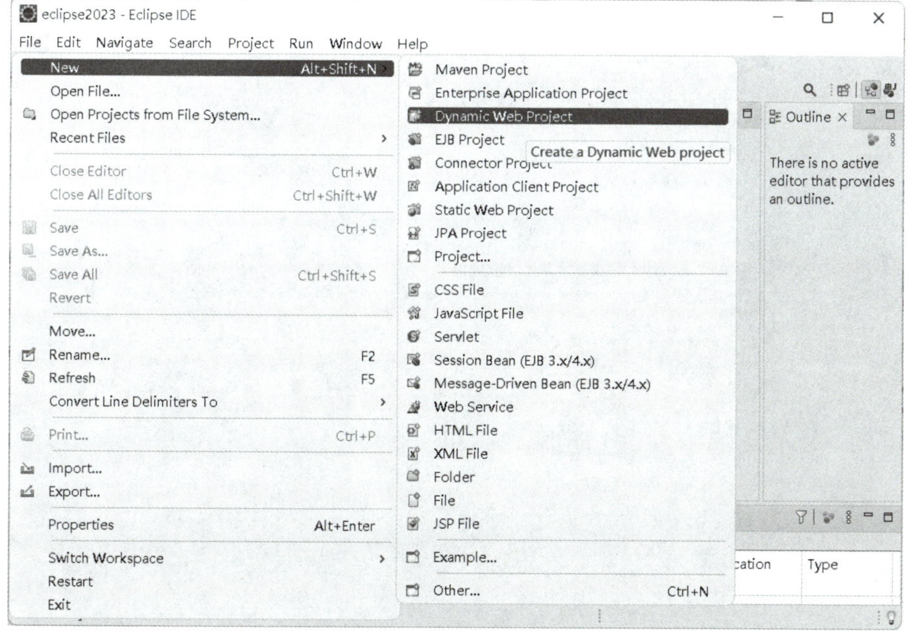

图 1-37　创建 Web 项目

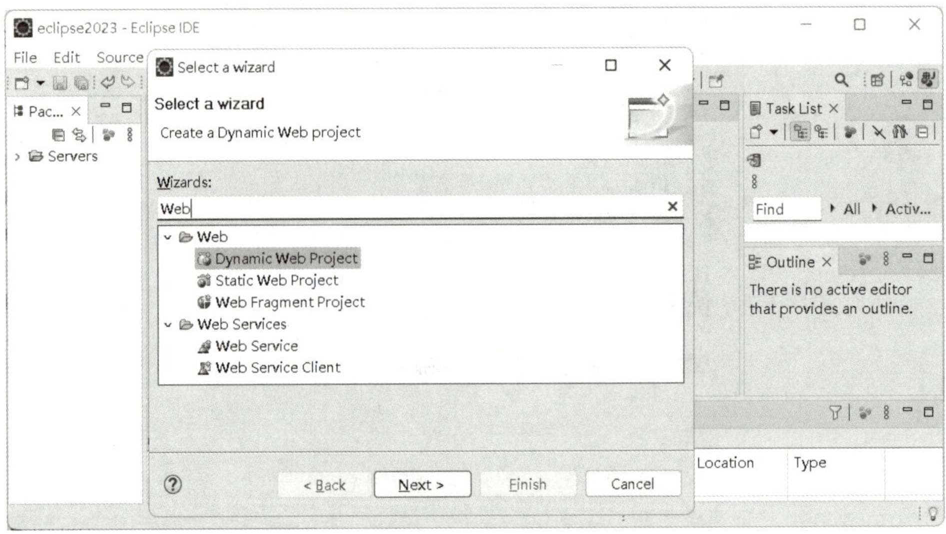

图 1-38　搜索项目类型

如图 1-39 所示，在“New Dynamic Web Project”窗口中需要指定项目名称、项目存放路径及目标服务器。目录结构按默认设置即可，如图 1-40 所示，“Context root”是在 URL 访问时用的应用名，“Content directory”是实际被部署到 Tomcat/webapps 目录下的 Web 应用的根目录，同时可以选择自动生成 web.xml 配置文件。单击“Finish”按钮完成 Web 项目的创建后，可以看到如图 1-41 所示的目录结构。

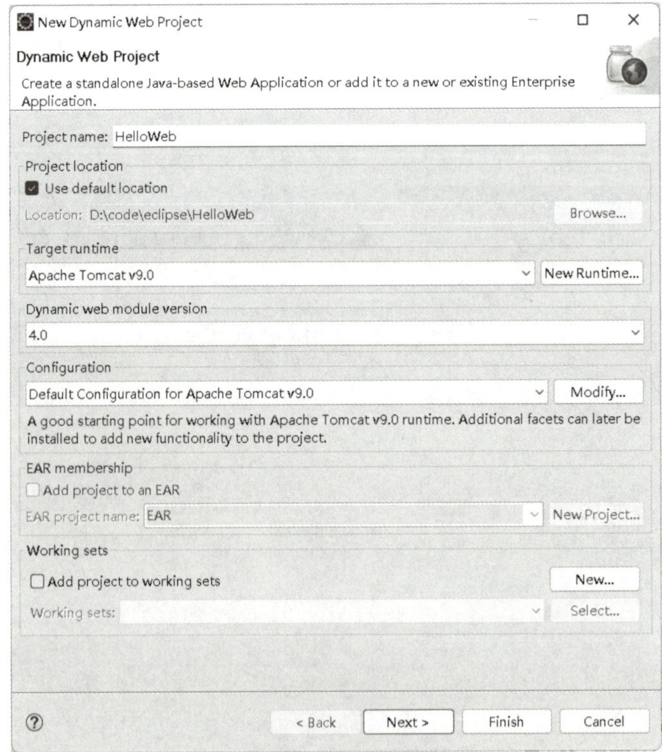

图 1-39　设置项目参数

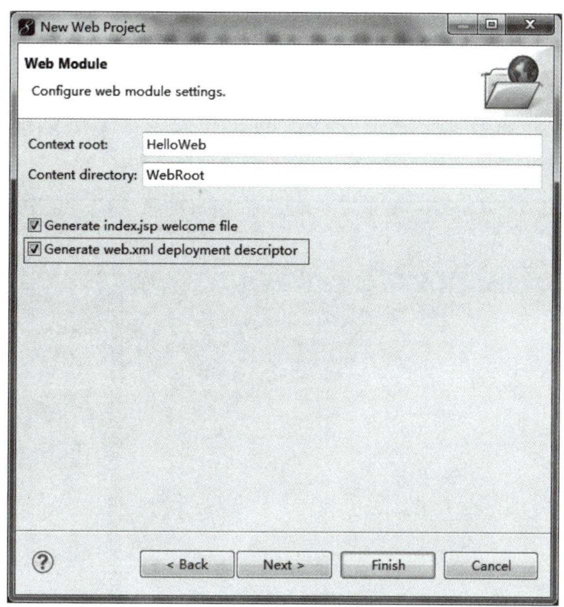

图 1-40　设置自动生成 web.xml

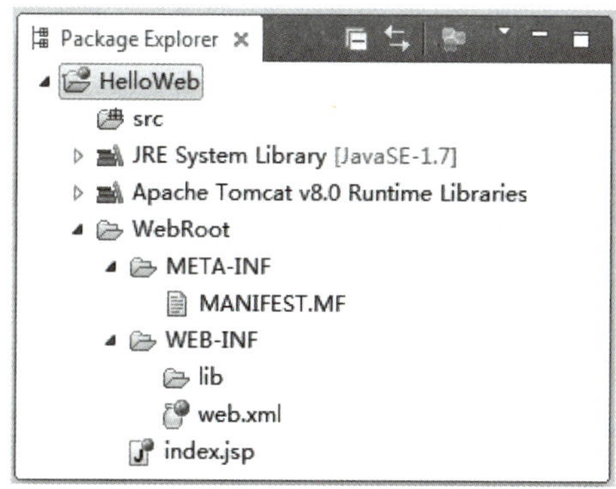

图 1-41　Web 项目目录结构

这些目录或文件的用途如下：

(1) src 目录：用于存放 Java 源文件。

(2) WebRoot 目录：Web 应用的顶层目录，即上面提到的“Content directory”。该目录一般由以下部分组成。

① META-INF 目录：由系统自动生成，用于存放系统描述信息。

② WEB-INF 目录：该目录下的文件不能被引用，即无法被用户访问。该目录一般由以下两部分组成：

• WEB-INF/lib 目录：包括 Web 应用所需的 Java 类库文件 (*.jar)(可选)。

• WEB-INF/web.xml 文件：Web 应用的初始化配置文件 (必选)。

③ 自行创建的可以对外发布的 Web 资源，如 JSP 动态页面和静态文件 (包括 HTML 页面、CSS 文件、图像文件等)。这些资源的目录结构可以由读者根据需要自行设计 (前提是必须在 WebRoot 目录下，否则无法对外发布)。

二、添加 Web 页面

创建好 Web 项目后，就可以添加页面了。如图 1-42 所示，在“WebRoot”目录下，单击鼠标右键，在“New”菜单项中选择要添加的文件类型，这里选择“HTML 5”文件，文件命名为“welcome.html”。

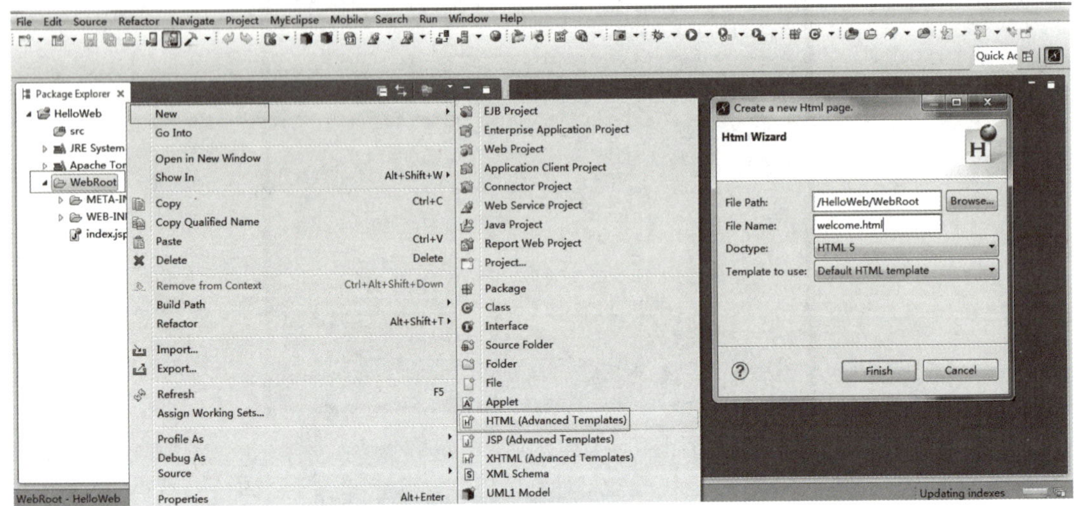

图 1-42 添加 HTML 页面

如图 1-43 所示，为页面添加内容，即完成欢迎页面的添加。

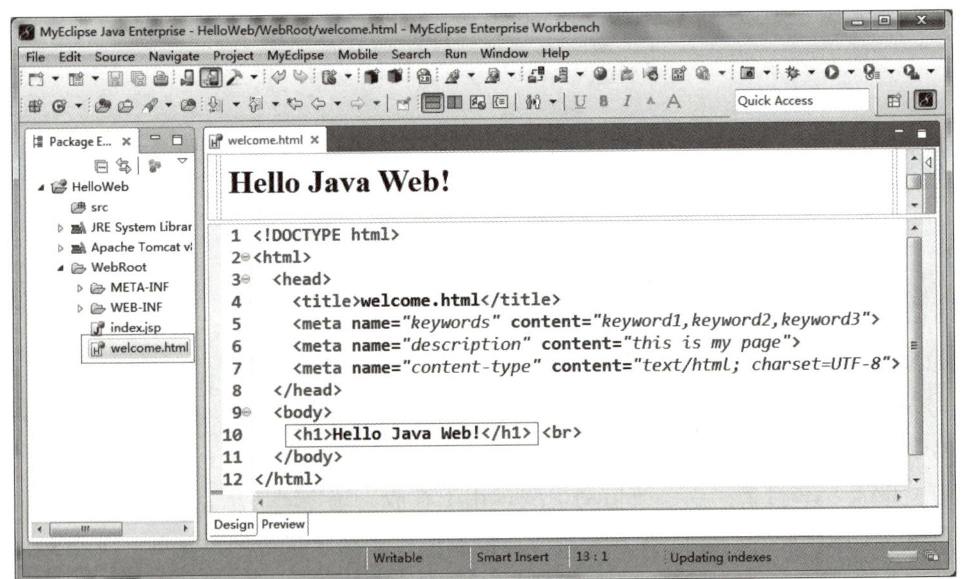

图 1-43 添加页面内容

三、部署 Web 应用

在 Eclipse 工具栏中，如图 1-44 所示，单击项目部署按钮，弹出部署窗口。如图 1-45 和图 1-46 所示，选择要部署的项目，添加部署任务，并选择目标服务器。如图 1-47 和图 1-48 所示，部署成功后，可以单击“Browse”按钮查看部署后的项目文件。

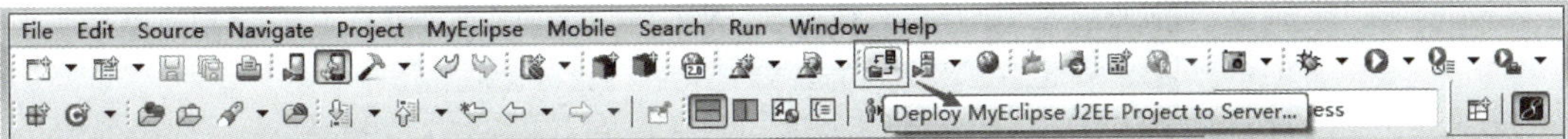

图 1-44　项目部署按钮

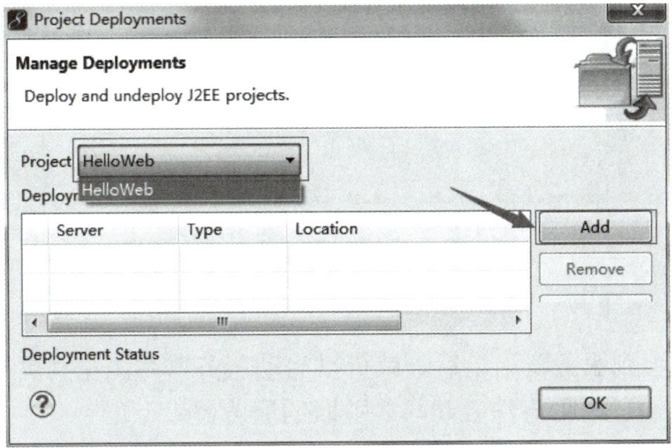

图 1-45　添加部署任务

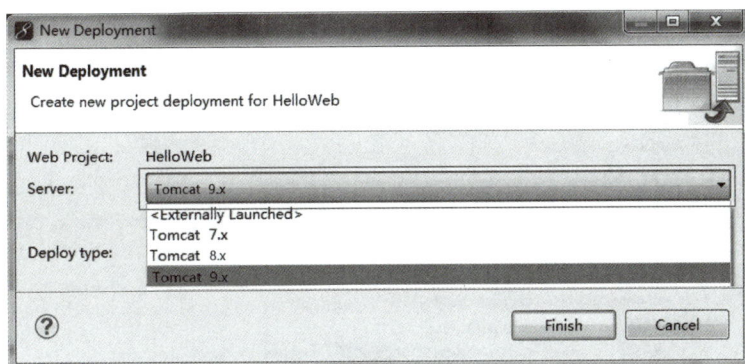

图 1-46　选择目标服务器

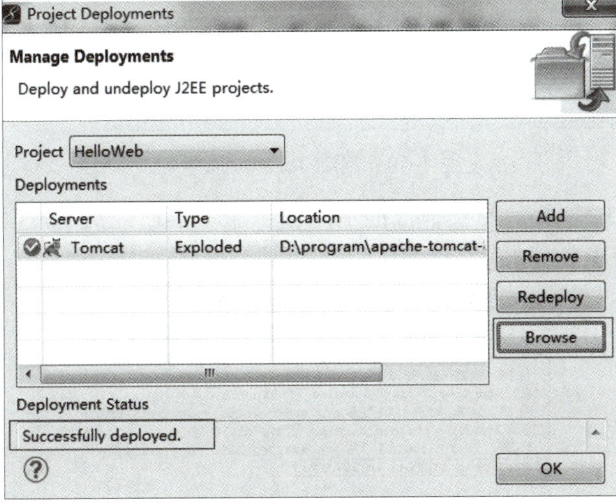

图 1-47　部署成功

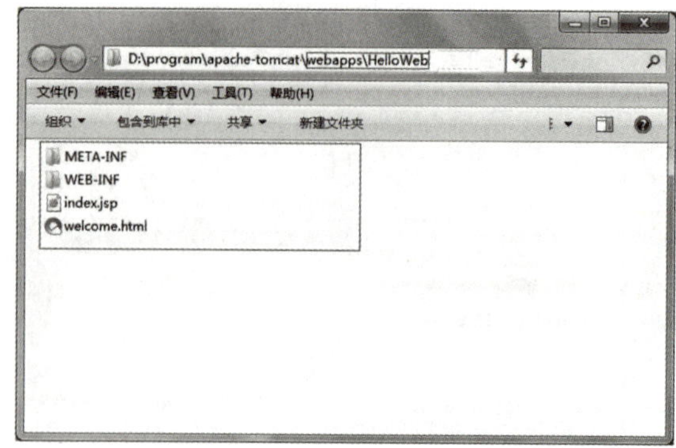

图 1-48　查看部署后的项目文件

四、运行 Web 应用

把 Web 项目部署到服务器上以后，就可以启动服务器并浏览网页了。如图 1-49 所示，在 Eclipse 中，可以通过两种方法启动与之关联的服务器。

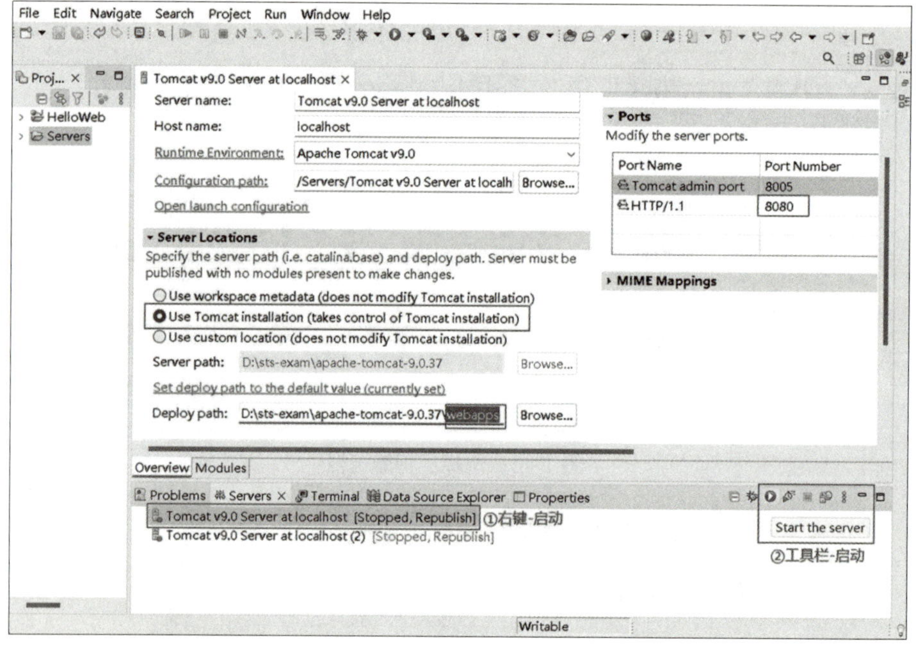

图 1-49　启动 Tomcat 服务器

如果看到如图 1-50 所示的控制台提示，证明服务器已经启动成功。然后就可以在浏览器中输入正确的 URL，如图 1-51 所示，即可访问网页。

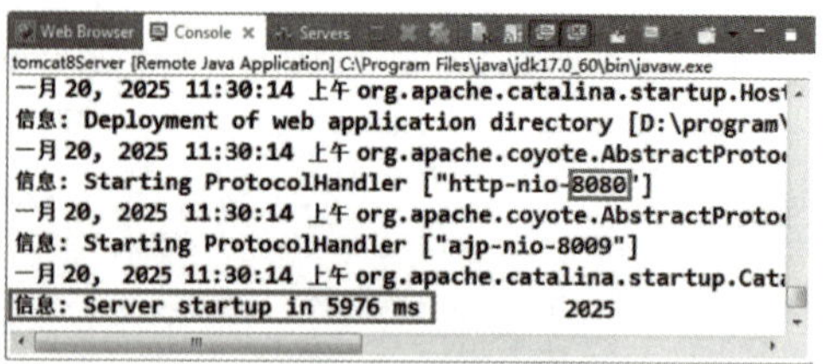

图 1-50　Tomcat 启动成功

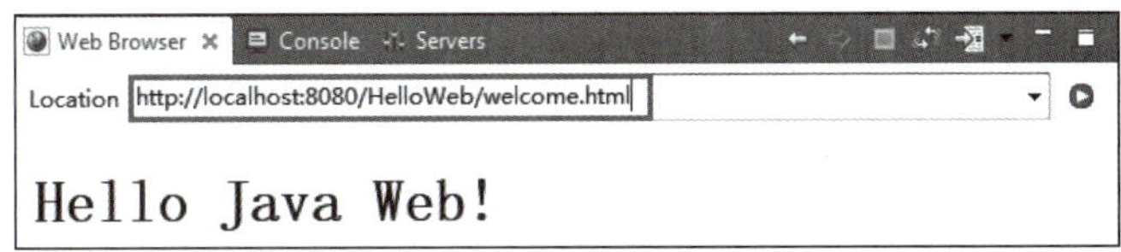

图 1-51　浏览网页

■ **解释：**

URL 是 Uniform Resource Location 的缩写，译为统一资源定位符。通俗地说，URL 是 Internet 上用来描述信息资源的字符串，一般由协议、主机 IP 地址(有时包括端口号)或域名、主机资源的具体目录和文件名组成。

例如，使用超文本传输协议 HTTP，提供信息资源：

http://localhost:8080/HelloWeb/welcome.html

其中，http://localhost:8080 是服务器地址，具体资源是 HelloWeb 目录下的 welcome.html。

需要注意的是，资源字符串是区分大小写的，如 helloweb 和 HelloWeb 表示不同的资源。

任务实现

用 Eclipse 为课程主题项目漫画网站创建 Web 应用，并合理设计资源目录；为漫画网站创建一个欢迎页面，然后部署并运行该应用。

一、创建漫画网站的 Web 工程

如图 1-52 所示，通过 File 菜单创建 Web Project，命名为“cartoon”，并在“WebRoot”下创建资源目录“Images”和“CSS”，然后将本书资源中提供的图片素材和 CSS 样式文件(如图 1-53 所示)复制到相应的目录下。

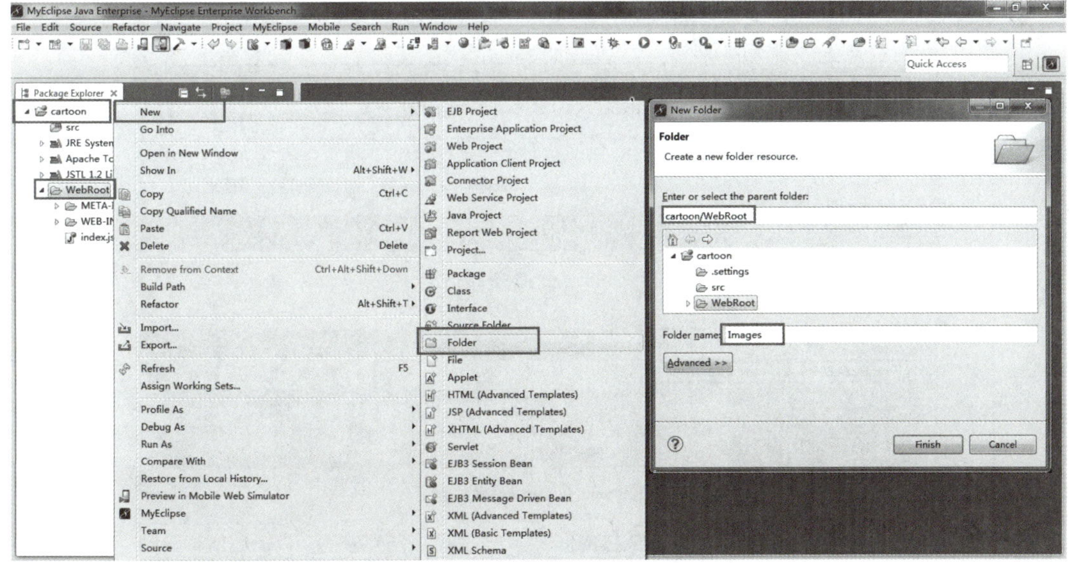

图 1-52　设计 Web 应用的目录结构

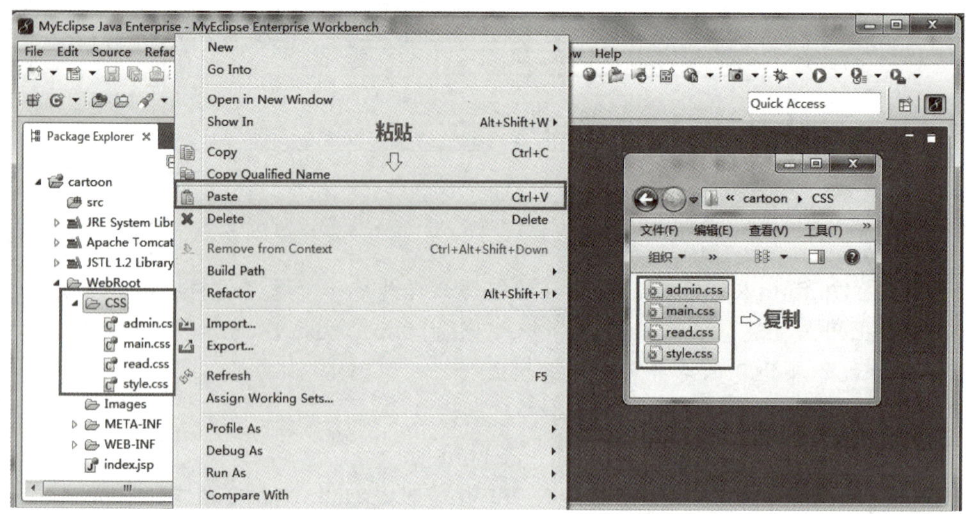

图 1-53 复制素材文件

二、利用现有资源创建一个欢迎页面

如图 1-54 所示，在“WebRoot”下添加新页面“welcome.html”，并把素材中的图片添加到页面中。对页面内容进行合理的布局之后，部署 Web 应用，启动 Tomcat 服务器，然后输入正确的 URL，如图 1-55 所示，即可浏览该页面。

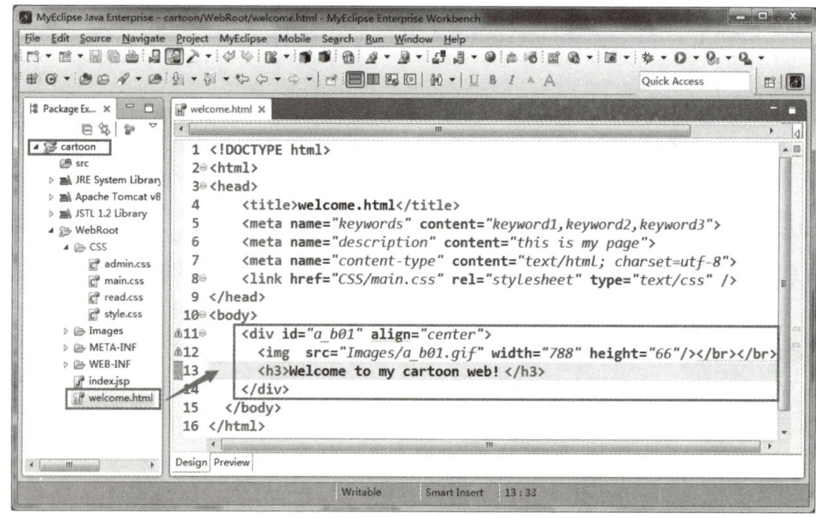

图 1-54 创建欢迎页面

图 1-55 浏览欢迎页面

■ 提示：

访问 Web 资源时常见的错误一般分为两类：

(1) 服务器错误。如果出现“无法显示网页”错误，一般是因为服务器没有启动，或者 URL 中的端口号与已启动的服务器端口号不一致。

(2) 资源响应错误。网页服务器的 HTTP 响应状态一般用 3 位数字代码表示 (即 HTTP 状态码)。其中，“404”是最常见的，表示请求错误，原因可能是没有部署 Web 应用或者 URL 输入错误，也可能是访问了不能被引用的资源 (如 WEB-INF 下的 web.xml)；“500”表示服务器内部错误；“408”表示请求超时；“405”表示请求所用的方法是不允许的；“200”表示请求成功。

拓展与提高

在 Tomcat 服务器上部署 Web 应用一般有以下三种方法：

(1) 把项目放入 webapps 目录下。

该方法是将编译好的 Web 项目放入 webapps 中。即在 Eclipse 中，如图 1-56 所示，将项目打成 war 包 (JavaWeb 程序的打包形式，类似于 JavaSE 程序的 jar 包) 后放入 webapps 目录。

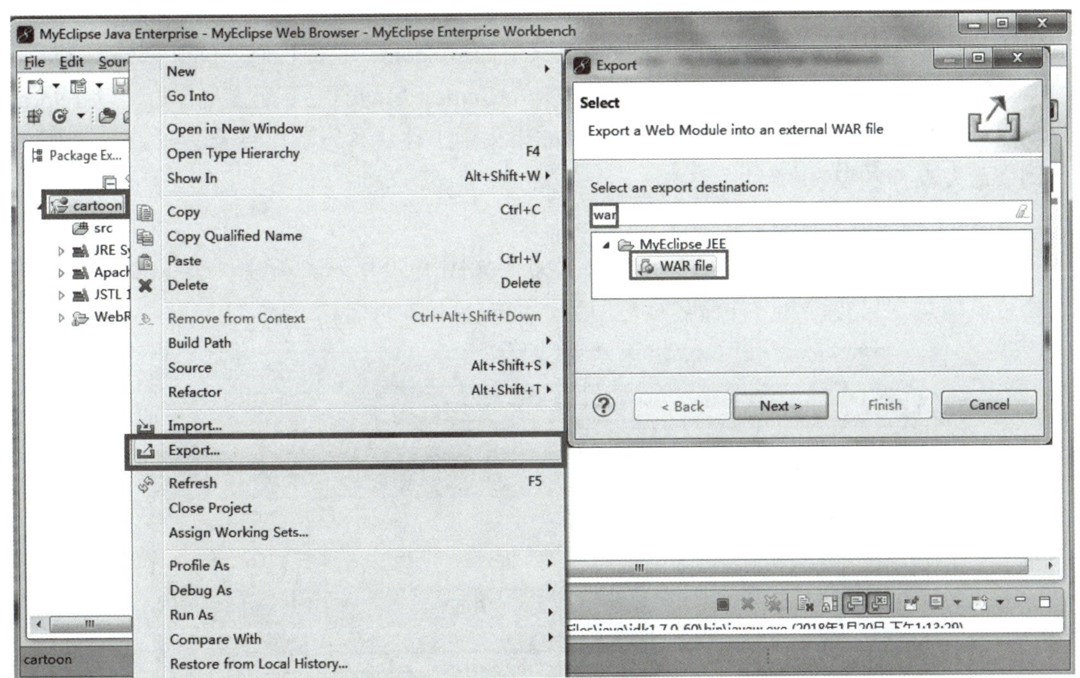

图 1-56　导出 war 包

在打包过程中，如图 1-57 所示，选择打包项目和打包路径，然后把打包好的 war 文件拷贝到 webapps 目录下即可，如图 1-58 所示。Tomcat 服务器会自动将其解压缩。

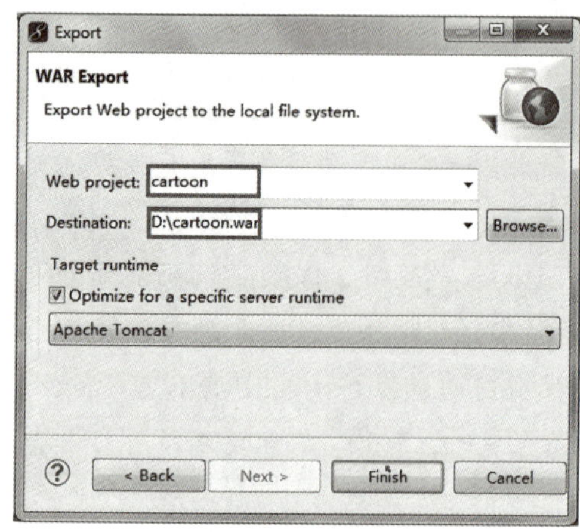

图 1-57 选择打包路径

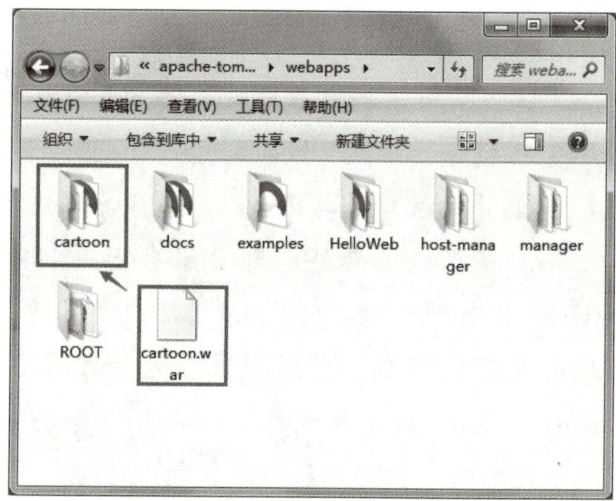

图 1-58 把 war 包拷贝到 webapps 下

(2) 通过修改 conf 下的 server.xml 文件进行部署。

① 打开 Tomcat 下的 conf/server.xml，在 <Host> </Host> 标签之间输入项目配置信息：

<Context path = "/welcome" docBase = "D:\myeclipseSpace\cartoon\WebRoot" reloadable = "true"/>

其中：

- path：浏览器访问时的路径名。
- docBase：Web 项目的 WebRoot 所在的路径，即编译后的项目路径。
- reloadable：当项目有改动时，设定 Tomcat 是否重新加载该项目。

② 重启服务器，并在浏览器地址栏中输入正确的 URL，访问相应的页面即可。如 http://localhost:8080/welcome/welcome.html，其中的 welcome 对应上面的 path 属性。

从 Tomcat5.0 版本以后，server.xml 文件被作为 Tomcat 启动的主要配置文件，一旦 Tomcat 启动以后，便不会再读取这个文件。因此，如果采用上述这种方法，将无法在 Tomcat 服务启动之后发布新的 Web 项目。

(3) 每个项目分开配置。

进入 Tomcat 的 conf\Catalina\localhost 目录，如图 1-59 所示，新建一个 .xml 文件，文件名可以随意，只要符合文件命名规范即可，但一般和项目名称一致。

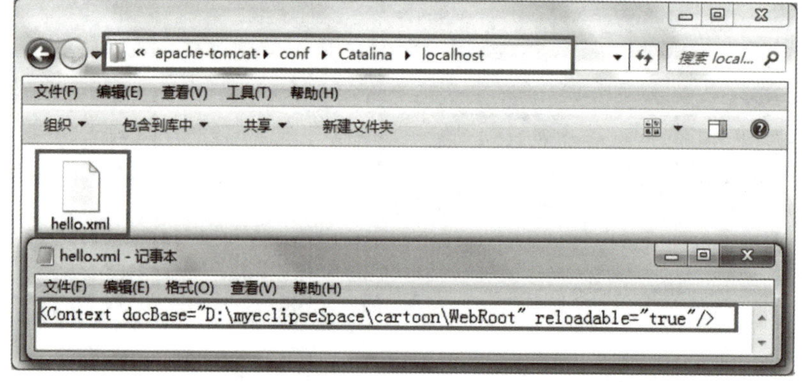

图 1-59 新建部署文件

在新建的 .xml 文件中，增加如下配置语句：

```
<Context docBase = "D:\myeclipseSpace\cartoon\WebRoot" reloadable = "true"/>
```

在浏览器地址栏中输入正确的URL，访问相应的页面即可，无须重启服务器。如 http://localhost:8080/hello/welcome.html，其中的 hello 对应上面的 .xml 文件名。

采用上述方法，每个项目可以分开配置，Tomcat 将以 \conf\Catalina\localhost 目录下 .xml 文件的文件名作为 Web 应用的上下文路径，而不再理会 <Context> 中配置的 path 属性。

> ■ 启示：纸上得来终觉浅，绝知此事要躬行
>
> 实践没有止境。我们要具有扎实的理论基础，坚持创新，这对于学习 JavaWeb 应用开发至关重要，同时要将理论结合到具体的项目实践中才能真正融会贯通。

技能训练

一、目的

能够创建并部署 Web 应用。

二、要求

(1) 为自己的 Eclipse 配置 Tomcat 服务器。

(2) 创建名为 WebProject 的 Web 项目，添加一个 HelloTomcat.html 页面，发布后运行，如图 1-60 所示。

(3) 把 Tomcat 服务器的启动端口修改为 8081，重启服务，重新访问该页面。

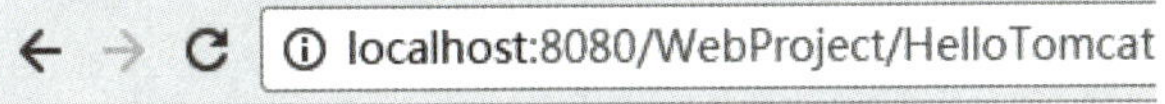

Hello Tomcat

图 1-60　运行 Web 项目

任务 1.3　为漫画网站主页添加页面元素

任务描述

为漫画网站添加主页，如图 1-61 所示，并且为主页添加系统时间、注释、漫画类型列表等页面元素。

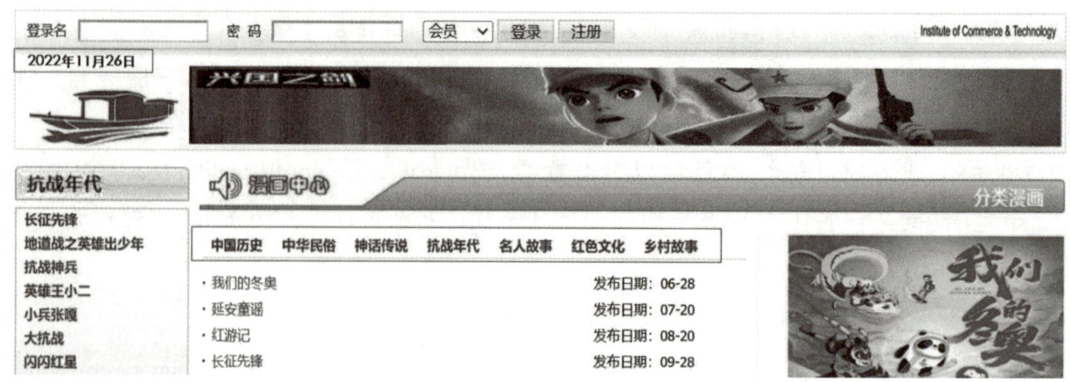

图 1-61　运行效果

技能目标

✧ 能够在 JSP 中添加静态元素。
✧ 能够在 JSP 中设置页面指令。
✧ 能够在 JSP 中添加注释。
✧ 能够在 JSP 中使用表达式。
✧ 能够在 JSP 中使用小脚本。
✧ 能够在 JSP 中使用声明。

知识链接

1.3.1　JSP 简介

JSP(Java Server Page) 是一种 Java 服务器端技术，可以理解为内嵌了 Java 代码的 HTML 页面，其文件扩展名必须是 .jsp (如 index.jsp)。它使用 JSP 标签在 HTML 中插入 Java 脚本，标签通常以“<%”开头，以“%>”结束，并且由应用服务器中的 JSP 引擎来编译和执行内嵌的 Java 代码，然后再生成整个页面信息返回给客户端。

■ **说明：** JSP 容器是应用服务器的一部分，用于支持 JSP 页面的执行。这里使用的 Tomcat 服务器就包含 JSP 容器。有时我们也把 Web 服务器称为 Web 容器。

1.3.2　JSP 的执行过程

如图 1-62 所示，Web 容器处理 JSP 文件请求需要经过以下三个阶段：

(1) 翻译阶段：JSP 页面会被 Web 容器中的 JSP 引擎转换成 Java 源码。

(2) 编译阶段：Java 源码会被编译成可执行的字节码。

(3) 执行阶段：执行编译生成的字节码文件；执行结束后，容器把生成的页面反馈给客户端进行显示。

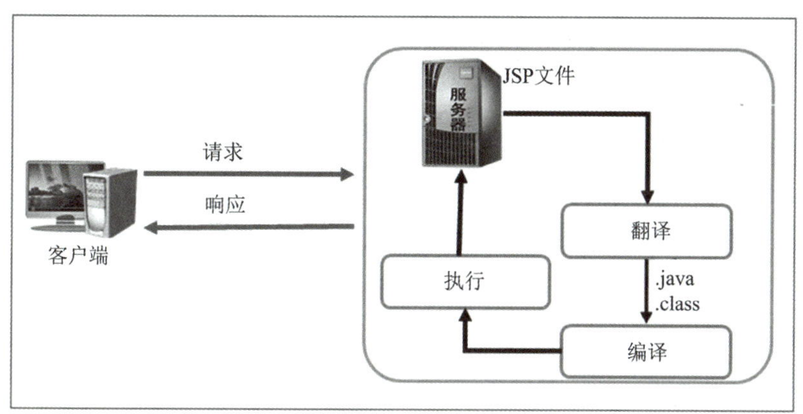

图 1-62　第一次请求 JSP 页面

一旦 JSP 文件被编译执行，Web 容器就会将编译好的字节码文件及相应的实例放置在内存中。如图 1-63 所示，当客户端再次请求相同的 JSP 时，就可以重用该实例。如果 JSP 页面进行了修改，再次被访问时，Web 容器会对其进行重新翻译、编译和执行。因此，JSP 页面一般在第一次请求时会比较慢，后续访问的速度会变快。

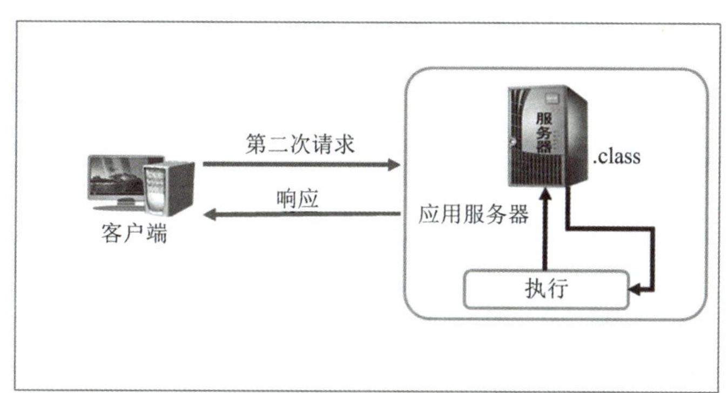

图 1-63　第二次请求 JSP 页面

下面用一个示例来说明 JSP 的执行过程。

在 Eclipse 中新建一个 Web 项目 example1-3，打开被自动创建的 index.jsp 页面，输入如示例 1-3-1 所示的代码 (页面中原有的代码可以保留或删除)。

【示例 1-3-1】

```
<body>
    <% // 内嵌 Java 代码
        System.out.print("Console Data");   // 在控制台打印数据
        out.print("Page Data");             // 在页面打印数据
    %>
</body>
```

部署并运行该项目，如图 1-64 所示，在 Eclipse 自带的浏览器中查看其运行结果，可以看到分别在控制台和页面上打印了相应的数据。

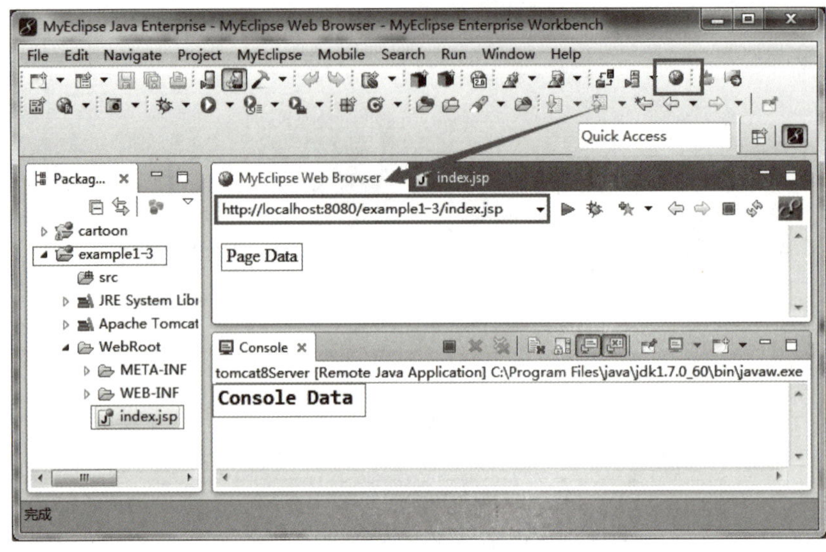

图 1-64　运行 Web 项目

与此同时，查看 Tomcat 的 work 目录下的 Catalina\localhost\example1-3\org\apache\jsp 文件夹，如图 1-65 所示，可以找到 index.jsp 页面在访问过程中被翻译、编译后的 Java 文件中的 HTML 标记被翻译成打印语句，Java 小脚本保持原样，而且它们按顺序被合并到了同一个 Service 方法中运行，运行后的结果呈现在客户端页面。不难看出，JSP 在被访问的过程中，其实最终被翻译成了一个 Java 类，而且是一个能够通过浏览器访问并在服务器上运行的 Java 类。这个类我们称其为 Servlet，即服务器端小程序。我们会在后续的章节中对其进行详细介绍。

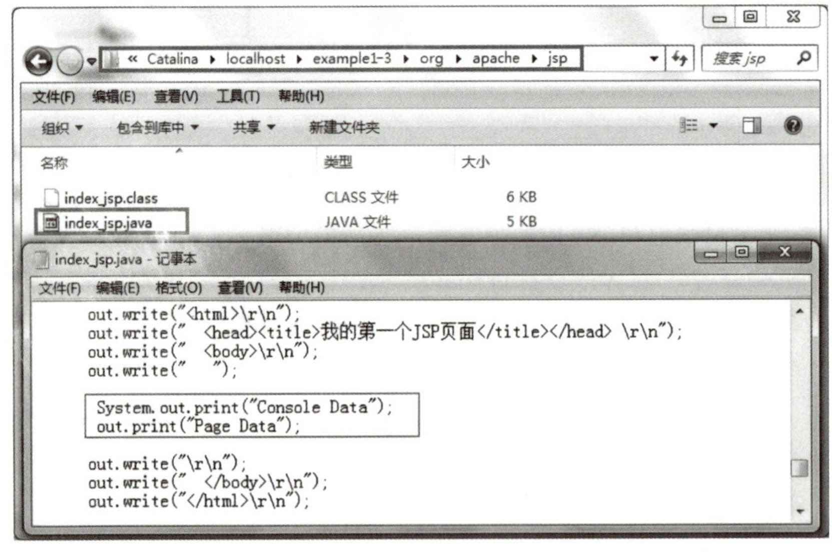

图 1-65　JSP 被翻译后的 Java 代码

1.3.3　设置默认访问页

如果希望用户在访问 Web 应用时，只需输入应用根目录即可自动打开首页而不必输入完整路径（如只需输入 http://localhost:8080/example1-3，即可访问到 index.jsp 页面），应该怎么办呢？这时只需要在 web.xml 文件中进行如下配置即可：

```
<?xml version = "1.0" encoding = "UTF-8"?>
<web-app xmlns:xsi = "http://www.w3.org/2001/XMLSchema-instance"
    xmlns = "http://xmlns.jcp.org/xml/ns/javaee"
    xsi:schemaLocation = "http://xmlns.jcp.org/xml/ns/javaee
    http://xmlns.jcp.org/xml/ns/javaee/web-app_3_1.xsd"
    id = "WebApp_ID" version = "3.1">
  <display-name>example1-3 </display-name>
  <welcome-file-list>
      <welcome-file>index.jsp</welcome-file>
      <welcome-file>default.jsp</welcome-file>
      <!-- 可以设置多个欢迎页面 -->
  </welcome-file-list>
</web-app>
```

在 web.xml 文件中，<welcome-file-list> 元素用于设定欢迎页列表，<welcome-file> 元素用于指定具体页面。当有多个 <welcome-file> 元素时，服务器会按顺序逐个寻找匹配的页面。

■ 说明：

有时候 Web 项目中并没有创建 web.xml，但是同样可以通过应用根目录访问默认页面，这是为什么呢？原因是 Tomcat 的 conf 目录下也有一个 web.xml，可以进行全局设置。服务器在 Web 项目中找不到 web.xml 时，就会从 conf 下的 web.xml 中匹配相应的 <welcome-file> 元素。

如果希望在一个现有的项目中添加 web.xml，则可以在 Eclipse 的 Package Explorer 窗口中选中该项目并单击鼠标右键，选择 Eclipse 菜单中的 Generate Deployment Descriptor Stub 即可。

1.3.4　JSP 的页面元素

JSP 是通过在 HTML 中嵌入 Java 脚本来响应页面动态请求的。除了 HTML 标记和 Java 代码，JSP 中还可以包含一些其他元素。总体来看，JSP 页面由静态内容及指令、脚本、注释等元素构成。

一、静态内容

静态内容是 JSP 页面中的静态文本，基本都是 HTML 标记，与 Java 和 JSP 语法无关。

二、JSP 指令元素

JSP 指令元素的作用是通过设置指令中的属性，在 JSP 运行过程中，控制 JSP 页面的某些特性。

JSP 指令一般以“<%@”开始，以“%>”结束。例如：

```
<%@ page language = "java"  import = "java.util.*, java.text.*"
contentType = "text/html; charset = utf-8"  pageEncoding  = "utf-8"%>
```

JSP 指令有很多种类型，后面章节会陆续涉及并讲解，在这里重点讲解 JSP 指令元素中的 page 指令。

page 指令是针对当前页面进行设置的一种指令，通常位于 JSP 页面的顶端。在一个 JSP 页面中可以包含多个 page 指令。需要注意的是，page 指令只对当前的 JSP 页面有效。

page 指令的语法如下：

```
<@page 属性 1 = " 属性值 1" 属性 2 = " 属性值 2"…属性 n = " 属性值 n" %>
```

如果没有对 page 指令中的某些属性进行设置，JSP 容器将使用默认属性值。如果需要对 page 指令中的一个属性设置多个值，其间需要用逗号隔开。page 指令中常用的各个属性的含义如表 1-8 所示。

表 1-8 page 指令的常用属性

属　性	描　　述
language	指定 JSP 页面使用的脚本语言，默认为 Java
import	引用脚本语言中使用到的类文件
contentType	指定 MIME 类型和服务器发送给客户端时的内容编码。MIME 类型的默认值是“text/html”；字符编码方式的默认值是“ISO-8859-1”。MIME 类型和字符编码方式由分号隔开
pageEncoding	用于设置 JSP 本身页面文件的编码
errorPage	用于在当前页面运行过程中出现错误时指定一个错误提示页面
isErrorPage	表示当前的 JSP 页面可以用作另一个 JSP 的错误页面

1. language 属性

page 指令中的 language 属性用于指定当前 JSP 页面所采用的脚本语言。该属性可以不设置，因为 JSP 默认就是采用 Java 作为脚本语言。

language 属性的设置方法如下：

```
<%@ page language = "java" %>
```

2. import 属性

page 指令中的 import 属性使用比较频繁。通过 impot 属性可以在 JSP 文件的脚本片段中引用类。当一个 import 属性引入多个类时，需要在多个类之间用逗号隔开。

import 属性的设置方法如下：

```
<%@ page import = "java.util.*, java.text.* "%>
```

以上设置方法也可以分成如下两部分：

```
<%@ page import = "java.util.*"%>
<%@ page import = "java.text.*" %>
```

3. pageEncoding 属性和 contentType 属性的区别

pageEncoding 是 JSP 文件本身的编码，只用于 JSP 输出，不会作为 header 发出去；contentType 的 charset 是指服务器发送给客户端的内容编码。

JSP 需要经历的“编码”阶段如下：

第一阶段是把 JSP 文件翻译成 java 源文件，会用到 pageEncoding。

第二阶段是把 Java 源文件编译成字节码文件。根据 JVM 规范，不论 JSP 编写时用的是什么编码方案，这个阶段全部用 UTF-8 编码读取 Java 源文件，并编译成 UTF-8 编码的字节码。

第三阶段是由 Tomcat 把执行完代码以后生成的网页送回客户端，会用到 contentType。这个设置告诉 Web 容器在客户端浏览器上以何种格式及使用何种编码方式显示响应的内容。

4. errorPage 属性

如果希望在当前页面运行中出现错误时指定一个错误提示页面，那么 errorPage 属性会告诉 JSP 引擎显示哪个页面。errorPage 属性的值是相对 URL。

以下指令用于在页面出错时指定显示 MyErrorPage.jsp 的内容：

```
<%@ page errorPage = "MyErrorPage.jsp" %>
```

5. isErrorPage 属性

isErrorPage 属性表示当前的 JSP 页面可以用作另一个 JSP 的错误页面。isErrorPage 的值可为 true 或 false。isErrorPage 属性的默认值为 false。

例如，MyErrorPage.jsp 将 isErrorPage 选项设置为 true，因为它将用于处理错误。

```
<%@ page isErrorPage = "true" %>
```

■ 说明：

在项目开发中，会经常遇到不同的编码方式。不管什么编码方式，都是信息在计算机中的一种表现。理解常见的编码方式，可以有效预防乱码问题的发生。

ASCII 码是现今最通用的单字节编码系统，使用 7 位二进制数来表示所有的字母、数字、标点符号及一些特殊控制字符，将其作为美国编码标准来使用。

ISO-8859-1 编码是单字节编码，向下兼容 ASCII，是许多欧洲国家使用的编码标准。

Unicode 编码与 ISO-8859-1 标准兼容。其由国际组织标准制定，作为一种国际语言编码标准，支持超过十万个字符，是一种通用字符编码标准。

UTF-8 是一种变长字符编码方式，以 8 位为编码单元。它使用 1～4 个字节编码所有的 Unicode 字符。对于英文字符，只需要一个字节，而对于汉字等其他字符，则需要 2～4 个字节。由于具有变长性质，UTF-8 能够很好地支持国际化和多语言文字处理。

GB2312 是中国制定的汉字编码标准，使用双字节进行编码。GBK 是在 GB2312 的基础上进行扩展形成的，共收录 21 003 个汉字，从而大大满足了汉字使用的需要。

常用的能正常显示中文的编码是 UTF-8 和 GBK。如果网站的用户群体主要集中在国内，那么 GBK 是首选；如果用户群体是面向国际的，则 UTF-8 是首选。目前，百度和 360 都采用 UTF-8。

三、JSP 脚本元素

在 JSP 页面中，将小脚本 (scriptlet)、表达式 (expression)、声明 (declaration) 统称为 JSP 脚本元素，用于在 JSP 页面中嵌入 Java 代码，实现对页面的动态处理。

1. 小脚本

小脚本可以包含任意的 Java 片段，形式比较灵活，通过在 JSP 页面中编写小脚本可以执行复杂的操作和业务处理。编写方法是将 Java 程序片断插入“<% %>”标记中。如示例 1-3-2 用于在页面中显示当前系统时间。

【示例 1-3-2】

```
<%@ page language = "java"  pageEncoding = "utf-8"%>
<%@ page import = "java.util.*" %>
<%@ page import = "java.text.*" %>
<html>
  <body>
    <% // 使用预定格式将日期转换为字符串
      SimpleDateFormat formater = new SimpleDateFormat("yyyy 年 MM 月 dd 日 ");
      String strCurrentTime = formater.format(new Date());
      out.print("<h2>"+strCurrentTime+"</h2>");    // 把时间字符串打印到页面上
    %>
  </body>
</html>
```

这段代码中的 out 是 JSP 的一个内置对象，其 print 方法用于在页面中输出数据，即使数据中含有 HTML 标记，浏览器也会将其解析后显示。另外，SimpleDateFormat 源自 java.text 包，使用前需要用 page 指令中的 import 属性进行导入。

嵌入在同一个 JSP 页面中的多个 Java 小脚本，被 JSP 容器翻译成 Java 源文件之后，会被按顺序合并到同一个 Service 方法中运行。因此，一个业务处理代码可以分放在多个 Java 小脚本中与 HTML 标记混合编写，而且小脚本中声明的变量都是这个方法中的局部变量。如示例 1-3-3 用于在页面中打印一个数组的所有元素。

【示例 1-3-3】

```
<%@ page language = "java"  import = "java.util.*"  pageEncoding = "utf-8"%>
<html>
  <body>
    <%  int[] args = {10,20,50,40,30};
        for(int i : args)
        {  out.println("<h2>"+i+"</h2>");  }
    %>
  </body>
</html>
```

如果想在每个数组元素之间加一条横线，则只需将小脚本做如下修改：

```
<%  int[] args = {10,20,50,40,30};
    for(int i : args)
    {  out.println("<h2>"+i+"</h2>");
%>
```

```
        <hr>
    <%
        }
    %>
```

注意：<% %> 标记必须成对出现，形成完整的小脚本代码块，即使其中只有一个括号。以上代码就是将一个功能代码分放到两个小脚本中，中间穿插 HTML 标记。

2. 表达式

表达式是对数据的表示，系统将其作为一个值进行计算和显示，当需要在页面中输出一个 Java 变量或者表达式值时，使用表达式是非常方便的。其语法是 <% = Java 变量或表达式 %>。

当 Web 容器遇到表达式时，会先计算嵌入的表达式值或者变量值，然后将计算结果输出到页面中。如示例 1-3-4，已知长方形的长和宽，计算其面积，并用表达式显示出来。

【示例 1-3-4】

```
<%@ page language = "java"  pageEncoding = "utf-8"%>
<html>
  <head><title>ex1-3-4.jsp</title></head>
  <body>
    <% int len = 12,wid = 11;   %>
        长方形的长：  <% = len %><br>
        长方形的宽：  <% = wid %><br>
        长方形的面积：<% = len*wid %><br>
  </body>
</html>
```

通常，表达式用于在 HTML 静态内容中嵌入动态数据。示例 1-3-3 可以用表达式进行如下改写：

```
<%  int[] args = {10,20,50,40,30};
    for(int i : args)  {
%>
        <h2><% = i %></h2><br>
<%  }  %>
```

3. 声明

在 Java 小脚本中只能定义局部变量。如果需要为 Java 脚本定义全局变量 (即 Java 类的成员变量) 和方法，就需要使用 JSP 声明来实现了。声明语法如下：

```
<%! Declaration；[Declaration；]……%>
```

下面来看一下示例 1-3-5，声明一个全局变量和一个方法用于统计页面的访问次数，并用表达式在页面中显示出来。

【示例 1-3-5】

```
<%@ page language = "java"  pageEncoding = "utf-8"%>
```

```
<html>
  <head><title>ex1-3-5.jsp</title></head>
  <body>
    <%!
        int count = 0;
        public int getCount()
        {
            return ++count;
        }
    %>
        这是第 <% = getCount() %> 次访问页面！
  </body>
</html>
```

运行示例页面，发现：

第 1 次访问页面的结果是“这是第 1 次访问页面！”。

第 2 次访问页面的结果是“这是第 2 次访问页面！”。

第 3 次访问页面的结果是“这是第 3 次访问页面！”。

……

通过查看该示例页面对应的 Java 源码，发现 count 被翻译成类的成员变量，getCount() 被翻译成类的成员方法。由于 JSP 实例可以重用，只要代码不修改，服务就不重启，每次访问该页面，count 变量都会自增，从而完成页面访问次数的统计。

四、JSP 中的注释

养成编写注释的好习惯，对于团队开发至关重要。合理、详细的注释有利于代码的后期维护和阅读。在 JSP 文件的编写过程中共有三种注释方法。

1. HTML 注释标记

使用格式是 <!-- 注释内容 -->，一般用于注释静态内容。其注释内容可以通过在客户端浏览器中以查看源代码的方式获取。这种注释方法不安全，而且还会加大网络的传输负担。

2. JSP 注释标记

使用格式是 <%-- 注释内容 --%>，一般用于注释脚本元素。由于客户端通过查看源代码看不到注释内容，所以有时也称作隐藏注释。这种注释方法的安全性比较高。

3. 在 JSP 脚本中使用注释

在脚本中加注释与在 Java 类中加注释的方法是一样的。其使用格式如下：

```
<% // 单行注释 %>
<% /* 多行注释 */ %>.
```

可以给示例 1-3-5 加入如下注释：

```
<%@ page language = "java" pageEncoding = "utf-8"%>
```

```
<html>
  <head><title>ex1-3-5.jsp</title></head>
  <!-- 这是一个关于 JSP 声明的示例 (HTML 注释在客户端可以被看到 )-->
  <body>
    <%! //count 被声明为成员变量 (Java 脚本注释 )
          int count = 0;
          public int getCount()
          {  return ++count;  }
    %>
    <%--JSP 注释，也称作隐藏注释 ( 在客户端看不到 )--%>
        这是第 <% = getCount() %> 次访问页面 !
  </body>
</html>
```

如图 1-66 所示，可以通过浏览器查看其源代码，只能看到 HTML 注释。

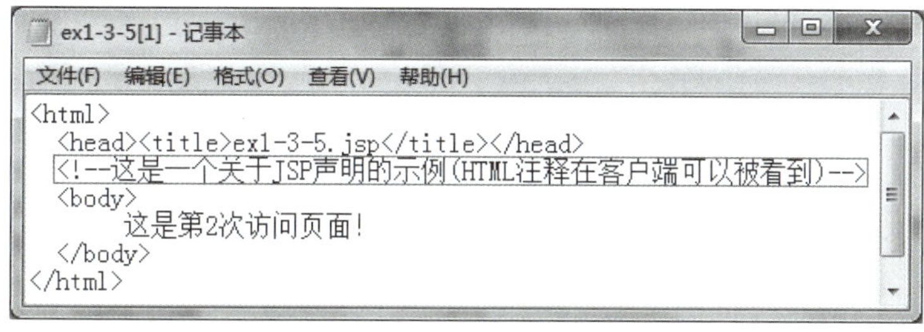

图 1-66　通过浏览器查看源代码

任务实现

把已经创建好的漫画网站项目 cartoon 导入 Eclipse，在 Package Explorer 窗口中找到项目自带的 index.jsp 页面 (也可以删除重建)，作为网站主页，并进行如下操作：

(1) 从教材资源提供的项目原型中找到主页对应的静态文件 index.html，如图 1-67 所示，把其中需要用到的静态元素拷贝到 index.jsp 中合适的位置。

图 1-67　主页的静态元素

■ 提示：

如果导入的项目由于 Eclipse 或 JDK 版本问题无法正常运行，则可以在现有版本的 Eclipse 中新建 Web 项目 cartoon，然后把资源文件拷贝到相应的目录下即可。

另外，由于本书重点讲解动态网页技术，所以对 HTML 标记等静态页面元素的相关知识不再展开介绍。为了简化前端开发，读者在做练习或者完成贯穿项目的过程中，页面的样式、布局、图片等静态元素都可以从本书资源提供的项目原型中获取。

(2) 运用 Java 小脚本和表达式在页面顶端添加系统时间。关键代码如下：

```
<% // 使用预定格式将日期转换为字符串
    SimpleDateFormat formater = new SimpleDateFormat("yyyy 年 MM 月 dd 日 ");
    String strCurrentTime = formater.format(new Date());
%>
<p><% = strCurrentTime %></p>
```

运行 index.jsp，可以看到如图 1-68 所示的效果。

图 1-68 添加了系统时间的主页

(3) 定义一个字符串数组，用于存放漫画类型，并运用脚本元素在页面中合适的位置显示漫画类型列表。关键代码如下：

```
<%! // 声明漫画类型数组
String[] types = {" 中国历史 "," 中华民俗 "," 神话传说 "," 抗战年代 "," 名人故事 "," 红色文化 "," 乡村故事 "};
%>
<!-- 用 for 循环打印漫画类型列表 -->
<%  for(int i = 0; i<types.length; i++) {     %>
        <a href = '#'><b> <% = types[i]%> </b></a>
<%  }  %>
```

运行 index.jsp，可以看到如图 1-69 所示的效果。

图 1-69 添加了漫画类型列表的主页

拓展与提高

在编程时，常常需要集中存放多个数据元素。如果数据元素个数固定、类型统一，使用数组是不错的选择；但是，当数据量超过数组的长度时，数组便无能为力，此时就需要用到集合框架。集合框架是为表示和操作集合而规定的标准体系结构，它支持引用类型数据的存取，支持数据容器长度的动态增长，而且支持具有映射关系的数据的存取。

Java 的集合组件主要存放在 java.util 包中，其类型主要有 3 种：List(列表)、Set(集) 和 Map(映射)，它们都是接口。List 和 Set 继承自 Collection 接口，Map 是独立接口。

一、List 接口

List 是个有序表，它按照元素插入顺序存储，元素可重复，其实现类主要包括：

(1) ArrayList：底层是通过数组实现的，随机读取数据速度较快。

(2) Vector：实现方式与 ArrayList 类似，但其方法是同步的 (Synchronized)，是线程安全的 (Thread Safety)，而 ArrayList 的方法不是同步的。

(3) LinkedList：底层是通过链表实现的，插入、删除数据速度较快。

二、Set 接口

Set 元素无放入顺序，元素不可重复 (注意：*元素虽然无放入顺序，但元素在 Set 中的位置是由该元素的 HashCode 决定的*)。Set 接口的实现类主要包括：

(1) HashSet：不能保证元素的排列顺序，方法不同步。集合元素可以是 null，但只能放入一个 null。

(2) LinkedHashSet：使用链表维护元素的次序，可以通过元素的添加顺序访问集合元素。

(3) TreeSet：SortedSet 接口的唯一实现类，可以确保集合元素处于一种树形 (红 - 黑树) 结构的排序状态。

三、Map 接口

Map 提供了 key 到 value 的映射。一个 Map 中不能包含相同的 key，每个 key 只能映射一个 value。Map 接口的实现类主要包括以下 4 种：

(1) HashMap：实现 Map 接口，用于快速存取对象，基于哈希表，允许有一个 null 键和多个 null 值，常用于键值对的快速查找和存储。

(2) HashTable：实现 Map 接口，实现方式与 HashMap 类似，但方法是同步的，不允许任何 null 键和 null 值，适合多线程环境下安全的键值存取。

(3) LinkedHashMap：继承自 HashMap，实现了 Map 接口，它与 HashMap 的区别在于它维护了元素的插入顺序，类似于 ArrayList 与 LinkedList 的区别，适合需要顺序访问的场景。

(4) TreeMap：实现了 NavigableMap 接口，基于红 - 黑树实现，存入的对象按自然或自定义方式排序，适合需要有序键值对的场景。

集合可以存储任何引用类型的对象，如 List 可以存入 String 对象，也可以存入 Integer 对象，但是这会带来安全问题。由于我们不知道对象本身的类型，当取出 List 中的对象时，若误把 Integer 当成了 String，调用 charAt() 方法时就会出现异常。于是，在 JDK1.5 后，引入了泛型的概念 (即参数化类型)，如 List<String> list = new ArrayList<String>() 语句表示只能存入 String 类型的对象，若试图存入 Integer 类型的对象就会报错。

通用模式如下：

```
List<T> list = new ArrayList<T>();
Set<T> set = new TreeSet<T>();
Map<K,V>  map = new HashMap<K,V>();
```

其中，T、K 代表引用类型，不能是基本数据类型（如 int、long 等）。

在 JSP 编程中，数据的存取和传递是重中之重，而 List 和 Map 就在其中扮演着非常重要的角色。下面重点介绍 ArrayList 和 HashMap 的用法，关于其他集合组件，这里不做介绍，读者可以自行查阅相关的 API。

表 1-9 列出了 ArrayList 的常用方法。

表 1-9　ArrayList 的常用方法

方　法	描　　述
boolean add(E e)	将指定的元素添加到此列表的尾部
void add(int index, E element)	将指定的元素插入此列表中的指定位置
void clear()	移除此列表中的所有元素
E get(int index)	返回此列表中指定位置上的元素
int indexOf(Object o)	返回此列表中首次出现的指定元素的索引，如果此列表不包含该元素，则返回 -1
E remove(int index)	移除此列表中指定位置上的元素
E set(int index, E element)	用指定的元素替代此列表中指定位置上的元素
int size()	返回此列表中的元素数

下面用一个示例来看一下 ArrayList 的常见用法。如图 1-70 所示，用一个 ArrayList 对象存放漫画列表，并用表格的形式将 List 成员显示在页面上。其实现步骤如下：

(1) 创建实体类 Cartoon，用于封装数据。在 Web 项目的源码文件夹 src 中新建 com.ct.entity 包，并在其中新建类 Cartoon。假设该类只包含漫画的编号、标题和更新时间，分别用 cid、ctitle 和 updateTime 属性来表示，如图 1-70 中所示，为各属性提供 set() 和 get() 方法。

(2) 创建 JSP 页面，编写数据显示代码。在 WebRoot 下添加新页面 ex1-3-6.jsp，如示例 1-3-6 所示，在 page 指令中引入实体类 Cartoon 对应的包，构建 Cartoon 类的泛型 List，并添加相应的成员后，用表格的形式显示该集合中的所有成员数据。

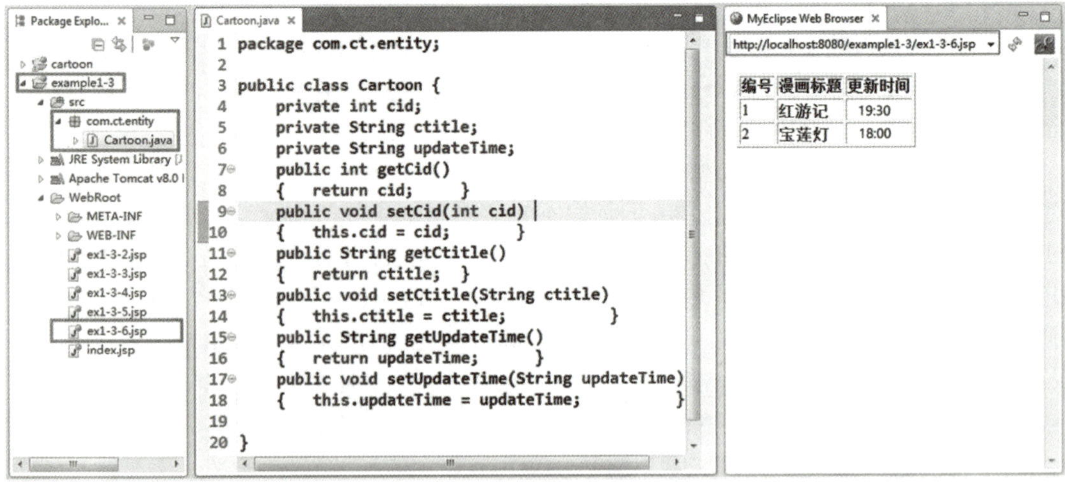

图 1-70　用 List 封装数据

【示例 1-3-6】

```
<%@ page language = "java"  pageEncoding = "utf-8"  import = "com.ct.entity.*,java.util.*" %>
<html>
  <head><title>ex1-3-6.jsp</title></head>
  <body>
  <%       List<Cartoon> cartoons = new ArrayList<Cartoon>();  // 构建泛型集合
           Cartoon ct1 = new Cartoon();                        // 构建第一个漫画对象
           ct1.setCid(1);
           ct1.setCtitle(" 红游记 ");
           ct1.setUpdateTime("19:30");
           Cartoon ct2 = new Cartoon();                        // 构建第二个漫画对象
           ct2.setCid(2);
           ct2.setCtitle(" 宝莲灯 ");
           ct2.setUpdateTime("18:00");
           cartoons.add(ct1);                                  // 把漫画对象添加到集合中
           cartoons.add(ct2);
  %>
  <table border = "1">
  <tr><th> 编号 </th><th> 漫画标题 </th><th> 更新时间 </th></tr>
  <% for(int i = 0; i<cartoons.size(); i++)                   // 循环遍历漫画集合
        { Cartoon ct = cartoons.get(i);                        // 获取当前成员对象
  %>
  <tr>
  <td><% = ct.getCid()%></td> <td><% = ct.getCtitle()%></td> <td><% = ct.getUpdateTime()%></td>
  </tr>
  <% }  %>
  </table>
  </body>
</html>
```

■ 提示：

实体类用于封装数据，并进行存储和传输，一般由私有属性字段及对应的访问器(getter) 和修改器 (setter) 方法组成。可以把一个数据表封装成一个实体对象集合，把一条记录封装成一个实体对象，把一个具体的数据字段封装成一个对象的属性 (如某个学生信息表中的某个学生的年龄值)。

另外，Tomcat 在解析 JSP 的时候无法加载默认包 (Default Package) 中的类，因此，在 Web 项目中自定义的类必须放在具体的包中 (如 com.ct.entity 中的 Cartoon)。

表 1-10 列出了 HashMap 的常用方法。

表 1-10　HashMap 的常用方法

方　法	描　　述
void clear()	从此映射中移除所有映射关系
V get(Object key)	返回指定键所映射的值；如果对于该键来说，此映射不包含任何映射关系，则返回 null
Set<K> keySet()	返回此映射中所包含的键的 Set 视图
V put(K key, V value)	在此映射中关联指定值与指定键
V remove(Object key)	从此映射中移除指定键的映射关系（如果存在的话）
Collection<V> values()	返回此映射所包含的值的 Collection 视图
int size()	返回此映射中的键 - 值映射关系数

下面用一个示例来看一下 HashMap 的常见用法。如图 1-71 所示，用一个 HashMap 对象存放漫画列表，并用表格的形式将 Map 成员显示在页面上。其实现步骤如下：

在 WebRoot 下添加新页面 ex1-3-7.jsp，如示例 1-3-7 所示，在 page 指令中引入实体类 Cartoon 对应的包，构建 Cartoon 类的 Map 集合 (key 为字符串类型)，并添加相应的成员后，用表格的形式显示该 Map 中的所有成员数据。

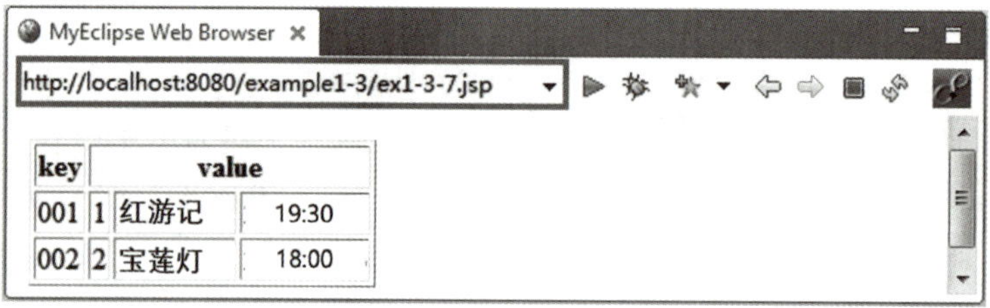

图 1-71　用 Map 封装数据

【示例 1-3-7】

```
<%@ page language = "java"  pageEncoding = "utf-8"%>
<%@ page import = "com.ct.entity.*,java.util.*" %>
<html>
  <head><title>ex1-3-7.jsp</title></head>
  <body>
    <%    HashMap<String,Cartoon> ctMap = new HashMap<String,Cartoon>();   // 构建泛型 Map
          Cartoon ct1 = new Cartoon();                    // 构建第一个漫画对象
          ct1.setCid(1);
          ct1.setCtitle(" 红游记 ");
          ct1.setUpdateTime("19:30");
          Cartoon ct2 = new Cartoon();                    // 构建第二个漫画对象
          ct2.setCid(2);
          ct2.setCtitle(" 宝莲灯 ");
```

```
            ct2.setUpdateTime("18:00");
            ctMap.put("001", ct1);                  // 把漫画对象及其键值添加到 Map 中
            ctMap.put("002", ct2);
    %>
    <table border = "1">
      <tr><th>key</th><th colspan = "3">value</th></tr>
        <tr><td>001</td>
            <% Cartoon ct = ctMap.get("001");     // 获取键“001”对应的漫画对象 %>
            <td><% = ct.getCid()%></td>
            <td><% = ct.getCtitle()%></td>
            <td><% = ct.getUpdateTime()%></td>
        </tr>
        <tr><td>002</td>
            <% ct = ctMap.get("002");             // 获取键“002”对应的漫画对象 %>
            <td><% = ct.getCid()%></td>
            <td><% = ct.getCtitle()%></td>
            <td><% = ct.getUpdateTime()%></td>
        </tr>
    </table>
  </body>
</html>
```

■ **启示：** 无规矩不成方圆

规范的代码可以降低维护成本。我们积累的项目经验越多，就会越重视项目后期的维护成本，不断强化成本意识。而开发过程中代码的规范性和质量直接影响着项目的维护成本。

技能训练

一、目的

(1) 能够用集合封装实体对象。

(2) 能够用小脚本和表达式访问集合成员。

二、要求

(1) 创建实体类 Cartoon，用于封装数据。

(2) 创建 JSP 页面，构建 List 集合，封装漫画信息，并编写数据显示代码，发布后的运行效果如图 1-72 所示。

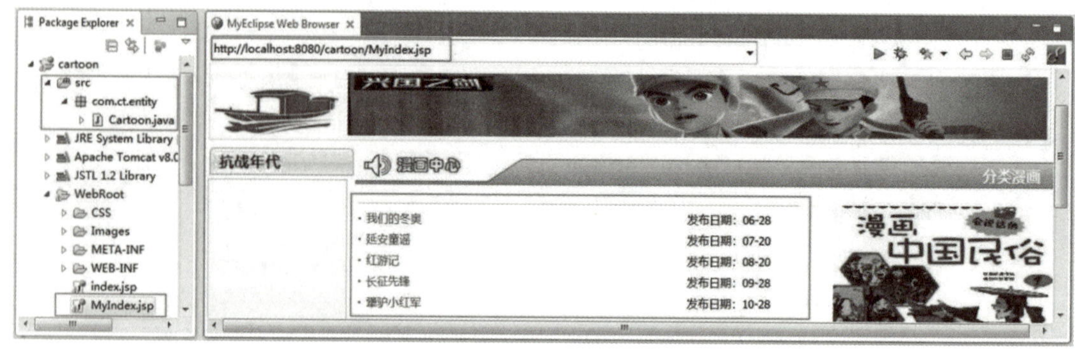

图 1-72　用 List 封装漫画信息

单元练习

一、选择题

1. 如果进行动态网站的开发，以下(　　)可以作为服务器端的脚本语言。

   A. HTML　　B. JSP

   C. JavaScript　　D. Java

2. 在设计 Web 项目的目录结构时，一般把 JSP 和 HTML 文件放在(　　)下。

   A. src 目录　　B. 文档根目录或其子文件夹

   C. META-INF 目录　　D. WEB-INF 目录

3. 在 Web 项目的目录结构中，web.xml 文件位于(　　)中。

   A. src 目录　　B. 文档根目录

   C. META-INF 目录　　D. WEB-INF 目录

4. 下面对于 B/S 架构与 C/S 架构的描述，错误的是(　　)。

   A. B/S 架构解决了 C/S 架构的弊端，因而在程序开发中将会逐步取代 C/S 架构

   B. B/S 架构是基于 Internet 网络实现的，使得用户访问范围扩大

   C. C/S 架构是基于局域网实现的，当程序发生改动后，需要对每一个客户端都进行维护

   D. C/S 架构可以设计出丰富的界面，而 B/S 架构相对处于劣势

5. 以下选项中(　　)是正确的 URL。(选两项)

   A. http://www.link.com.cn/myweb/index.html

   B. ftp://ftp.link.com

   C. www.baidu.com

   D. /cartoon/welcome.html

6. 在某个 JSP 页面中存在这样一行代码：<%=2 + "4"%>，以下说法正确的是(　　)。

   A. 这行代码没有对应的输出

   B. 这行代码对应的输出是 6

   C. 这行代码对应的输出是 24

   D. 这行代码将引发错误

7. 与 page 指令 <%@ page import = "java.util.*, java.text.*"%> 等价的是 (　　)。

A. <%@ page import = "java.util.*" %>
   <%@ page import = "java.text.*" %>

B. <%@ page import = "java.util.*" import = "java.text.*"%>

C. <%@ page import = "java.util.*" ; %>
   <%@ page import = "java.text.*" ; %>

D. <%@ page import = "java.util.* " ; "java.text.*"%>

8. 下列选项中，(　　) 是正确的表达式。

A. <% String s = "hello world"; %>

B. <% = "hello world"; %>

C. <% = "hello world" %>

D. <%! "hello world"%>

9. 在 JSP 中，要定义一个方法，需要用到以下 (　　) 元素。

A. <%= %>　　　B. <% %>

C. <%! %>　　　D. <%@ %>

10. 在 JSP 中，给定以下 JSP 代码片段，运行结果是 (　　)。

```
<%  int x = 5;  %>
<%! int x = 7;  %>
<%!
      int getX(){  return x;  }
%>
<%  out.print("X1 = " + x) ;    %>
<%  out.print("X2 = " + getX()) ; %>
```

A. X1 = 5 X2 = 7　　　B. X1 = 5 X2 = 5

C. X1 = 7 X2 = 7　　　D. X1 = 7 X2 = 5

二、简答题

1. 动态网页和静态网页的主要区别是什么？

2. 简述 Web 应用的开发流程。

三、代码题

1. 创建一个 JSP 页面，在页面中用户可以输入自己的身份证号，提交后在页面上输出该号码。

2. 创建一个 JSP 页面，在页面中输入两个整数，然后输出这两个数的和、差、积、商。

3. 创建一个 JSP 页面，在页面中输入一个年份，判断并输出该年是不是闰年。

第 2 章　JSP 内置对象

情景描述

漫画网站有三类用户，分别是管理员、会员及匿名用户。匿名用户只能浏览主页、阅读部分在线漫画，而会员和管理员则可以在登录后，进入各自的主页，完成自己权限范围内的操作。

本章的主要学习任务是获取用户的登录信息、实现页面的访问控制，并且能够统计在线人数，进而掌握获取请求和处理响应的方法、数据交互和页面跳转的原理以及对象的作用域。

学习目标

✧ 掌握 session 的原理及应用。
✧ 掌握 include 指令的用法。
✧ 掌握 application 的原理及应用。
✧ 掌握对象的作用域。
✧ 能够使用 request 对象获取用户请求。
✧ 能够使用 response 对象处理响应。
✧ 能够使用请求转发和重定向控制页面跳转。
✧ 强化责任意识、诚信意识。
✧ 培养科学严谨的工作态度。
✧ 培养风险防控意识。

任务 2.1　获取管理员的登录请求

任务描述

如图 2-1 所示，为主页添加登录表单，并在获取用户的登录信息之后，如图 2-2 所示，根据判断条件完成相应的数据传递和页面跳转。

图 2-1　添加登录表单

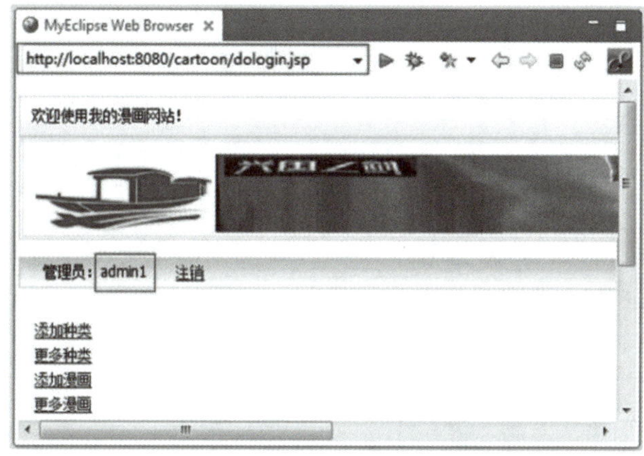

图 2-2　管理员主页

技能目标

✧ 使用 request 对象获取用户请求。

✧ 使用 response 对象处理响应。

✧ 使用请求转发和重定向控制页面跳转。

知识链接

2.1.1　JSP 内置对象概述

JSP 内置对象也称为隐式对象，是由 Web 容器自动加载，不需要声明就可以直接在 JSP 页面中使用的对象。内置对象一般用于访问页面的动态内容，其名称是 JSP 的保留字。

如图 2-3 所示，JSP 内置对象分为四个类别。其中，输入 / 输出对象和作用域通信对象比较常用。在这 9 大内置对象中，request 对象比较特殊，既属于输入 / 输出对象又属于作用域通信对象，具备双重功能。

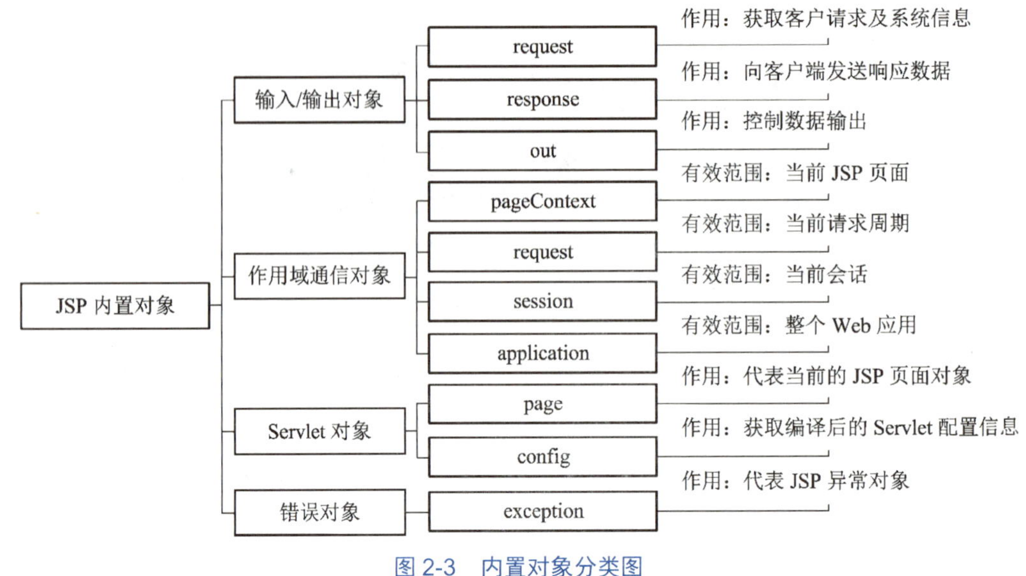

图 2-3 内置对象分类图

2.1.2 out 对象

out 对象是 javax.servlet.jsp.JspWriter 类的一个实例，主要用于向客户端浏览器输出数据。表 2-1 列出了 out 对象常用的几个方法。

表 2-1 out 对象的常用方法

方 法	描 述
clear()	清除缓冲区中的数据，如已清空，则产生 IOException 异常
clearBuffer()	清除缓冲区中的数据，如已清空，并不产生 IOException 异常
flush()	将当前暂存于缓冲区的数据输出
isAutoFlush()	返回是否自动输出缓冲数据的布尔值(可以通过指令 <%page autoFlush = "true" %> 进行设置)
newLine()	输出换行
print(dataType data)	输出数据
println(dataType data)	输出数据并换行

2.1.3 request 对象

request 对象是 javax.servlet.http.HttpServletRequest 类的一个实例。每当客户端请求一个 JSP 页面时，JSP 引擎就会创建一个新的 request 对象来代表这个请求。request 对象提供了获取表单数据、HTTP 头信息等相关方法，表 2-2 列出了其中一些常用的方法。

除此之外，request 对象可以代表当前的请求范围，可以用于访问 request 请求范围内的属性。关于其请求范围的相关知识会在后续章节中详细介绍。

表 2-2　request 对象的常用方法

方　法	描　　述
void setCharacterEncoding(String charset)	指定每个请求的编码方式，一般在获取请求参数值之前调用 (针对 post() 方法)
String getCharacterEncoding()	返回此请求使用的字符编码的名称
String getParameter(String name)	以 String 形式返回请求参数的值，如果该参数不存在，则返回 null
String[] getParameterValues(String name)	返回包含给定请求参数的所有值的 String 数组，若不存在，则返回 null
String getContextPath()	返回请求上下文路径 (Web 应用的根目录)
String getScheme()	返回协议名称
String.getServerName()	返回服务器名称
int getServerPort()	返回服务器接收到请求的端口号
String getRemoteAddr()	返回发送请求的客户端的 Internet 协议 (IP) 地址
getRequestDispatcher(String path)	返回一个 javax.servlet.RequestDispatcher 对象，该对象的 forward(request，response) 方法用于请求转发

一、JSP 默认模板中的 basePath

在 JSP 中使用相对路径，有时可能会出现问题。例如，MyApp 项目下，有一个 jsp 文件夹，该文件夹下包含 A.jsp 和 B.jsp 两个页面。A 页面中含有“<a href = "jsp/B.jsp"> 跳转 </a>”超链接到 B 页面的代码。

如果在浏览器地址栏中输入 http://localhost:8080/MyApp/jsp/A.jsp，单击“跳转”链接，就会在地址栏中出现错误链接 http://localhost:8080/MyApp/jsp/jsp/B.jsp。因为网页中的相对路径是相对于 URL 请求的地址去寻找资源，当前请求路径是 MyApp/jsp/A.jsp，浏览器就会以这个路径 (MyApp/jsp/) 为基准，去找链接资源 jsp/B.jsp，于是，出现了错误路径 jsp/jsp/B.jsp。

以上问题就是调用页面和被调用页面的基准路径不同所造成的。如何解决这个问题呢？

当使用 JSP 默认模板创建页面时，文件开头会自动生成如下代码：

```
<%
String path = request.getContextPath();
String basePath = request.getScheme() + "://" + request.getServerName()
                + ":" + request.getServerPort() + path + "/";
%>
```

以上语句用来拼装当前网页的相对路径。其中：

request.getScheme()：返回当前使用的协议 (http)；

request.getServerName()：返回当前页面所在的服务器名字 (localhost)；

request.getServerPort()：返回当前页面所在的 Web 容器使用的端口 (8080)；

request.getContextPath()：返回当前页面所在的 Web 应用根目录 (MyApp)。

basePath 变量一般与 base 标签联合使用，<base href = [base URL]> 用来表明当前页面的相对路径所使用的基准路径。在 JSP 默认模板中的 <base href = "<% = basePath%>"> 就是用来表明当前页面无论在哪级目录下，寻找资源的基准路径都是 Web 应用根目录。

如果在上面的 A 页面中加上关于 basePath 变量和 base 标签的设置 (也可以直接用 JSP 默认模板创建 A.jsp)，问题就解决了。

二、获取请求参数

1. 表单

表单在网页中主要负责数据采集。一个表单有三个基本组成部分：

(1) 表单标签：包含处理表单数据所用的 CGI 程序的 URL 以及数据提交服务器的方式。

语法如下：

```
<form action = "url"  method = "get|post"  enctype = "mime"  target = "target"><!--form content--></form>
```

功能：用于声明表单，定义数据采集范围，<form> 和 </form> 之间的数据将被提交到 Web 服务器上。

属性：

① action="url" 用来指定提交表单时数据发送的目标地址。

② method="get|post" 用于指定提交表单时采用的 HTTP 方法，默认值是 get。

使用 get 方法时，表单数据会以字符形式拼接在 URL 后面，显示在浏览器地址栏，数据长度有限制，适合传递少量、非敏感的数据。

使用 post 方法时，表单数据会包含在请求体中，不会在地址栏显示，数据长度没有限制，更适合传递大量或敏感的数据。

③ enctype = "mime" 指明把表单提交给服务器时 (当 method 值为 "post") 的互联网媒体形式。这个特性的缺省值是 "application/x-www-form-urlencoded"。

④ target = "..." 指定结果文档的显示位置。target = "_blank" 表明在一个新的、无标题浏览器窗口中调入指定的文档；target = "_self" 表明在当前框架中调入文档；target = "_parent" 表明把文档调入当前框架的直接父框架中；target = "_top" 表明把文档调入当前最顶层的浏览器窗口中。

■ 说明：CGI(Common Gateway Interface，通用网关接口) 是一种标准接口，用于 Web 服务器与外部程序之间的信息交互。通过 CGI，Web 服务器可以将客户端提交的数据传递给服务器端的 CGI 程序，由这些程序进行处理，并将处理结果返回给客户端。在 Java Web 开发中，JSP 和 Servlet 本质上充当了 CGI 程序的角色，实现了类似的功能。

(2) 表单域：包含文本框、密码框、隐藏域、多行文本框、复选框、单选框、下拉选择框和文件上传框等。多数情况下被用到的表单域是输入元素 (<input>)，输入类型由类型属性 (type) 定义。例如，文本框 (text) 通过标签 <input type = "text" > 来设定，密码框 (password) 通过标签 <input type = "password"> 来设定。

(3) 表单按钮：包含提交按钮、复位按钮和一般按钮。提交按钮用于将数据传送给服务器上的 CGI 程序，用 type = "submit" 设定；复位按钮用于取消输入，用 type = "reset" 设定；一般按钮用 type = "button" 设定；表单按钮还可以通过 onClick 属性调用其他处理脚本，例如，<input type = "button" value = " 保存 " onClick = "javascript:alert('it is a button')">。

2. 获取表单数据

Web 应用采用的是请求 / 响应模式，浏览器发送请求时往往会将一些请求参数通过表单传给服务器，服务器负责解析表单数据的是 JSP/Servlet，而 JSP/Servlet 取得表单数据的途径则是 request 对象的 getParameter() 方法和 getParameterValues() 方法。示例 2-1-1 是一个关于获取用户信息的例子，user.html 是表单页面，用于收集数据；result.jsp 是请求处理页面，用于解析表单数据。如图 2-4 所示，request 对象所使用的方法参数和 user.html 页面中表单元素的 name 属性值一一对应。

图 2-5 是示例 2-1-1 的运行效果。

【示例 2-1-1】

```
<!--user.html 关键代码 -->
<form  action = "result.jsp"  method = "post">
    <p> 姓名： <input name = "uname" type = "text"/></p>
    <p> 性别：
    <input name = "usex" type = "radio" value = " 男 " /> 男
    <input name = "usex" type = "radio" value = " 女 " /> 女
    </p>
    <p> 省份：<select name = "upro">
                    <option value = " 山东省 "> 山东省 </option>
                    <option value = " 山西省 "> 山西省 </option>
                    <option value = " 河北省 "> 河北省 </option>
                </select>
    </p>
    <p> 爱好：<input name = "ufav" type = "checkbox" value = " 篮球 "> 篮球
              <input name = "ufav" type = "checkbox" value = " 足球 "> 足球
              <input name = "ufav" type = "checkbox" value = " 排球 "> 排球
    </p>
    <input type = "submit" value = " 提交 " />
    <input type = "reset"  value = " 重置 " />
</form>

<!--result.jsp 关键代码 -->
<%      request.setCharacterEncoding("GBK");                    // 设置编码方式
        String name = request.getParameter("uname");            // 获取单值参数
        String sex = request.getParameter("usex");
        String pro = request.getParameter("upro");
```

```
        String[] favs = request.getParameterValues("ufav");      // 获取多值参数
    %>
        您的姓名：<% = name%><br><br>
        您的性别：<% = sex%><br><br>
        您来自：   <% = pro%><br><br>
        您的爱好：<br>
  <%
        for(int i = 0; i<favs.length; i++){                          // 打印多值参数值
        out.println(favs[i] + "<br>");
      }
    %>
```

```
<form action="result.jsp" method="post">
  <p>姓名：<input name="uname" type="text"/></p>
  <p>性别：
    <input name="usex" type="radio" value="男" />男
    <input name="usex" type="radio" value="女" />女
  </p>
  <p>省份：<select name="upro">
          <option value="山东省">山东省</option>
          <option value="山西省">山西省</option>
          <option value="河北省">河北省</option>
        </select>
  </p>
  <p>爱好：
   <input name="ufav" type="checkbox" value="篮球">篮球
   <input name="ufav" type="checkbox" value="足球">足球
   <input name="ufav" type="checkbox" value="排球">排球
  </p>
  <input type="submit" value="提交" />
  <input type="reset"  value="重置" />
</form>
```

```
<body>
<%//设置编码方式
  request.setCharacterEncoding("GBK");
  //获取单值参数
  String name=request.getParameter("uname");
  String sex=request.getParameter("usex");
  String pro=request.getParameter("upro");
  //获取多值参数
  String[] favs=
    request.getParameterValues("ufav");
 %>
您的姓名：<%=name%><br><br>
您的性别：<%=sex%><br><br>
您来自：  <%=pro%><br><br>
您的爱好：<br>
 <% for(int i=0;i<favs.length;i++){
      out.println(favs[i]+"<br>");
    }
 %>
</body>
```

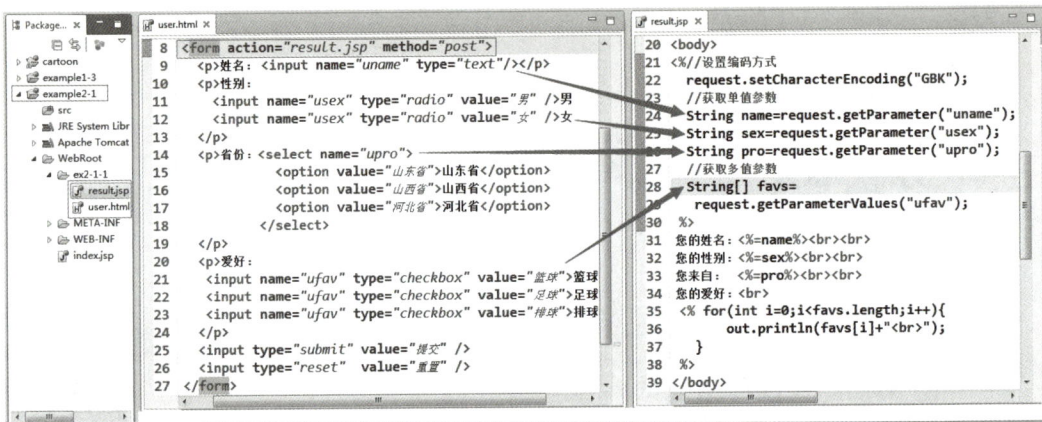

图 2-4　示例 2-1-1 的关键代码

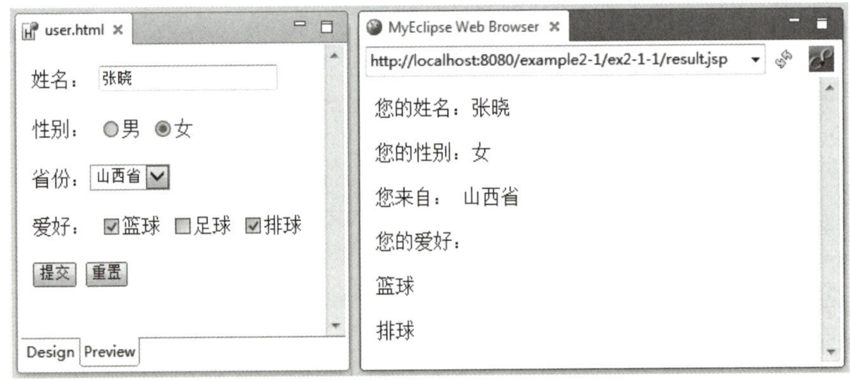

图 2-5　示例 2-1-1 的运行效果

2.1.4　response 对象

response 对象是 javax.servlet.http.HttpServletResponse 类的一个实例。当服务器创建 request 对象时会同时创建一个用于响应当前客户端的 response 对象。表 2-3 列出了 response 对象的一些常用方法。

表 2-3　response 对象的常用方法

方　法	描　　述
void setContentType(String type)	设置要发送到客户端的响应的内容类型，例如 text/html 表示网页
void setCharacterEncoding(String charset)	设置要发送到客户端的响应的字符编码，例如 UTF-8、GBK 等
void sendRedirect(String url)	将客户端重定向到指定的 URL
void setHeader(String name, String value)	设置具有给定名称和值的 HTTP 响应头
void addCookie(Cookie cookie)	将指定的 cookie 添加到响应对象中

一、设置页面数据的输出类型

使用 response 对象的 setContentType(String type) 方法可以设置页面的 contentType(输出类型) 属性值。输出类型有如下几种：

text/html：网页。

text/plain：纯文本。

application/x-msexcel：Excel 文件。

application/msword：Word 文件。

示例 2-1-2 用于设置一个页面 test.jsp 以 Word 方式打开或保存，图 2-6 是运行效果。

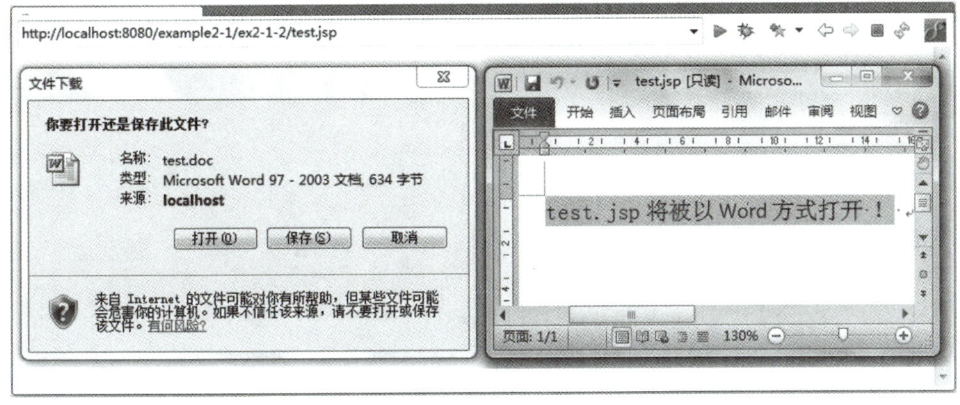

图 2-6　示例 2-1-2 的运行效果

【示例 2-1-2】

```
<html>
  <body>
   <% // 设置页面输出方式及编码
    response.setContentType("application/msword;charset = GBK");
    out.print("test.jsp 将被以 Word 方式打开！ ");
   %>
  </body>
</html>
```

二、设置应答报文的首部字段值

使用 response 对象的 setHeader(String name, String value) 方法可以设置 HTTP 响应报文的首部字段和值。示例 2-1-3 用于设置页面的自动刷新。

【示例 2-1-3】

```
<%  out.print(new Date());                          // 显示系统当前时间
    response.setHeader("refresh", "5");             // 设置页面自动刷新
%>
```

三、重定向与请求转发

1. 重定向

在某些情况下，当响应客户请求时，服务器需要引导客户端重新请求另一个页面，即重定向 (Redirect)。这就需要用到 response 对象的 sendRedirect(String url) 方法。

示例 2-1-4 用于模拟用户登录过程，login.html 为登录页面，dologin.jsp 用于进行登录处理，welcome.jsp 是欢迎页面。如果用户输入正确 (假设账号为 admin，密码为 123456)，则跳转到欢迎页面，否则跳转到登录页面。

【示例 2-1-4】

```
<!-- login.html 关键代码 -->
<form  method = "post" action = "dologin.jsp">
    <p> 账 号：<input type = "text" name = "username"> </p>
    <p> 密 码：<input type = "password"  name = "pwd"></p>
    <input type = "submit" value = " 登录 ">
</form>
<!-- dologin.jsp 关键代码 -->
<%
  String name = request.getParameter("username");  // 获取账号
  String pwd  = request.getParameter("pwd");        // 获取密码
  if(name.equals("admin")&&pwd.equals("123456")){
        response.sendRedirect("welcome.jsp");       // 重定向到欢迎页面
  }else {
        response.sendRedirect("login.html");        // 重定向到登录页面
  }
%>

<!-- welcome.jsp 关键代码 -->
<html>
<body>
欢迎您的到来！
</body>
</html>
```

2. 请求转发

重定向意味着客户端要发出新的请求，即要创建新的 request 对象，也就是之前的请求参数将会丢失。如果想在示例 2-1-4 中的欢迎页面中获取账号信息，如图 2-7 所示，重定向是无能为力的。因为在新的请求对象中不存在之前的请求参数，所以得到的是 null 值。

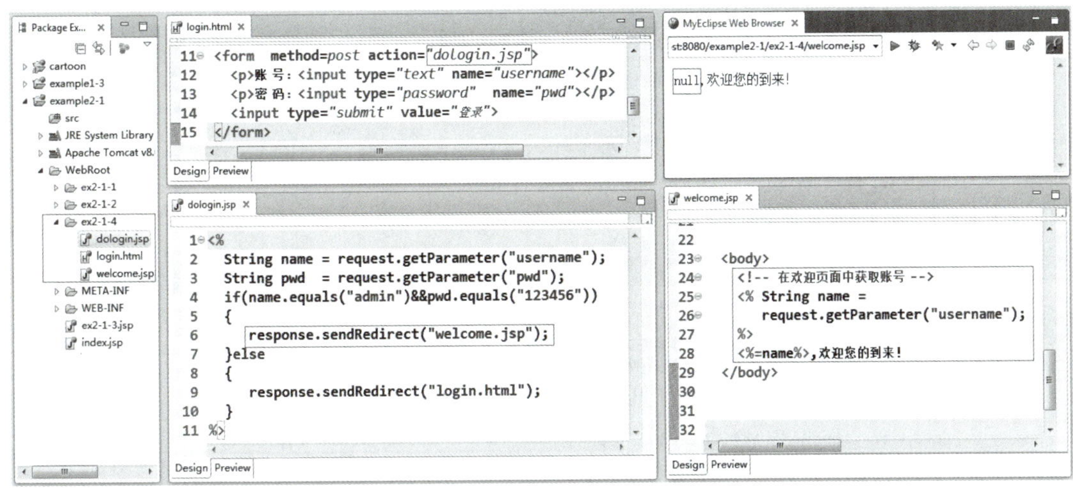

图 2-7　重定向无法获取上一个请求的参数

上述问题可以通过请求转发 (Forward) 来解决。请求转发是一种服务器行为，客户端只需发出一次请求，服务器将该请求转发之后，会继续使用当前的 request 请求对象，而非新建，因此，请求参数不会丢失，浏览器地址栏中的 URL 也不会改变。

请求转发通过 request.getRequestDispatcher(String url).forward(request, response) 方法实现，其中的 url 是请求转发的目标地址。示例 2-1-4 可以做如下修改，即可实现请求转发，运行结果如图 2-8 所示。

```
<!-- dologin.jsp 关键代码 -->
<%
  String name = request.getParameter("username");        // 获取账号
  String pwd  = request.getParameter("pwd");             // 获取密码
  if(name.equals("admin")&&pwd.equals("123456")){
        response.sendRedirect("welcome.jsp");
        request.getRequestDispatcher("welcome.jsp").forward(request, response);
        // 请求转发到 welcome.jsp
  }else {
        response.sendRedirect("login.html");              // 重定向到登录页面
  }
%>

<!-- welcome.jsp 关键代码 -->
```

```
<html>
<body>
    <% String name = request.getParameter("username"); %>
    <% = name%>, 欢迎您的到来！ </body>
</html>
```

welcome.jsp

```
<% String name =
   request.getParameter("username");
%>
<%=name%>,欢迎您的到来!
```

MyEclipse Web Browser

ost:8080/example2-1/ex2-1-4/dologin.jsp

admin, 欢迎您的到来!

*dologin.jsp

```
<%
String name = request.getParameter("username");
String pwd  = request.getParameter("pwd");
if(name.equals("admin")&&pwd.equals("123456"))
{
   //response.sendRedirect("welcome.jsp");
   request.getRequestDispatcher("welcome.jsp").forward(request, response);//请求转发
}else
{
   response.sendRedirect("login.html");
}
%>
```

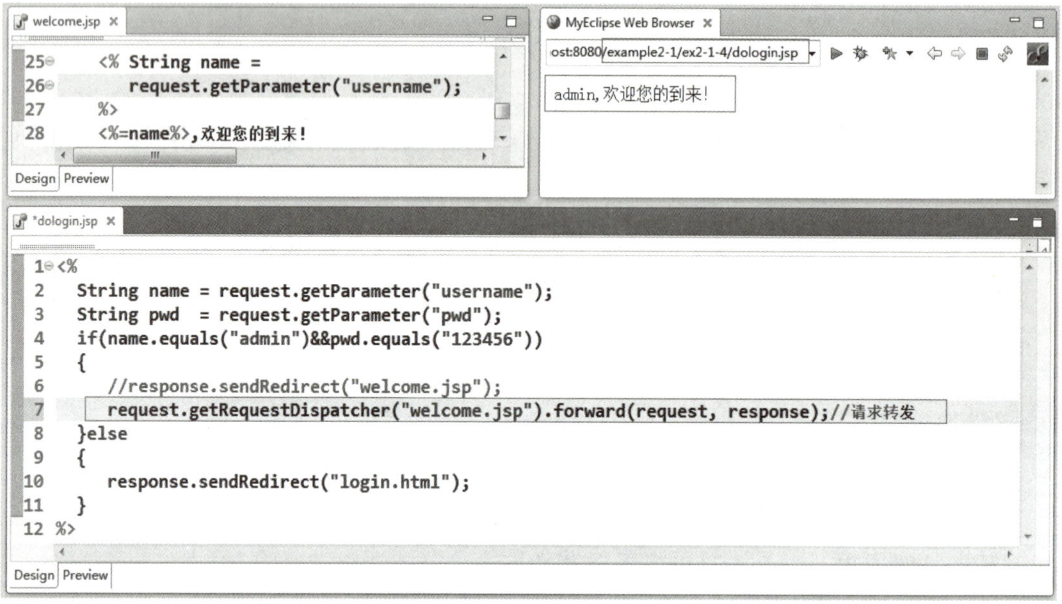

图 2-8 请求转发运行结果

3. 请求转发和重定向的区别

请求转发和重定向有很大的区别，现总结如下：

(1) request.getRequestDispatcher(String url).forward(request, response) 方法只能将请求转发给同一个 Web 应用的组件；而 response.sendRedirect(String url) 方法还可以重定向到同一个服务器上的其他应用程序中的资源，甚至可以使用绝对 URL 重定向到其他服务器站点的资源。

(2) 如果传递给 response.sendRedirect(String url) 方法的相对路径以“/”开头，则表示整个 Web 服务器站点的根目录 (即 http://localhost:8080/)；如果创建 RequestDispatcher 对象时指定的相对路径以“/”开头，则表示相对于当前 Web 应用程序的根目录 (WebRoot)。

(3) 重定向的访问过程结束后，浏览器地址栏中显示的 URL 会发生改变，由初始的 URL 变成重定向的目标 URL；请求转发过程结束后，浏览器地址栏保持初始的 URL 不变。

(4) 重定向对浏览器的请求直接作出响应，响应的结果就是告诉浏览器去重新发出对另外一个 URL 的访问请求；请求转发是在服务器端内部将请求转发给另外一个资源，浏览器只知道发出了请求并得到了响应，并不知道在服务器程序内部发生了转发行为。

(5) 请求转发的调用者与被调用者之间共享相同的 request 对象和 response 对象，它们属于同一个请求和响应过程；重定向的调用者与被调用者使用各自的 request 对象和 response 对象，它们属于两个独立的请求和响应过程。

四、URL 查询字符串的应用

1. 重定向中使用查询字符串

如果需要在重定向的情况下将简单数据(如整数、字符串等)传递给目标页面，可以使用查询字符串 (Query String) 实现。代码如下：

```
response.sendRedirect("welcome.jsp?username = " + name);
```

查询字符串由用“=”连接的键-值对组成，通过“?”连接在 URL 地址后面，多个键-值对可用“&”符号进行分隔。例如：response.sendRedirect("welcome.jsp?username = tom&pwd = 123")。

在目标页 welcome.jsp 中获取查询字符串的方法和获取请求参数的方法类似，例如：

```
String name = request.getParameter("username");    // 对应值 tom
String pwd = request.getParameter("pwd");           // 对应值 123
```

其中，方法的参数必须与查询字符串中的键一一对应。

如果需要传递复杂数据(如对象、集合等)，或者需要在更大范围内分享数据，则需要使用作用域对象，后续章节会详细介绍有关作用域的知识。

2. 超链接中使用查询字符串

在实际的 Web 应用中，网页上会有很多超链接，单击这些超链接便会打开一个新页面，显示与之相关的信息。这些超链接是如何把数据传给目标页面的呢？这种情况与重定向类似，可以通过查询字符串实现数据的传递。示例 2-1-5 就是运用超链接中的查询字符串，并结合 iframe 标签，实现颜色的选择，运行效果如图 2-9 所示。

【示例 2-1-5】

```
<!--main.html 关键代码 -->
<body>
    <div id = "PageBody"> <!-- 页面主体 -->
        <div id = "Sidebar" style = "float:left;width:10%;"> <!-- 侧边栏 -->
        <p><a href = "iframePage.jsp?color = red " target = "mainFrame"> 红色 </a></p>
        <p><a href = "iframePage.jsp?color = yellow" target = "mainFrame"> 黄色 </a></p>
        <p><a href = "iframePage.jsp?color = green" target = "mainFrame"> 绿色 </a></p>
        <p><a href = "iframePage.jsp?color = blue" target = "mainFrame"> 蓝色 </a></p>
        </div>
        <div id = "MainBody" style = "float:right;width:80%;"> <!-- 主体内容 -->
          <iframe name = "mainFrame" src = "#"></iframe>
         </div>
    </div>
   </body>
<!-- iframePage.jsp 关键代码 -->
```

```
<% String color = request.getParameter("color");      // 获取查询字符串
    // 通过 JavaScript 设置页面背景颜色
    out.print("<script>document.body.style.backgroundColor = ' " + color + " '</script>");
    out.print("Your favorite color is " + color);
%>
```

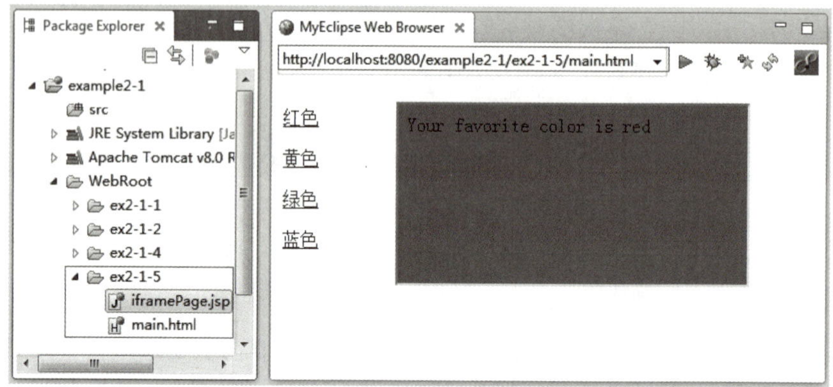

图 2-9　超链接中使用查询字符串

■ 说明：

使用超链接进行数据传递时，采用的是 GET() 方法提交请求。如果数据中存在中文，用 request 对象直接获取时，容易产生乱码问题。

request.setCharacterEncoding(String charset) 只对 POST() 方法有效，对 GET() 方法无效。因此，需要对数据进行重新编码，方法如下：

```
String name = request.getParameter("username");
byte[] bytes = name.getBytes("ISO-8859-1");
                    // 用原始编码 (ISO-8859-1) 将字符串分解成字节数组
name = new String(bytes,"UTF-8");
                    // 用新的编码方式 (UTF-8) 将字节数重新转换成字符串，修正编码问题
```

或者直接在 Tomcat 的 conf/server.xml 中，对 Connector 节点做如下修改：

```
<Connector port = "8080" protocol = "HTTP/1.1" connectionTimeout = "20000"
                redirectPort = "8443"  URIEncoding = "UTF-8"/>
```

任务实现

将本书配套资源中提供的漫画网站项目 cartoon 导入 Eclipse(也可重新创建)，然后按如下步骤完成任务功能。

一、为主页添加表单

在 index.jsp 页面顶部添加表单 (可以直接从教材资源的原型文件 index.html 中获取)，如图 2-10 所示，在表单中添加账号文本框、密码框、身份下拉框及登录按钮等表单元素。

```
<div id="header">
  <div id="top_login">
   <form name="loginform" action="dologin.jsp" method="post">
     <label> 登录名 </label>
     <input type="text" id="uname" name="uname" value="" class="login_input" />
     <label> 密  码 </label>
     <input type="password" id="upwd" name="upwd" value="" class="login_input"/>
     <select name="usertype">
       <option value="0">会员</option>
       <option value="1">管理员</option>
     </select>
     <input type="submit" class="login_sub" value="登录" />
    </form>
```

图 2-10 登录表单

二、新建管理员主页

在 WebRoot 下，新建文件夹 adminpages，如图 2-11 所示，并在里面创建管理员主页 admin.jsp。然后，根据表单元素的名称，编写如下获取请求参数的代码：

```
<% String username = request.getParameter("uname"); %>
管理员：<% = username %>
```

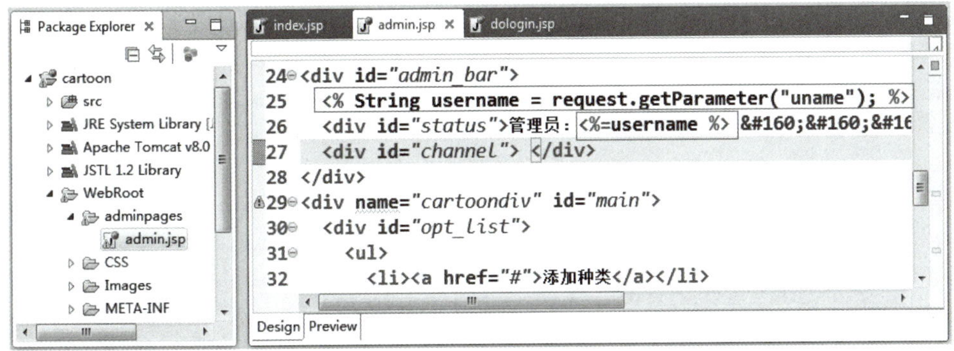

图 2-11 管理员主页

三、处理登录请求

新建 dologin.jsp 页面，作为登录表单的提交目标，并编写如下处理代码：

```
<% // 暂时不区分用户类别，都按管理员身份处理
   String username = request.getParameter("uname");
   String userpwd = request.getParameter("upwd");
   if(username.equals("admin1")&&userpwd.equals("123456"))
   { // 请求转发
      request.getRequestDispatcher("/adminpages/admin.jsp").forward(request,response);
   }else
   { // 重定向
      response.sendRedirect("index.jsp");
```

```
    }
%>
```

拓展与提高

JSP 动作元素是一种特殊的标签，是 JSP 页面元素之一，以 jsp 作为前缀，其效果等同于多行 Java 代码实现的效果。它在客户端发出请求时动态执行。

动作元素基本上都是预定义的函数，JSP 规范定义了一系列的标准动作，<jsp:forward> 就是其中之一，该标记用于将请求转发到另一个 JSP、Servlet 或者静态资源文件。一旦遇上此标记即会停止执行当前的 JSP，转而执行被转发的目标资源。也就是说，<jsp:forward> 可以用于实现请求转发。同时，它还可以联合 <jsp:param> 动作元素，进行参数的传递。

语法如下：

```
<jsp: forward  page = " 相对路径 " />
    <jsp:param name = " 属性名 1"  value = " 属性值 1"/>
    <jsp:param name = " 属性名 2"  value = " 属性值 2"/>
</jsp: forward>
```

在 JSP 页面中取得属性名所对应的值，也是使用 request.getParameter(" 属性名 ") 方法。示例 2-1-6 把示例 2-1-4 的登录处理代码进行了改写，同样可以实现请求转发。

【示例 2-1-6】

```
<!-- dologin.jsp 关键代码 -->
<%
    String name = request.getParameter("username");
    String pwd  = request.getParameter("pwd");
    if(name.equals("admin")&&pwd.equals("123456"))
    {
  %>
      <jsp:forward page = "welcome.jsp">
         <jsp:param value = "<% = name %>" name = "username"/>
      </jsp:forward>
  <%
    }else
    {
       response.sendRedirect("login.html");
    }
%>
<!-- welcome.jsp 关键代码 -->
<html>
  <body>
```

```
    <% String name = request.getParameter("username"); %>
    <% = name%>, 欢迎您的到来！  </body>
</html>
```

技能训练

一、目的

✧ 能够使用 request 对象获取用户请求。
✧ 能够使用 response 对象处理响应。
✧ 能够使用请求转发和重定向控制页面跳转。

二、要求

在任务 2.1 的基础上新建 userpages 文件夹，并创建用户页面 user.jsp。如图 2-12 所示，根据登录时选择的用户角色 (管理员或会员)，在账号和密码 (假设账号为 admin1，密码为 123456) 正确的前提下，跳转到相应的页面。

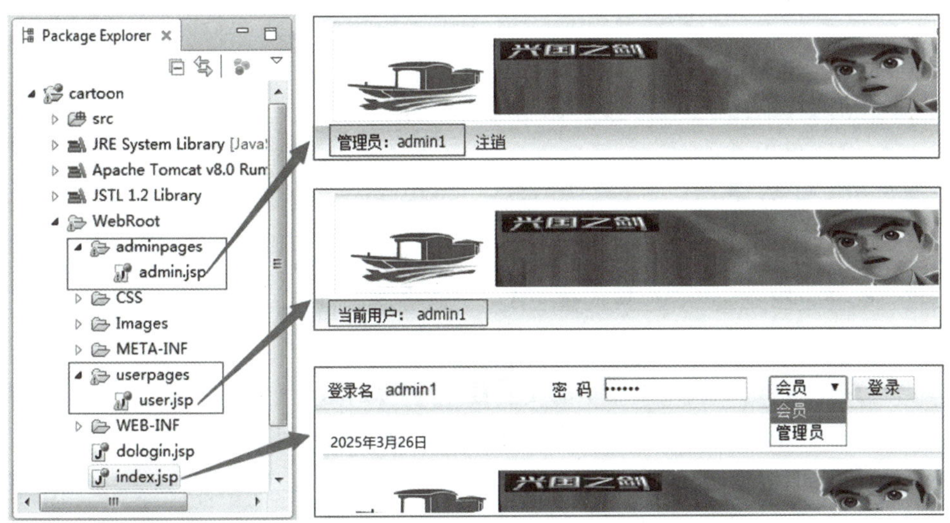

图 2-12　根据角色进行页面跳转

任务 2.2　实现页面的访问控制

任务描述

本任务要实现用户主页的访问控制，如图 2-13 和图 2-14 所示。在没有登录的情况下，直接访问用户主页，提示“您还没有登录哦！”；成功登录之后，在没有关闭浏览器的前提下，即使在一个新窗口中也能正常访问该用户主页。

图 2-13 没有登录时访问用户主页

图 2-14 登录之后访问用户主页

技能目标

✧ 掌握 session 的原理及应用。
✧ 掌握 include 指令的应用。

知识链接

2.2.1 session 对象

HTTP 协议是一种“无状态”协议。这就意味着，每当客户端向服务器发出请求，服务器接收请求并返回响应后，连接就被关闭了，服务器不保留与本次连接相关的任何信息。因此，当客户端再次向服务器发出请求时，又会建立新的连接，在这种情况下，将无法判断这一次连接和之前的连接是否属于同一个客户端。通常，一个客户端在访问服务器的过程中，会发生多次请求和响应。作为服务器，必须有一种机制来唯一标识一个用户，同时记录该用户的状态信息，这就是会话跟踪机制。该机制可以维持每个用户的会话信息，为不同的用户保存其私有数据。

一、session（会话）概述

session 一词的原意是指有始有终的一系列动作、消息，在实际应用中通常翻译成会话。例如打电话时，甲方拨通乙方电话进行通话的一系列过程称为一个会话，电话挂断即会话结束。就 Web 开发来说，一个会话是指在一段时间内，单个客户通过浏览器与 Web 服务器的一连串不中断的交互过程。在一次会话中，客户可能会多次请求访问同一个网页，也可能请求访问不同的 Web 资源，即一次会话包含浏览器和服务器之间的多次请求 / 响应过程。

会话机制是一种服务器端的机制，如图 2-15 所示，当用户向服务器发出第一次请求时，服务器会为该用户创建唯一的会话，该会话将一直延续到用户访问结束。

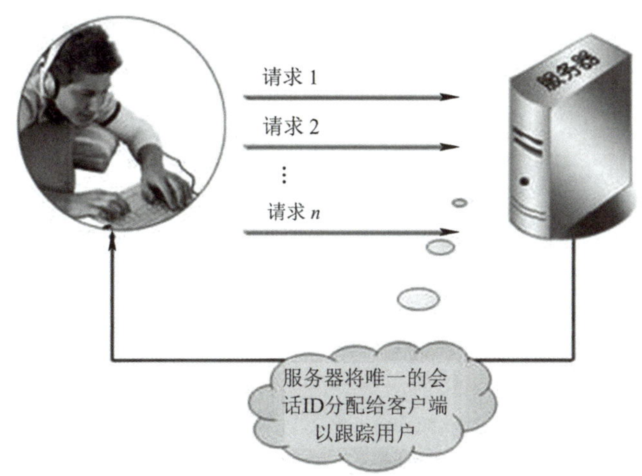

图 2-15　一次会话过程

服务器判断是否创建了相关会话，是通过一个唯一的标识 sessionid 来实现的。如果在客户端请求中包含了一个 sessionid，则说明已经为客户端创建了会话，服务器会根据这个 sessionid 把对应的会话对象读取出来；否则就会创建一个新的会话对象并生成一个 sessionid，并将这个 sessionid 在本次响应过程中发回客户端。

二、session 对象及其常用方法

session 对象是 javax.servlet.http.HttpSession 类的一个实例，该对象允许用户访问会话的相关信息，并绑定数据到会话中。绑定到会话中的数据可以在多次请求中持续有效。表 2-4 列出了 session 对象的一些常用方法。

表 2-4　session 对象的常用方法

方　法	描　　述
String getId()	获取 sessionid
void setMaxInactiveInterval(int interval)	设定 session 的非活动时间
int getMaxInactiveInterval()	获取 session 的有效非活动时间 (以秒为单位)
void invalidate()	设置 session 对象失效
void setAttribute(String key, Object value)	以 key/value 的形式将对象保存到 session 中
Object getAttribute(String key)	通过 key 获取 session 中保存的对象
void removeAttribute(String key)	从 session 中删除指定 key 所对应的对象

下面通过示例 2-2-1 实现在 session 中存取数据，并验证 sessionid 的唯一性。首先在 inputPage.html 页面中添加表单，其提交目标是 setPage.jsp；然后在 setPage.jsp 中获取表单数据，存入 session，在控制台打印当前会话的 sessionid 之后，再重定向到 getPage.jsp；最后在 getPage.jsp 页面中获取之前存入 session 的数据，并在页面中打印当前会话的 sessionid。

【示例 2-2-1】

```
<!--inputPage.html 关键代码 -->
```

```
<form method = "post" action = "setPage.jsp" >
    请输入要被存入 session 的数据：<input type = "text" name = "sessionData">
                                   <input type = "submit" value = " 保存 ">
 </form>
<!--setPage.jsp 关键代码 -->
<%   String data = request.getParameter("sessionData");
     session.setAttribute("data", data);                          // 把数据存入 session
     System.out.println("sessionid of setPage:" + session.getId()); // 在控制台打印 sessionid
     response.sendRedirect("getPage.jsp");
%>
<!--getPage.jsp 关键代码 -->
<%    Object obj = session.getAttribute("data");                 // 从 session 中根据 key 获取数据
      if(obj != null){ // 进行空值判断
          out.print(" 存入 session 的数据是 : " + obj.toString() + "<br>");
      }
      out.print("sessionid of getPage:" + session.getId());       // 在页面上打印 sessionid
%>
```

从图 2-16 所示的运行结果中不难看出，两次打印的 sessionid 是一样的，即整个操作过程属于同一个会话，就算是重定向的页面，也能共享 session 对象中的数据。

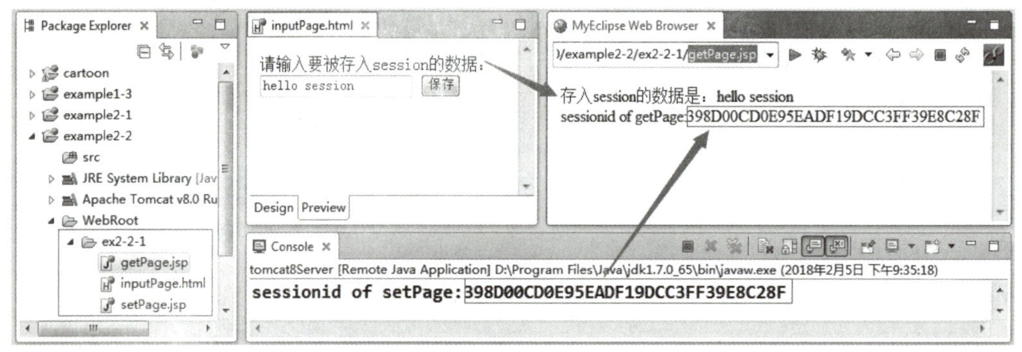

图 2-16　示例 2-2-1 的运行结果

一般情况下，每个 session 对象都与一个浏览器对应，重新开启一个浏览器，会重新创建一个 session 对象(不同版本的浏览器可能有所差别)；浏览器关闭，当前会话结束。通过超链接打开的新窗口的 session 与其父窗口的 session 相同。

三、使用 session 对象实现访问控制

出于安全性的考虑，大部分的 Web 资源都增加了访问控制功能。如图 2-17 所示，访问控制一般分为以下两种情况：

(1) 用户通过登录页面来登录网站，如果是已注册用户，系统会在一定时限内保存其登录信息，并让用户进入要访问的页面。

(2) 用户直接访问网站的某个页面，系统会去查询是否保存有该用户的登录信息，如果有，则显示该页面的内容；如果没有，则转入登录页面，要求用户登录网站。

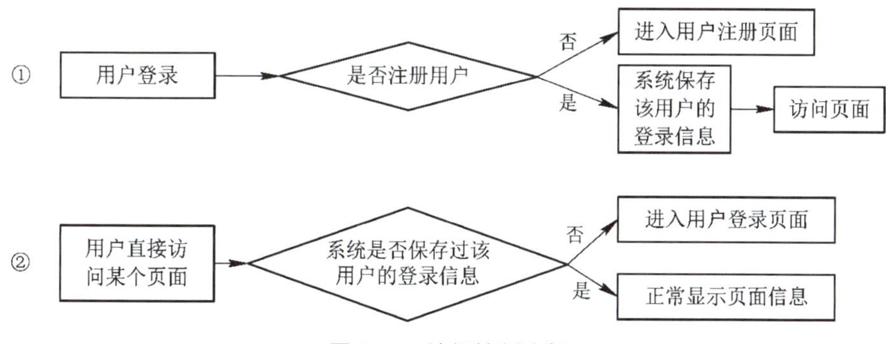

图 2-17　访问控制流程

访问控制功能可以基于 session 对象来实现。如示例 2-2-2 所示，在登录时，如果输入账号、密码都正确，则把用户信息存入当前 session 中；在需要进行访问控制的页面 (welcome.jsp) 中，通过 getAttribute 获取 session 中的用户信息，如果信息为空，表明该用户还没有登录，则跳转到登录页面，否则正常显示登录成功页面。

【示例 2-2-2】

```
<!-- login.html 关键代码 -->
<form  method = post action = "dologin.jsp">
      <p> 账 号：<input type = "text" name = "username">  </p>
      <p> 密 码：<input type = "password"  name = "pwd"></p>
      <input type = "submit" value = " 登录 ">
</form>
<!-- dologin.jsp 关键代码 -->
<%
  String name = request.getParameter("username");   // 获取账号
  String pwd  = request.getParameter("pwd");         // 获取密码
  if(name.equals("admin")&&pwd.equals("123456")){
        session.setAttribute("user",name);           // 把用户信息存入 session
        response.sendRedirect("welcome.jsp");        // 重定向到欢迎页面
  }else {
        response.sendRedirect("login.html");         // 重定向到登录页面
  }
%>
<!-- welcome.jsp 关键代码 -->
<html>
  <body>
   <% Object obj = session.getAttribute("user");   // 获取 session 中的用户信息
        if(obj == null){
          response.sendRedirect("login.html");
          return;
        }
   %>
```

```
    <%= obj.toString()%>，欢迎您的到来！
  </body>
</html>
```

四、会话的时效

会话是有时效的，使会话失效的方法有以下两种。

1. 会话超时

会话超时是指两次请求的时间间隔超过了服务器允许的最大时间间隔。可以通过以下三种方式设置会话的超时间隔。

(1) 通过 session 对象的 setMaxInactiveInterval(int interval) 方法设置，代码如下：

```
if(name.equals("admin")&&pwd.equals("123456")) {
        session.setAttribute("user",name);
        session.setMaxInactiveInterval(600);   // 参数单位是秒，表示 10 分钟后 session 对象失效
        response.sendRedirect("welcome.jsp");
}
```

(2) 在项目的 web.xml 中设置，代码如下：

```
 <session-config>
        <session-timeout>10</session-timeout>
 </session-config>
```

其中，单位是分钟，设置为 0 或负数，表示永不超时。

(3) 通过 Web 容器进行设置，在 Tomcat 目录 /conf/web.xml 中找到 <session-config> 元素，其中 <session-timeout> 元素中的 30 就是默认时间间隔，单位为分钟，可以对其进行修改。

```
<!-- ===================== Default Session Configuration ================= -->
<session-config>
    <session-timeout>30</session-timeout>
</session-config>
```

2. 手动调用方法设置会话失效

手动调用方法设置会话失效是通过调用 session 对象的 invalidate() 方法实现的，主要应用于用户注销的场合。但如果只想清除会话中绑定的某个数据对象，则可以调用 session 对象的 removeAttribute(String key) 方法将指定对象从会话中清除，而会话仍然有效。

■ 提示：

通过会话的时效性可以发现，只需使当前会话失效，即可实现网站的“注销”功能。可以把注销代码放在一个 JSP 页面 (假设为 loginout.jsp) 中，内容如下：

```
session.invalidate();                      // 设置 session 失效
/* 或者用 session.removeAttribute("user") 方法仅删除 session 中的用户信息，会话仍有效 */
response.sendRedirect("login.html");       // 跳转到登录页面
```

然后在相关页面中增加注销超链接“<a href='loginout.jsp'> 注销 </a>”即可。

2.2.2　include 指令

include 指令用于在 JSP 转译期间将 HTML 文件或 JSP 页面嵌入另一个 JSP 页面，即在 JSP 页面出现该指令的位置处静态插入一个 HTML 文件或 JSP 页面。所谓静态嵌入，就是将当前 JSP 页面和插入的部分合并成一个新的 JSP 页面。

通常，当应用程序中很多页面的某些部分 (例如标题、页脚和导航栏等) 都相同的时候，我们就可以将这些共性的内容写入单独的文件中，然后通过 include 指令引用这些文件，从而缓解代码的冗余问题，并且修改起来也更加方便，即对于这些共性内容只需要修改其对应的独立文件即可。

语法如下：

```
<%@ include file = " 文件相对路径 " %>
```

注意：include 指令只有一个 file 属性，表示被包含的文件路径。

在多个页面中实现访问控制时，出现的重复编码问题也可以通过 include 指令来解决。如示例 2-2-3 所示，先把从 session 中获取的用户信息及进行存在性判断的代码放入一个单独的文件 control.jsp 中；然后在需要进行访问控制的页面 (如 welcome.jsp) 中，用 include 指令引入该文件即可。

【示例 2-2-3】

```
<!-- control.jsp 关键代码 -->
<% Object obj = session.getAttribute("user");
        if(obj == null){
            response.sendRedirect("login.html");
            return;
        }
%>
<!-- welcome.jsp 关键代码 -->
<html>
    <body>
        <%@include file = "control.jsp" %>
        <% = obj.toString()%>，欢迎您的到来！
        <!-- 因为是静态嵌入，所以可以直接使用 control.jsp 页面中的 obj 变量 -->
    </body>
</html>
```

任务实现

把本书配套资源中提供的漫画网站项目 cartoon 导入 Eclipse(也可重新创建)，并进行如下操作。

(1) 编写登录处理代码。

在 WebRoot 下新建 dologin.jsp，作为登录表单的提交目标，并添加如下代码：

```
<%
    String username = request.getParameter("uname");
    String userpwd = request.getParameter("upwd");
    String usertype = request.getParameter("usertype");
    if(username.equals("admin1")&&userpwd.equals("123456")) {
        session.setAttribute("user", username);     // 把用户信息存入 session 中
        if(usertype.equals("1")){                   // 管理员登录
            response.sendRedirect("adminpages/admin.jsp");
        }else{// 会员登录
            response.sendRedirect("userpages/user.jsp");
        }
    }else {
        response.sendRedirect("index.jsp");
    }
%>
```

(2) 编写访问控制代码。

在 WebRoot 下新建 control.jsp 文件，并添加如下代码：

```
<%@ page language = "java" pageEncoding = "utf-8"%>
<% String username = "";
        Object obj = session.getAttribute("user");   // 获取 session 中的用户信息
        if(obj == null) {
          out.println("<script charset = 'utf-8'>");   // 嵌入 javascript 代码时编码要和 pageEncoding 一致
          out.println("alert('您还没有登录哦！');");
          out.println("</script>");
          out.print("<script>window.location.href = 'index.jsp';</script>");   // 跳转到登录页面
        }else {
             username = obj.toString();
        }
%>
```

(3) 在用户页面中引入访问控制文件。

如图 2-18 所示，在 WebRoot 下新建 adminpages 和 userpages 文件夹，分别在相应的文件夹中新建 admin.jsp 和 user.jsp 页面，作为管理员和会员的主页面，并在这两个页面中用 include 指令引入访问控制文件；若用户已登录，则把在 control.jsp 中获取到的用户名 (username) 显示在相应的主页上。

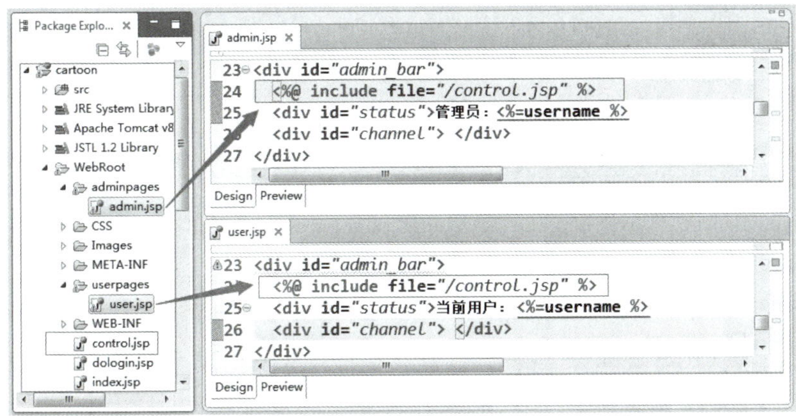

图 2-18　添加访问控制功能

拓展与提高

<jsp:include> 是 JSP 动作元素之一，此动作允许将文件插入正在生成的页面中。

语法如下：

```
<jsp:include  page = " 目标文件 "  flush = "true" />
```

其中，page 表示要嵌入的页面的相对 URL；flush 表明在嵌入资源前是否刷新缓存区。该动作还可以通过如下形式进行参数的传递：

```
<jsp:include page = " 目标文件 ">
    <jsp:param name = " 参数名 " value = " 参数值 "/>
    ...
</jsp:include>
```

下面用示例 2-2-4 来完成一个求和功能，运行结果如图 2-19 所示，其实现步骤如下：

(1) 创建表单页面 inputPage.html，用于输入两个整数。

(2) 创建 result.jsp 页面，用于显示结果。

(3) 创建 calc.jsp 页面，用于计算结果。

(4) 在 result.jsp 页面中用 <jsp:include> 动作引入 calc.jsp，并传递数据给它，用于计算结果。

(a)　　(b)

图 2-19　<jsp:include> 实现计算功能

【示例 2-2-4】

```
<!--inputPage.html 关键代码 -->
<form  method = post action = "result.jsp">
```

```
        <p> 第一个数：<input type = "text" name = "num1"></p>
        <p> 第二个数：<input type = "text" name = "num2"></p>
        <input type = "submit" value = " 求和 ">
</form>
<!-- result.jsp 关键代码 -->
<%@ page language = "java" import = "java.util.*" pageEncoding = "utf-8"%>
<%   String n1 = request.getParameter("num1");
     String n2 = request.getParameter("num2");
     out.print(" 把数据传递给 calc.jsp 页面进行计算的结果是：");
%>
<jsp:include page = "calc.jsp">
   <jsp:param value = "<% = n1%>" name = "n1"/>
   <jsp:param value = "<% = n2%>" name = "n2"/>
</jsp:include>
<% out.print(" 计算完毕！ ");%>

<!-- calc.jsp 关键代码 -->
<%   String num1 = request.getParameter("n1");   // 获取 <jsp:include> 动作传递的参数
     String num2 = request.getParameter("n2");
     int res = Integer.parseInt(num1) + Integer.parseInt(num2);
     out.print(res + "<br>");
%>
```

■ 说明：

include 指令和 include 动作的区别：include 指令是将目标文件包含进来，一起执行，生成一个 servlet；include 动作是把目标文件执行后的结果包含进来，然后继续执行，每个目标文件都各自生成一个 servlet。

include 动作和 forward 动作的区别：对于标签前的内容，include 执行且显示，forward 执行但不显示；对于标签后的内容，include 执行且显示，forward 不执行。

技能训练

一、目的

能够在 session 中存取数据。

二、要求

编写一个 JSP 页面 luckNum.jsp，在页面中生成一个 0～9 之间的随机数作为用户的幸运数字，并将其保存到会话中，然后重定向到另一个页面 showLuckNum.jsp 中，在该页面中将用户的幸运数字显示出来。

■ 提示：

(1) 使用 Math 类的 random() 方法生成随机数。

(2) 运用 session 对象的 setAttribute() 方法和 getAttribute() 方法进行数据的存取。

任务 2.3　统计网站的访问次数

任务描述

如图 2-20 所示，在漫画网站主页显示网站访问量。

图 2-20　统计网站访问次数

技能目标

✧ 掌握对象的作用域。
✧ 掌握 application 的原理及应用。
✧ 了解其他内置对象的作用。

知识链接

2.3.1　application 对象

从服务器的角度而言，application 对象可以视为一个所有联机用户共享的数据存储区，它是 javax.servlet.ServletContext 类的实例，类似于应用程序的“全局变量”，可以被应用程序内的所有用户共享。表 2-5 列出了 application 对象的一些常用方法。

表 2-5　application 对象的常用方法

方　　法	描　　述
void setAttribute(String key, Object value)	以 key/value 的形式保存对象值
Object getAttribute(String key)	通过 key 获取对象值
String getRealPath(String path)	返回相对路径所对应的真实路径

示例 2-3-1 实现了在 application 中存取数据的功能，并返回了指定页面的真实路径。inputPage.html 是表单页面，用于输入数据；setPage.jsp 用于在 application 对象中存放表单数据，并在控制台打印当前的真实访问路径；getPage.jsp 用于获取并显示 application 中的数据。运行结果如图 2-21 所示。

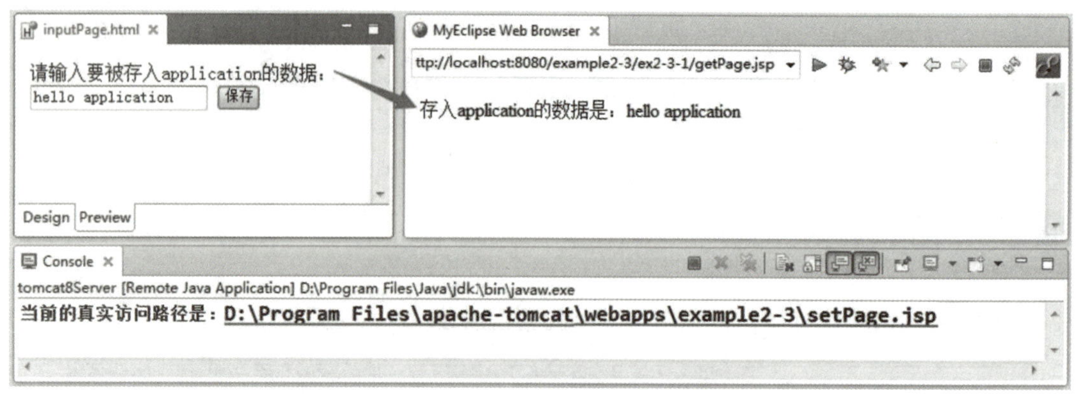

图 2-21　在 application 中存取数据

【示例 2-3-1】

```
<!--inputPage.html 关键代码 -->
<form method = "post" action = "setPage.jsp" >
        请输入要被存入 application 的数据：<input type = "text" name = "appData">
                                    <input type = "submit" value = " 保存 ">
</form>
<!--setPage.jsp 关键代码 -->
<%@ page language = "java" pageEncoding = "utf-8"%>
<% String data = request.getParameter("appData");
    application.setAttribute("data", data);         // 把数据存入 application
    response.sendRedirect("getPage.jsp");
    System.out.print(" 当前的真实访问路径是：" + application.getRealPath("setPage.jsp"));
%>
<!--getPage.jsp 关键代码 -->
<% Object obj = application.getAttribute("data");  // 从 application 中获取数据
    if(obj != null){
        out.print(" 存入 application 的数据是：" + obj.toString() + "<br>");
    }
%>
```

2.3.2　对象的作用域

在 Web 应用中，每个对象都有特定的生命周期。这里的生命周期是指对象从创建到销毁的时间跨度。同时，对象的可访问性受到作用域 (Scope) 的限制，作用域定义了对象在程序中可被访问的范围，即对象的有效可见区域。

在 JSP 中，提供了四种作用域，分别是 page 作用域、request 作用域、session 作用域和 application 作用域，它们分别由 JSP 内置对象 pageContext、request、session 和 application 来实现，四种作用域对象的有效范围如图 2-22 所示。存入 pageContext 对象中的变量只在当前 JSP 页面有效；存入 request 对象中的变量只在当前请求周期内有效；存入 session 对象中的变量只在当前会话范围内有效；存入 application 对象中的变量在整个 Web 应用范围内有效。

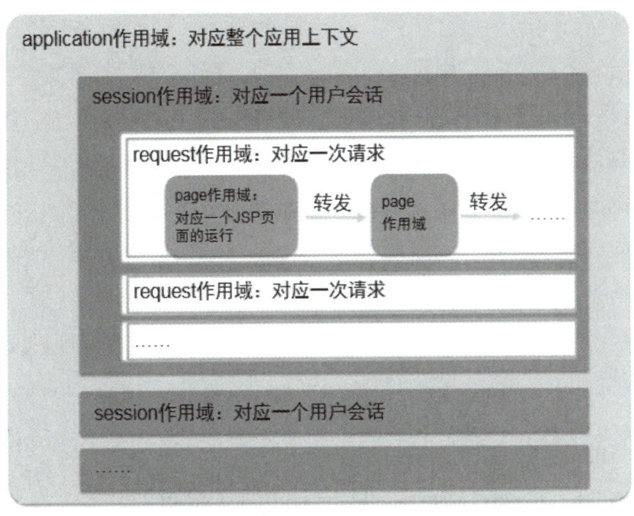

图 2-22　四种作用域对象的有效范围

每个作用域对象存取数据的方法都是一样的，即用 setAttribute(String key, Object value) 方法存数据，用 Object getAttribute(String key) 方法取数据。

如示例 2-3-2 所示，在 setPage.jsp 页面中，分别对存入四大域对象中的变量进行累加 (需要判断变量的存在性，若不存在，则初始化为 1)，并将请求转发给 getPage.jsp；在 getPage.jsp 页面中，获取并显示之前存入各个作用域对象中的变量。其运行结果如图 2-23 所示。

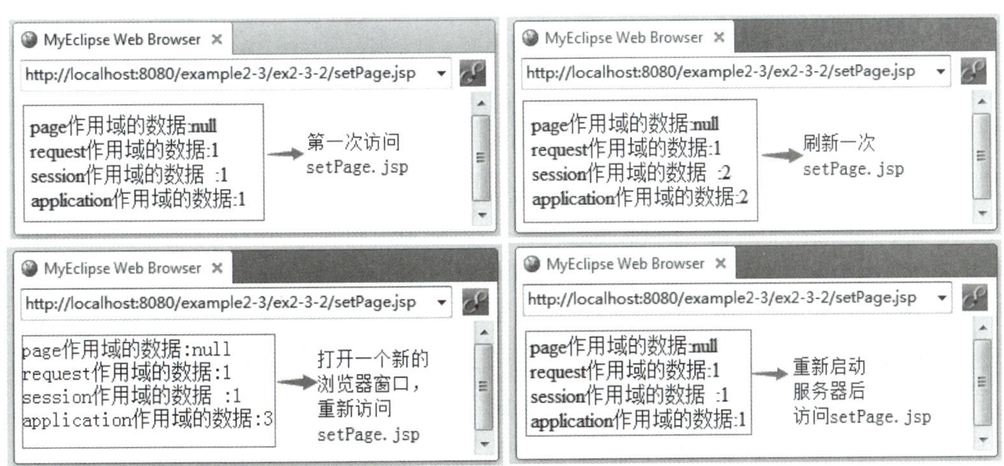

图 2-23　访问四大域对象中的变量

【示例 2-3-2】

```
<!--setPage.jsp 关键代码 -->
<%@ page language = "java"  pageEncoding = "utf-8"%>
<% //page 作用域的数据累加 ( 这里使用 Integer，而不是 int，是为了转换方便 )
    Integer pageNum = (Integer) pageContext.getAttribute("pageNum");
    if (pageNum == null) {
        pageContext.setAttribute("pageNum", 1);
    } else {
            pageContext.setAttribute("pageNum", pageNum + 1);
    }
    //request 作用域的数据累加
    Integer requestNum = (Integer) request.getAttribute("requestNum");
    if (requestNum == null) {
            request.setAttribute("requestNum", 1);
    } else {
            request.setAttribute("requestNum", requestNum + 1);
    }
    //session 作用域的数据累加
    Integer sessionNum = (Integer) session.getAttribute("sessionNum");
    if (sessionNum == null) {
            session.setAttribute("sessionNum", 1);
    } else {
            session.setAttribute("sessionNum", sessionNum + 1);
    }
    //application 作用域的数据累加
    Integer applicationNum = (Integer) application.getAttribute("applicationNum");
    if (applicationNum == null) {
            application.setAttribute("applicationNum", 1);
    } else {
            application.setAttribute("applicationNum", applicationNum + 1);
    }
    request.getRequestDispatcher("getPage.jsp").forward(request, response);
    // 请求转发给 getPage.jsp
%>

<!--getPage.jsp 关键代码 -->
<%@ page language = "java"  pageEncoding = "utf-8"%>
page 作用域的数据 :<% = pageContext.getAttribute("pageNum")%><br>
request 作用域的数据 :<% = request.getAttribute("requestNum")%><br>
```

```
session 作用域的数据 :<% = session.getAttribute("sessionNum")%><br>
application 作用域的数据 :<% = application.getAttribute("applicationNum")%><br>
```

通过示例代码和显示结果，可以得出以下结论：

(1) pageContext 中的变量无法从 setPage.jsp 传递给 getPage.jsp，因为它只在单独的一个 JSP 页面中有效，只要发生跳转，该变量就不存在了。

(2) request 中的变量可以跨越请求转发前后的两个页面 (如果是重定向，则无法实现，因为它会生成一个新的 request)。但是，只要刷新页面，变量就会重新计算。

(3) session 中的变量一直在累加。但是，只要关闭浏览器，重新开启一个浏览器窗口，session 中的变量就会重新计算。

(4) application 中的变量一直在累加，除非重启服务器，它才会重新计算。

2.3.3 其他内置对象

在 JSP 的 9 个内置对象中，除了之前讲到的输入 / 输出对象和作用域对象以外，还有三个不太常用的对象。

一、page 对象

page 对象是指向当前 JSP 页面程序本身的对象，有点像类中的 this。page 对象其实是 Object 类的实例，它可以使用 Object 类的方法，如 hashCode()、toString() 等。page 对象在 JSP 程序中的应用不是很广。

二、config 对象

Web 容器在初始化时使用一个 config 对象向 JSP 页面传递配置信息，包括初始化参数以及表示 JSP 页面或 Servlet 所属 Web 应用的 ServletContext 对象 (即 application 对象)。

三、exception 对象

exception 对象是 Throwable 子类的一个实例 (如 java.lang.NullPointerException)，仅在错误页面中可用。JSP 提供了一个选项用来为其页面指定错误页面。每当页面引发异常时，JSP 容器将自动调用错误页面。

在示例 2-3-3 中，使用 <%@ page errorPage ="error.jsp"%> 指令来指定 testPage.jsp 的错误页面；使用 isErrorPage ="true" 来表明 error.jsp 可以作为错误页面，该指令使 JSP 编译器生成异常的实例变量。

【示例 2-3-3】

```
<!--testPage.jsp 关键代码 -->
<%@ page language = "java" pageEncoding = "utf-8" errorPage = "error.jsp"%>
<%  out.print(1/0); // 除数为 0  %>
<!--error.jsp 关键代码 -->
<%@ page language = "java" isErrorPage = "true"  import = "java.util.*" pageEncoding = "utf-8"%>
<% // 打印异常信息
   out.print(exception.getMessage());
%>
```

任务实现

将本书资源中提供的漫画网站项目 cartoon 导入 Eclipse（也可重新创建），并进行如下操作。

(1) 编写访问次数统计代码。

在 WebRoot 下，新建 PVNum.jsp 文件，并添加如下代码：

```
<%@ page language = "java"  pageEncoding = "utf-8"%>
<%  Integer count = (Integer) application.getAttribute("count");
if (count != null) {
        count++;
} else
{
        count = 1;
}
application.setAttribute("count", count);
out.print(" 网站访问量： " + count);
%>
```

(2) 在网站主页中引入访问次数统计文件。

如图 2-24 所示，用 include 指令，把 PVNum.jsp 文件引入到 index.jsp 的合适位置。

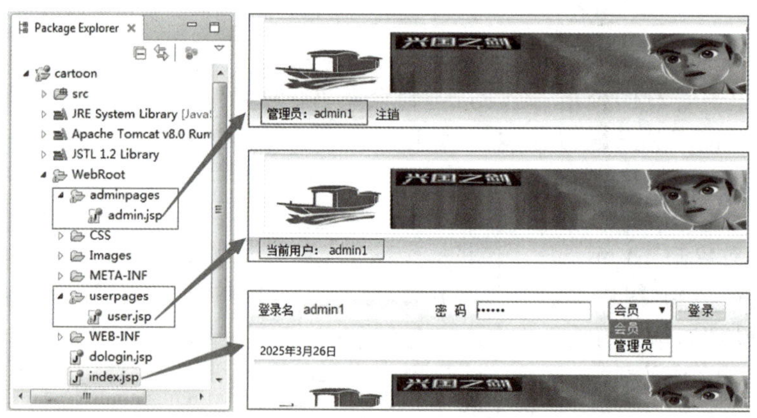

图 2-24　统计网站访问次数

■ 启示：强化质量意识，弘扬诚信文化

流量思维充斥了网络世界，在流量时代能做到脚踏实地、质量为先是项目团队的一个非常重要的素养，是整个项目进展的前提。软件要服务客户，服务社会，就需要不忘初心、诚信为先、质量为先。

拓展与提高

维护 Web 客户端和 Web 服务器之间会话的方式一般有以下几种。

一、session 对象

JSP 默认启用会话跟踪，并为每个新客户端自动实例化一个新的 HttpSession 对象。可以通过将页面指令中的会话属性设置为 false 来禁用会话跟踪，语法如下：

```
<%@ page session = "false" %>
```

二、URL 重写

URL 重写就是利用 get 方法，在 URL 尾部添加额外的参数来达到会话跟踪的目的。可以在每个网址的末尾附加一些用于标识会话的数据，服务器可以将该会话标识符与其关于该会话存储的数据相关联。

例如，利用“http://www.cartoon.com/file.html?sessionid = 123456”这一 URL，Web 服务器可以识别相应的客户端。

三、隐藏的 HTML 表单域

Web 服务器可以发送隐藏的 HTML 表单域以及唯一的会话 ID，例如：

```
<input type = "hidden" name = "sessionid" value = "123456">
```

当提交表单时，指定的名称和值将自动包含在 get 或 post 数据中。每次客户端浏览器发送请求时，sessionid 值都可以用于跟踪不同的 Web 浏览器。但当单击常规超链接 (<a href = "...">) 时不会产生表单提交，因此隐藏的表单域不能支持常规会话跟踪。

四、cookie

1. 概述

cookie 是存储在客户端的文本文件，一般用于保存轨迹信息。JSP 显然提供对 HTTP cookie 的支持。通常用以下三个步骤来识别回头客：

(1) 服务器脚本发送一系列 cookie 至浏览器，如名字、年龄、ID 号码等。

(2) 浏览器在本地机器中存储这些信息，以备不时之需。

(3) 当下一次浏览器发送任何请求至服务器时，它会同时将这些 cookie 信息发送给服务器，然后服务器使用这些信息来识别用户或者完成其他事情。

JSP cookie 处理 cookie 对象时，需要对中文进行编码与解码，代码如下：

```
String str = java.net.URLEncoder.encode(" 中文 ", "UTF-8");              // 编码
String str = java.net.URLDecoder.decode(" 编码后的字符串 ","UTF-8");  // 解码
```

表 2-6 列出了 cookie 对象的一些常用方法。

表 2-6　cookie 对象的常用方法

方　法	描　　述
void setMaxAge(int expiry)	设置 cookie 的有效期，以秒为单位
void setValue(String value)	在 cookie 创建后，对 cookie 进行赋值
String getName()	获取 cookie 的名称
String getValue()	获取 cookie 的值
int getMaxAge()	获取 cookie 的有效时间，以秒为单位

2. 在 JSP 中使用 cookie

JSP 通过 javax.servlet.http 包下的 cookie 类实现 cookie 操作。当 JSP 编译成 .java 文件时，会自动导入该包下所有的类。其构造方法为 cookie(String name,String value)，其中 name 代表名称，value 代表值。

在 JSP 中使用 cookie，包含以下几个步骤：

(1) 创建一个 cookie 对象，调用 cookie 的构造函数，使用一个 cookie 名称和值作参数。例如：

```
Cookie cookie = new Cookie("key","value");
```

(2) 设置有效期，调用 setMaxAge() 函数表明 cookie 在多长时间（以秒为单位）内有效。例如：

```
cookie.setMaxAge(60*60*24);
```

(3) 将 cookie 发送至 HTTP 响应头中，调用 response.addCookie() 函数来向 HTTP 响应头中添加 cookie。例如：

```
response.addCookie(cookie);
```

(4) 读取 cookie。例如：

```
Cookie[] cookies = request.getCookies();
```

删除 cookie 非常简单。如果想要删除一个 cookie，按照以下步骤进行删除即可。

(1) 获取一个已经存在的 cookie，然后存储在 cookie 对象中。

(2) 将 cookie 的有效期设置为 0。

(3) 将这个 cookie 重新添加进响应头中。

在示例 2-3-4 中，运用 cookie 实现了保存账号和密码的功能。在登录页 login.jsp 中获取 cookie，如果账号和密码已经存在，则显示在对应的输入框内；如果不存在，则为空字符串。在登录处理页面 dologin.jsp 中，判断账号和密码无误后，把信息存入 cookie。运行结果如图 2-25 所示，第一次访问登录页，账号密码为空；登录过以后，再用相同的

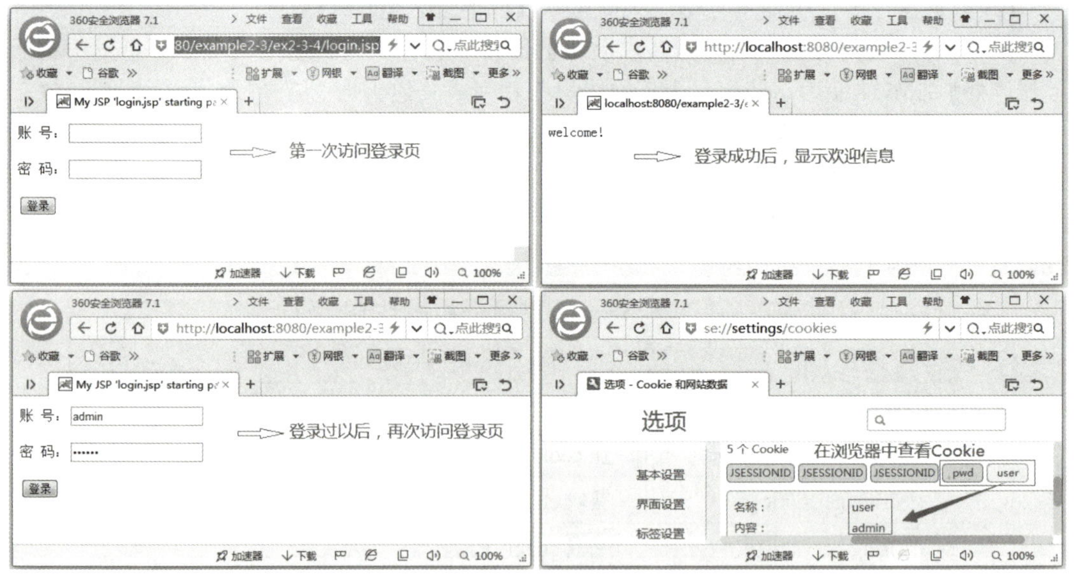

图 2-25 cookie 实现保存账号和密码

浏览器打开登录页面，账号和密码就会显示在相应的输入框中。

【示例 2-3-4】

```
<!--login.jsp 关键代码 -->
<body>
<%  Cookie[] cookies = request.getCookies();   // 从 cookie 中获取用户名和密码，并进行空值判断
       String user = "";   String pwd = "";
       if(cookies != null){
           for(Cookie tmp:cookies) {
                   if(tmp.getName().equals("user")){ user = tmp.getValue(); }
                   else if(tmp.getName().equals("pwd")){ pwd = tmp.getValue(); }
           }
       }
 %>
<form  method = post action = "ex2-3-4/dologin.jsp">
         <p> 账 号：<input type = "text" name = "username" value = "<% = user%>"></p>
         <p> 密 码：<input type = "password"  name = "pwd" value = "<% = pwd%>"></p>
         <input type = "submit" value = " 登录 ">
</form>
</body>
<!-- dologin.jsp 关键代码 -->
<%     String name = request.getParameter("username");
        String pwd  = request.getParameter("pwd");
        if(name.equals("admin")&&pwd.equals("123456")) {
                                                        // 把信息写入 cookie
            response.addCookie(new Cookie("user",name));
            response.addCookie(new Cookie("pwd",pwd));
            out.print("welcome!");
       }else{
            response.sendRedirect("login.jsp");
       }
%>
```

3. cookie 与 session 的区别

如图 2-26 所示，将 session 和 cookie 进行了对比。

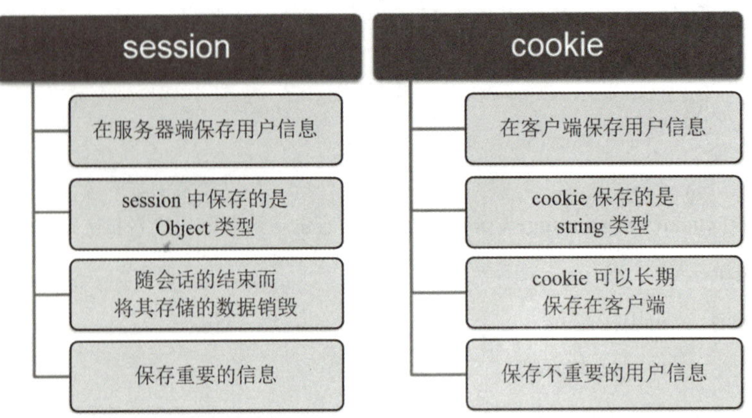

图 2-26　session 与 cookie 的对比

技能训练

一、目的

✧ 掌握 application 的原理及应用。
✧ 熟悉作用域对象的使用方法。

二、要求

(1) 统计当前在线人数(已登录的人数)。
(2) 实现注销功能，并更新在线人数。
实现上述功能的效果图如图 2-27 所示。

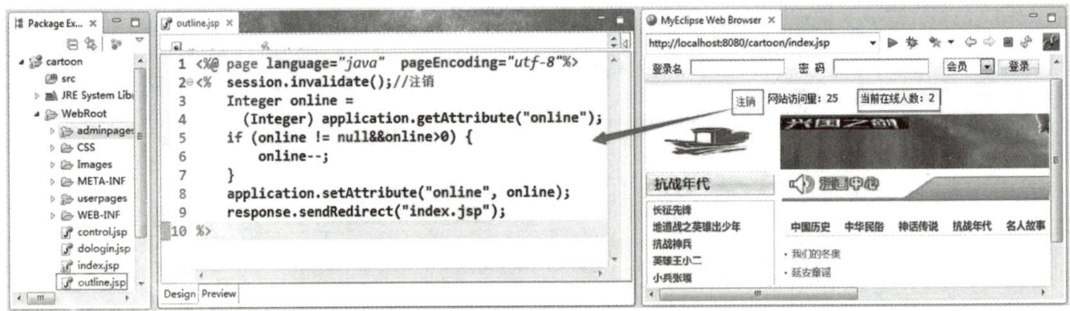

图 2-27　实现在线人数统计及注销功能

■ 提示：
借助 session 和 application 对象实现在线人数统计及注销功能。

单元练习

一、选择题

1. 如果请求页面中存在两个单选按钮(假设单选按钮的名称为 sex)，分别代表男和女，该页面提交后，为了获得用户的选择项，可以使用 (　　) 方法。

A. request.getParameter(sex);

B. request.getParameter("sex");

C. request.getParameterValues (sex);

D. request.getParameterValues ("sex");

2. JSP 内置对象 request 的 getParameterValues( ) 方法的返回值是 (　　)。

A. String[]　　　　B. Object[]

C. String　　　　D. Object

3. 使用 response 对象进行重定向时使用是 (　　) 方法。

A. getRequestDispatcher()　　　　B. forward()

C. sendRedirect()　　　　D. setRequestDispatcher()

4. 对于转发与重定向的描述，错误的语句是 (　　)。

A. 重定向是在客户端发生作用，通过请求新的地址实现页面转向

B. 使用转发时由于是服务器内部控制权的转移，因而地址栏中的 URL 没有变化

C. 使用重定向时可以在地址栏中看到转向后的 URL

D. 转发与重定向都可以实现页面之间的跳转，因而没有区别

5. 为了避免服务器的响应信息在浏览器端显示为乱码，通常会使用 (　　) 语句设置字符编码。

A. response.setContentType()　　　　B. response.setCharacterEncoding()

C. response.setPageCoding()　　　　D. response.setCharset()

6. 在 JavaWeb 中，以下不是 JSP 隐式对象的是 (　　)。

A. pageContext　　　　B. out

C. application　　　　D. context

7. 在 JavaWeb 的 web.xml 中有如下代码：

```
<session - config>
<session - timeout>30</session - timeout>
</session - config>
```

上述代码用于定义默认的有效时间，时长为 30(　　)。

A. 毫秒　　　　B. 秒

C. 小时　　　　D. 分钟

8. 给定 include1.jsp 文件代码片断如下：

```
<% pageContext.setAttribute("User","HAHA");%>
______________________________// 此处填写代码
```

给定 include2.jsp 文件代码片断如下：

```
<% = pageContext.getAttribute("User")%>
```

要求运行 include1.jsp 时，浏览器上输出：HAHA。

要满足以上条件，jsp1.jsp 中下画线处应填入语句 (　　)。

A. <jsp:include page = "include2.jsp" flush = "true"/>

B. <%@ include file = "include2.jsp"%>

C. <jsp:forward page = "include2.jsp"/>

D. <% response.sendRedirect("include2.jsp");%>

9. <%String name = request.getAttribute("uname");%> ______________________________ 横线处可以将 name 的值显示在页面的代码是 (　　)。

A. response.print(name);　　　　B. <%request.getOut().print(name)%>

C. <% = name%>　　　　D. <p>name</p>

10. 设置 session 的有效时间 (也叫超时时间) 的方法是 (　　)。

A. setMaxInactiveInterval(int interval)

B. getAttribute()

C. setAttribute(String name, Object value)

D. getLastAccessedTime()

二、简答题

1. 简述请求转发和页面重定向的区别。

2. 列出 JSP 中的四种作用域对象。

3. 简述 session 和 application 的区别。

三、代码题

1. 编写一个刷新页面，用 response 实现每两秒钟刷新一次。

2. 以下代码用于完成登录控制功能，请补全关键代码。

涉及登录页面 (login.html)、登录控制 (dologin.jsp) 和成功页面 (success.jsp)。

登录页面表单信息：

```
<form method = "post" ______________> <!-- 请为表单指定提交目标 -->
    user:<input type = "text" name = "username"/>
    pwd: <input type = "password" name = "userpwd"/>
    <input type = "submit" value = " 登录 "/>
</form>
```

登录流程控制：

```
request.setCharacterEncoding("utf-8");
String u = request.getParameter("username");
String p = request.getParameter("userpwd");
if(u.equals("admin")&&p.equals("admin"))
{    ______________("user", u);          // 把 u 存入 session 对象
     ______________ ("success.jsp");     // 重定向到成功页面
}else{ __________________________; }    // 如果失败，跳转到登录页
```

成功页面信息：

```
Object u = ______________ ("user");      // 从 session 中获取数据
if(u != null)
{ String user = u.toString();    out.print(user + " 欢迎您 ！ ");   }
```

第3章　JSP访问数据库

情景描述

动态网页的主要特点之一是能够提供动态变化的数据，那么这些数据来源于哪里呢？一般的 Web 应用都会使用数据库技术存储业务数据。

本章的主要学习任务是基于 MySQL 数据库实现漫画网站管理员的登录、漫画类别的管理及会员注册与登录等功能，并通过分层架构优化数据库访问代码。

学习目标

✧ 掌握 JDBC 的原理及应用。
✧ 掌握 JDBC 核心组件的用法。
✧ 掌握分层架构的实现原理。
✧ 能够搭建 MySQL 数据库开发环境。
✧ 能够通过脚本导入数据库。
✧ 能够通过 JSP 连接 MySQL 数据库。
✧ 能够对 MySQL 数据库进行数据操作。
✧ 能够通过分层架构优化数据库访问代码。
✧ 培养动态网站开发团队的质量意识，树立法治思维和底线思维。

任务3.1　实现管理员的登录功能

任务描述

如图3-1所示，导入漫画网站数据库 cartoonDB，运用 JDBC 组件实现管理员的登录功能；并在登录成功后，把管理员信息存入 session 对象中；然后，从 session 中获取真实姓名，显示在管理员主页上。

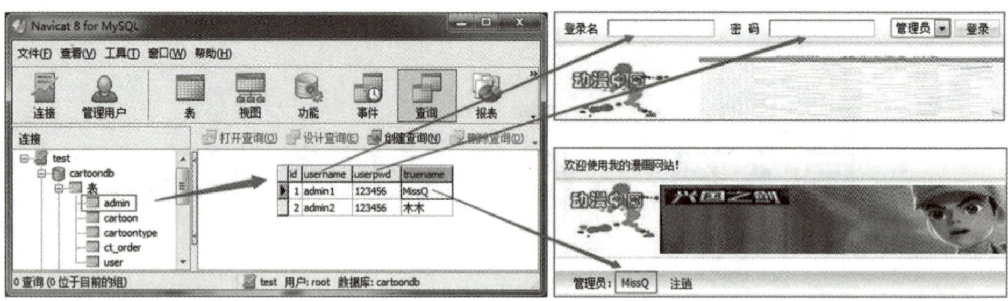

图 3-1　管理员登录

技能目标

✧ 搭建 MySQL 数据库开发环境。
✧ 掌握 JDBC 访问数据库的流程。
✧ 使用 Connection 组件连接 MySQL 数据库。
✧ 使用 Statement 组件查询数据。
✧ 使用 PreparedStatement 组件优化查询代码。

知识链接

3.1.1　搭建 MySQL 数据库开发环境

MySQL 是当前最流行的关系型数据库管理系统，由瑞典 MySQL AB 公司开发，目前属于 Oracle 公司。它可以在各种平台上运行（如 Linux、Windows 等），具有开源、可靠、可扩展和运行速度快等优势。

一、安装 MySQL

1. 安装 MySQL 服务器

首先，如图 3-2 所示，从 MySQL 官网 (https://dev.mysql.com/downloads/mysql/) 找到符合

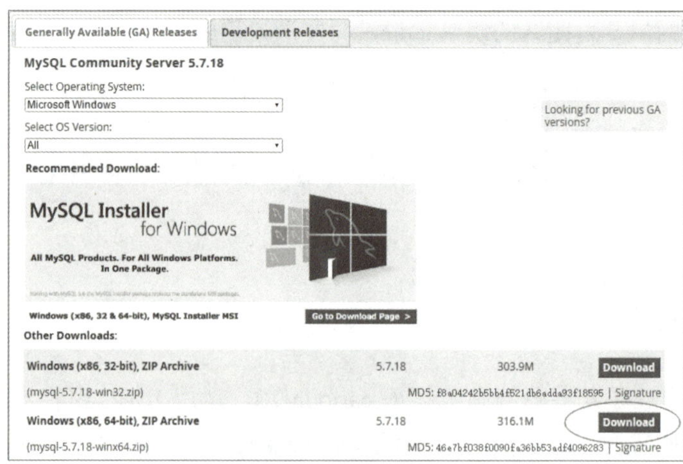

图 3-2　下载 MySQL

平台要求的版本进行下载，本书选择“Windows (x86, 64-bit), ZIP Archive”。

在安装过程中，除了注意路径的选择以外，选择只安装服务器 (Server only)，并设置登录密码 (这里设置为 123456)，如图 3-3 和图 3-4 所示。

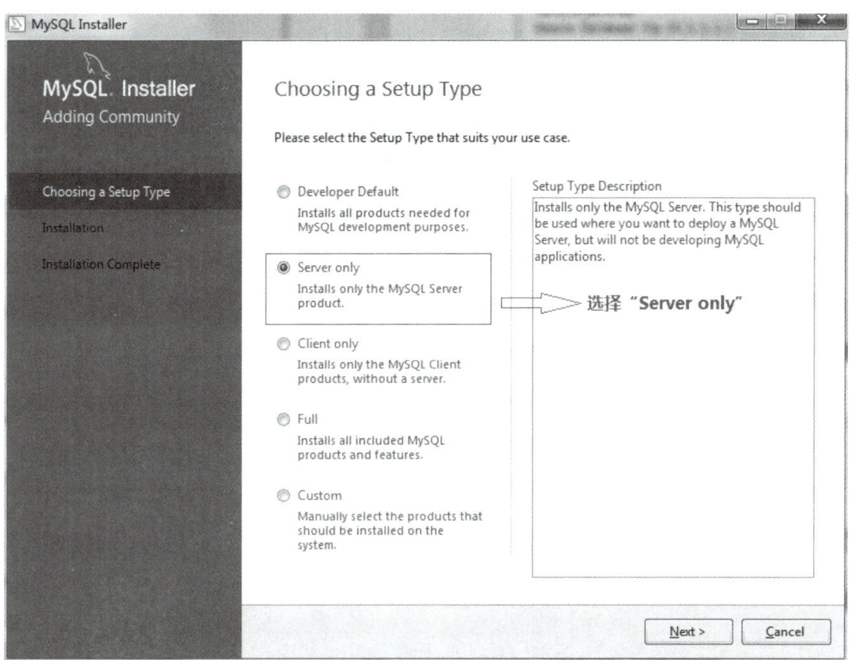

图 3-3　选择安装类型

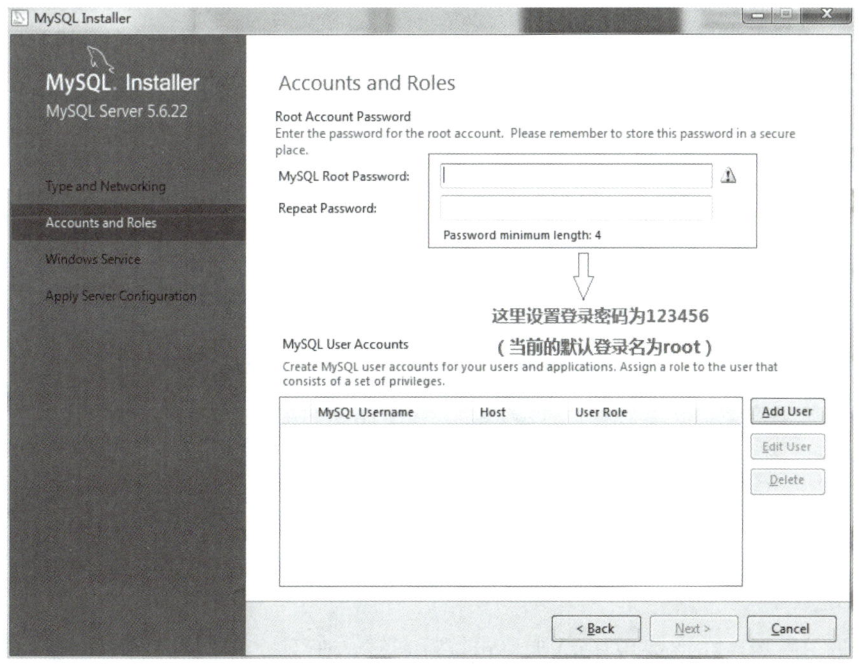

图 3-4　设置登录密码

安装完成后，如图 3-5 所示，启动 MySQL 服务，并通过命令行客户端进行测试。

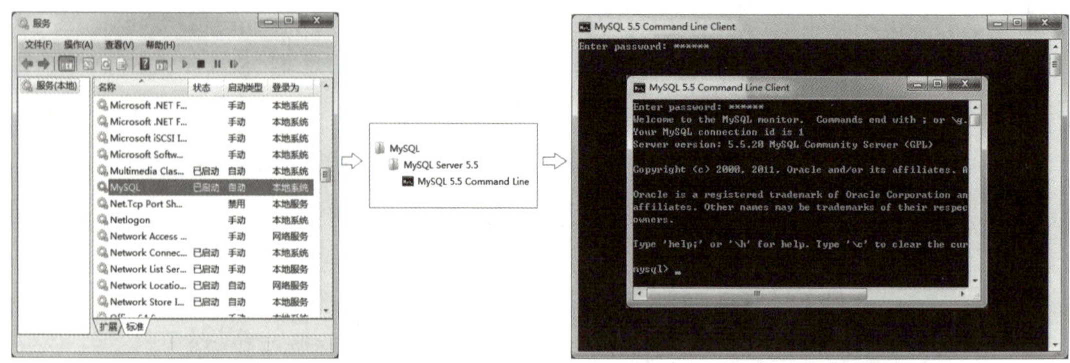

图 3-5　启动并测试 MySQL 服务器

2. 安装 MySQL 客户端 Navicat for MySQL

Navicat 是一款非常友好的 MySQL 客户端软件，其下载和安装过程比较简单，这里不再介绍。Navicat 安装完成后，需要和 MySQL 服务器进行连接测试。如图 3-6 所示，单击“连接”按钮，输入连接名 (test) 和登录密码 (123456)，再单击“连接测试”按钮，完成测试。

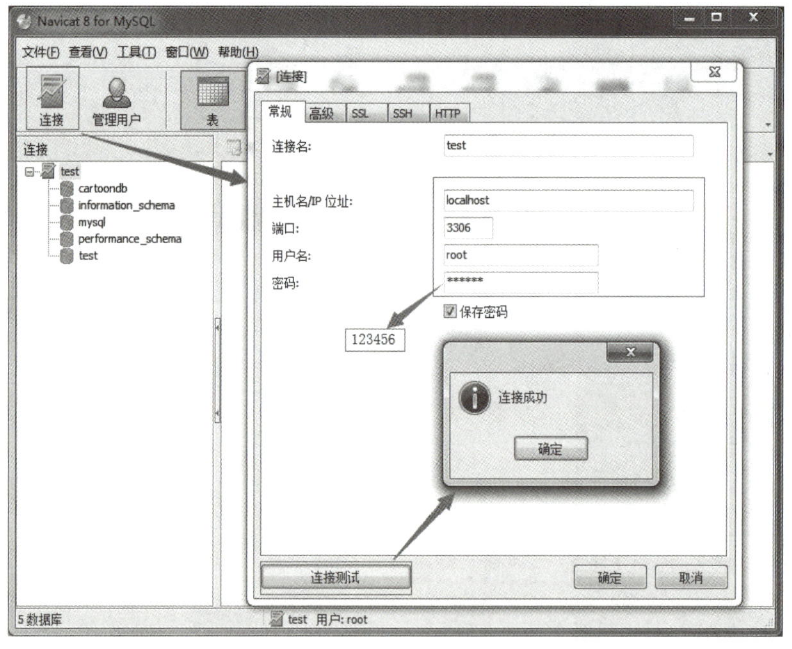

图 3-6　Navicat for MySQL 连接测试

二、导入漫画网站的数据资源

1. 创建数据库

如图 3-7 所示，在连接名 (test) 上单击鼠标右键，在下拉菜单中选择“创建数据库”，输入数据库名称“cartoonDB”，并选择数据库字符集“utf8 -- UTF-8 Unicode”，然后单击“确定”按钮，完成数据库的创建。

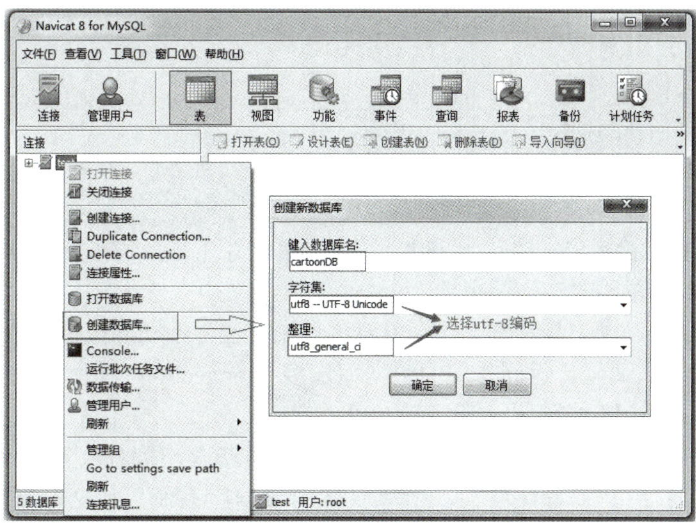

图 3-7　创建数据库

2. 导入数据资源

如图 3-8 所示，在数据库名“cartoondb”上单击鼠标右键，在下拉菜单中选择“运行批次任务文件”，然后选择运行教材资源中提供的数据库脚本文件“cartoonDB.sql”，完成数据的导入 (读者也可以根据第 1 章的要求自己创建数据表)。

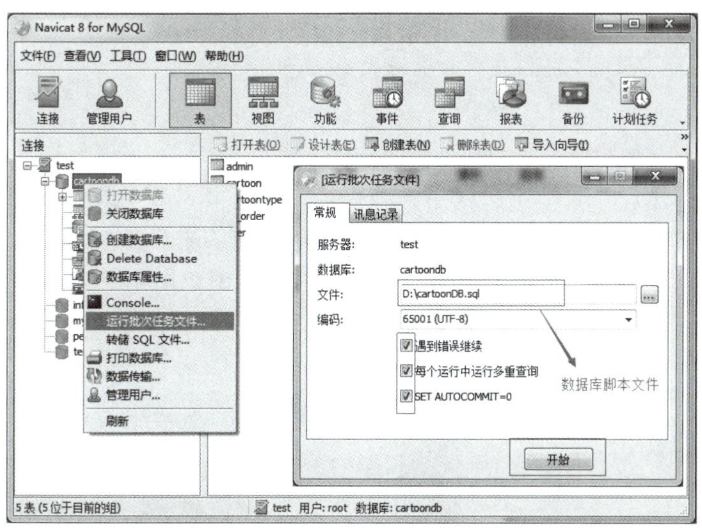

图 3-8　运行脚本文件

3.1.2　JDBC 技术简介

JDBC(Java DataBase Connectivity，Java 数据库连接) 是 Java 访问数据库的解决方案，是一种用于执行 SQL 语句的 Java API(Application Programming Interface，应用程序编程接口)，它为 Java 应用程序与各种不同的数据库进行对话提供了统一的访问模式。

如图 3-9 所示，JDBC 定义了一套标准接口，即访问数据库的通用 API，不同的数据库厂商只需根据各自数据库的特点实现这些接口。由此，Java 应用程序就可以用相同的方式访问不同的数据库。

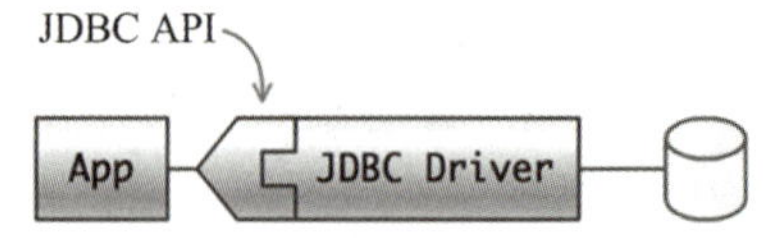

图 3-9 JDBC 与应用程序及数据库之间的关系

JDBC 提供的类和接口主要位于 JDK 的 java.sql 包中（之后的扩展部分位于 javax.sql 包中），其中比较常用的组件有以下几个：

(1) DriverManager 类：驱动管理器，主要负责加载各种不同的数据库驱动程序 (Driver)，并根据不同的请求向调用者返回相应的数据库连接 (Connection) 对象。其常用方法如下：

① registerDriver(driver)；// 注册驱动对象。

② Connection getConnection(url,user,password)；// 获取连接对象。

(2) Driver 接口：驱动程序接口，所有具体的数据库系统厂商必须要实现此接口，形成自己特有的驱动程序包（如 MySQL 的 mysql-connector-java-5.x-bin.jar、SqlServer 的 sqljdbc4.jar)。

装载驱动的语句是 Class.forName(" 驱动类 ")。例如，装载 MySQL 驱动的语句如下：

```
Class.forName("com.mysql.jdbc.Driver");
```

(3) Connection 接口：负责应用程序和数据库的连接，在加载驱动之后，使用 url、username、password 三个参数，创建和具体数据库系统的连接实例。例如，获取 MySQL 连接对象的语句如下：

```
String url = "jdbc:mysql://localhost:3306/cartoonDB";
String user = "root", pwd = "123456";
Connection conn = DriverManager.getConnection(url,user,pwd);
```

其中，数据库的 URL 一般由“协议名 + 数据库系统标识 + IP 地址（域名）+ 端口 + 数据库名称”组成，用户名和密码是指登录数据库时所使用的用户名和密码。

需要注意的是，Connection 只是接口，真正的实现是由数据库厂商提供的驱动包完成的。

(4) Statement 接口：用于执行静态的 SQL 语句（单次执行），通过 Connection 对象创建实例。例如：

```
Statement stmt = conn.createStatement();   // 创建 Statement 对象
```

其常用方法如下：

① execute(sql) 方法：若 SQL 是查询语句且有结果集，则返回 true；若是非查询语句或者没有结果集，则返回 false。例如：

```
boolean flag = stmt.execute(sql);
```

② executeQuery(sql) 方法：执行查询语句，并返回结果集。例如：

```
ResultSet rs = stmt.executeQuery(sql);
```

③ executeUpdate(sql) 方法：执行 DML 语句，并返回影响的记录数。例如：

```
int count = stmt.executeUpdate(sql);
```

(5) PreparedStatement 接口：Statement 接口的子接口，用于执行预编译 SQL 语句，一般包含动态参数。

(6) CallableStatement 接口：PreparedStatement 接口的子接口，用于执行存储过程。

(7) ResultSet 接口：在执行查询 SQL 语句后，所得的结果由 ResultSet 接口进行接收和处理。常见的处理方式是遍历或存在性判断 (如登录功能)。例如：

```
String sql = "select * from admin";
ResultSet rs = stmt.executeQuery(sql);
while (rs.next()) {
    out.println(rs.getInt("id") + ", " + rs.getString("username") );
}
```

查询的结果存放在 ResultSet 对象的行结构中，指针初始位置位于第一行之前，也可以使用 next() 方法在行间移动；使用 getXXX( ) 方法取得字段的内容，其参数可以是字段索引 (从 1 开始)，也可以是字段名 (如 getInt("id") 表示获取当前行内字段名为 id 的数据，getString(2) 表示获取当前行内第 2 个字段的字符串数据)。

(8) SQLException 类：代表在数据库连接的建立、关闭及 SQL 语句的执行过程中发生的异常。

3.1.3　JDBC 实现数据查询功能

JDBC API 的主要工作就是与数据库建立连接、发送 SQL 语句并处理结果。在这个过程中，起到核心作用的组件有 DriverManager、Connection、Statement 和 ResultSet。如图 3-10 所示，可以把 JDBC 访问数据库的基本流程总结如下：

(1) 在开发环境中导入特定数据库的驱动程序 (需要提前下载)。

(2) 在 Java 代码中加载驱动程序 (通过 Class.forName( ) 方法实现)。

(3) 创建数据连接对象。DriverManager 类作用于 Java 程序和 JDBC 驱动程序之间，用于检查所加载的驱动程序是否可以建立连接，然后通过它的 getConnection() 方法，根据数据库的 URL、用户名和密码，创建一个 JDBC Connection 对象。

(4) 创建 SQL 语句对象。例如：

```
Statement statement = connection.createStatement();
```

(5) 调用语句对象的相关方法执行相对应的 SQL 语句。

(6) 处理返回的结果 (遍历或判断存在性)。

(7) 关闭数据库连接 (通过连接对象的 close() 方法实现)。

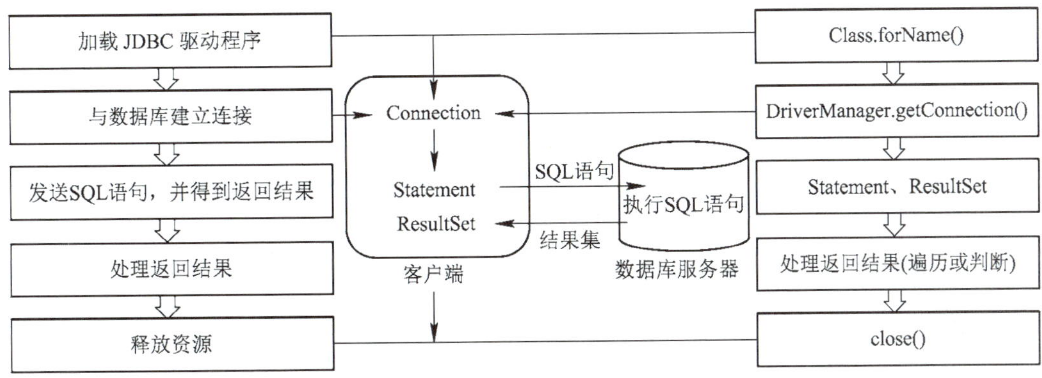

图 3-10　JDBC 访问数据库的基本流程

下面通过示例来看一下数据库访问组件的具体用法。管理员信息如表 3-1 所示，共四个字段，其中 id 为主键。

表 3-1 管理员信息(表名：Admin)

id	username	userpwd	truename
1	admin1	123456	MissQ
2	admin2	123456	木木

首先，从 MySQL 官网 (https://www.mysql.com/products/connector/) 下载 JDBC 驱动包。如图 3-11 所示，选择相应的版本进行下载并解压。

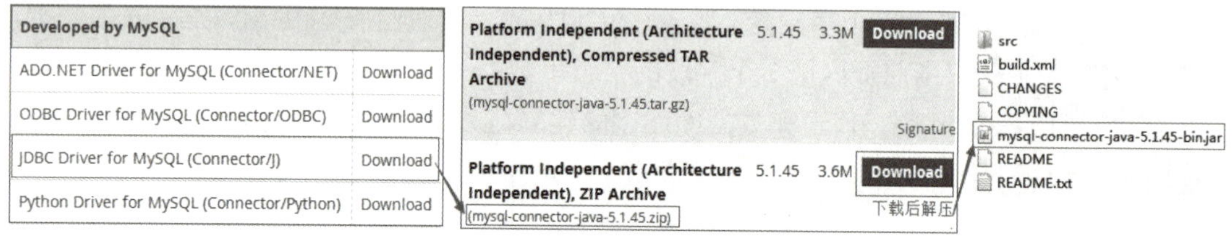

图 3-11 下载 MySQL JDBC 驱动包

然后，如图 3-12 所示，把驱动包放在项目目录 /WEB-INF/lib 下(后期要随项目一起发布到服务器上)，并将其添加到运行时环境中。

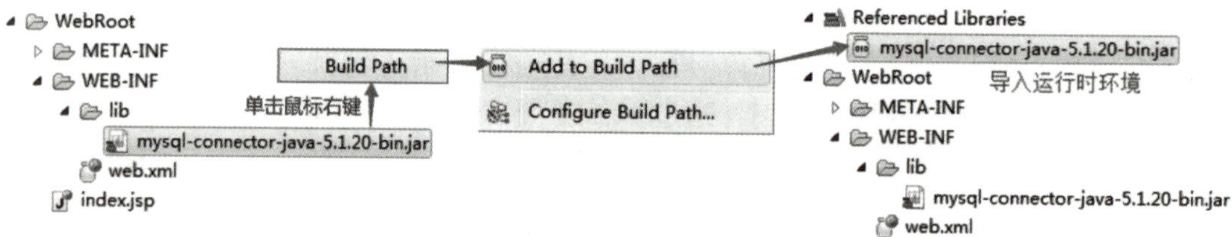

图 3-12 导入 MySQL JDBC 驱动包

如图 3-13 所示，新建数据显示页面 adminInfo.jsp。示例 3-1-1 用于从数据库中查询并显示所有管理员的信息。

【示例 3-1-1】

```
<!--adminInfo.jsp 关键代码 -->
<%@ page language = "java" import = "java.util.*" pageEncoding = "utf-8"%>
<%@ page import = "java.sql.*"%> <!-- 导入 JDBC 组件所在的包 -->
<% // 准备相关数据
    String driver = "com.mysql.jdbc.Driver";                 // MySQL-JDBC 驱动路径
    String url = "jdbc: mysql: //localhost:3306/cartoonDB";  // MySQL-JDBC-URL
    String user = "root";                                    // 数据库登录账号
    String pwd = "123456";                                   // 数据库登录密码
    String sql = "select * from admin";                      // 需要执行的 SQL 语句
    // 第一步：加载驱动
    Class.forName(driver);
    // 第二步：获取连接
```

```
        Connection conn = DriverManager.getConnection(url, user, pwd);
        // 第三步：创建语句对象
        Statement stmt = conn.createStatement ();
        // 第四步：执行 SQL 语句，并返回结果集 ( 查询需要使用 executeQuery 方法 )
        ResultSet rs = stmt.executeQuery (sql);
        // 第五步：处理结果集数据 ( 遍历并打印所有数据 )
        while(rs.next()){
            out.print (rs.getInt ("id") +" " + rs.getString ("username")
                                    + " " + rs.getString("truename") + "<br>");
        }
        // 第六步：关闭连接，释放资源
        conn.close();
    %>
```

部署和运行的效果如图 3-13 所示。

图 3-13 显示所有管理员信息

3.1.4 优化数据查询代码

示例 3-1-1 的数据库访问代码与 JSP 代码混在一起，既不利于阅读，也不利于维护。可以对代码进行优化，把数据库访问代码放在一个单独的类中；先将从数据库中获取的结果集封装到一个集合中，再将该集合作为方法的返回值传递给 JSP 代码；然后，在 JSP 代码中获取数据集合，并按要求输出显示。下面将示例 3-1-1 进行优化，具体代码见示例 3-1-2。

【示例 3-1-2】

```
<!--Admin.java 实体类 -->
package com.ct.entity;
public class Admin {
    private int id;
    private String username;
    private String userpwd;
    private String truename;
    public int getId()
    {       return id;      }
    public void setId(int id)
    {       this.id = id;       }
    public String getUsername()
    {       return username;    }
```

```
        public void setUsername(String username)
        {       this.username = username;     }
        public String getUserpwd()
        {       return userpwd;  }
        public void setUserpwd(String userpwd)
        {       this.userpwd = userpwd;     }
        public String getTruename()
        {       return truename;  }
        public void setTruename(String truename)
        {       this.truename = truename;     }
    }
    <!--AdminDao.java 数据访问类 -->
    package com.ct.dao;
    import java.sql.*;
    import java.util.*;
    import com.ct.entity.Admin;
    public class AdminDao {
      public List<Admin> getAdmins()
      {     String driver = "com.mysql.jdbc.Driver";
            String url = "jdbc:mysql://localhost:3306/cartoonDB";
            String user = "root";
            String pwd = "123456";
            String sql = "select * from admin";
            List<Admin> admins = new ArrayList<Admin>();     // 创建集合
            try { Class.forName(driver);
                    Connection conn =
                          DriverManager.getConnection(url, user, pwd);
                    Statement stmt = conn.createStatement();
                    ResultSet rs = stmt.executeQuery(sql);
                    while(rs.next()){
                      Admin admin = new Admin();
                      // 把当前行的各个数据字段值封装到 admin 对象的各个属性中
                      admin.setId(rs.getInt("id"));
                      admin.setUsername(rs.getString("username"));
                      admin.setUserpwd(rs.getString("userpwd"));
                      admin.setTruename(rs.getString("truename"));
                      admins.add(admin);                          // 把封装好的对象添加到集合中
                  } conn.close();
            } catch (Exception e) { e.printStackTrace();}
               return admins;                                 // 返回数据集合
        }
    }
```

```
<!--adminInfo.jsp 关键代码 -->
<%@ page language = "java" import = "java.util.*" pageEncoding = "utf-8"%>
<%@ page import = "com.ct.entity.*,com.ct.dao.*"%><!-- 导入需要用到的包 -->
<% AdminDao adminDao = new AdminDao();                    // 构建数据访问对象
     List<Admin> ads = adminDao.getAdmins();               // 获取管理员集合
%>
 <table border = "1"><tr><th> 编号 </th><th> 账号 </th><th> 姓名 </th></tr>
  <% for(int i = 0; i<ads.size(); i++)                     // 循环遍历管理员集合
        { Admin ad = ads.get(i);                            // 获取当前成员对象
  %>
  <tr>  <td><% = ad.getId()%></td>
          <td><% = ad.getUsername()%></td>
          <td><% = ad.getTruename()%></td>
  </tr>
  <% }    %>
</table>
```

首先，需要创建一个实体类来封装管理员相关的数据，具体步骤如下：

(1) 创建实体类 Admin，用于封装管理员数据。在 Web 工程的源码文件夹 src 中新建 com.ct.entity 包，并在其中新建类 Admin。如图 3-14 所示，根据表结构对各属性进行设置。

(2) 创建数据库访问类 AdminDao。在 Web 工程的源码文件夹 src 中新建 com.ct.dao 包，并在其中新建类 AdminDao。如图 3-14 所示，导入实体类、集合框架及 JDBC 组件所在的包之后，在 AdminDao 类中添加 getAdmins() 方法，用于连接数据库，返回结果集，并将结果集封装成集合返回给调用者。

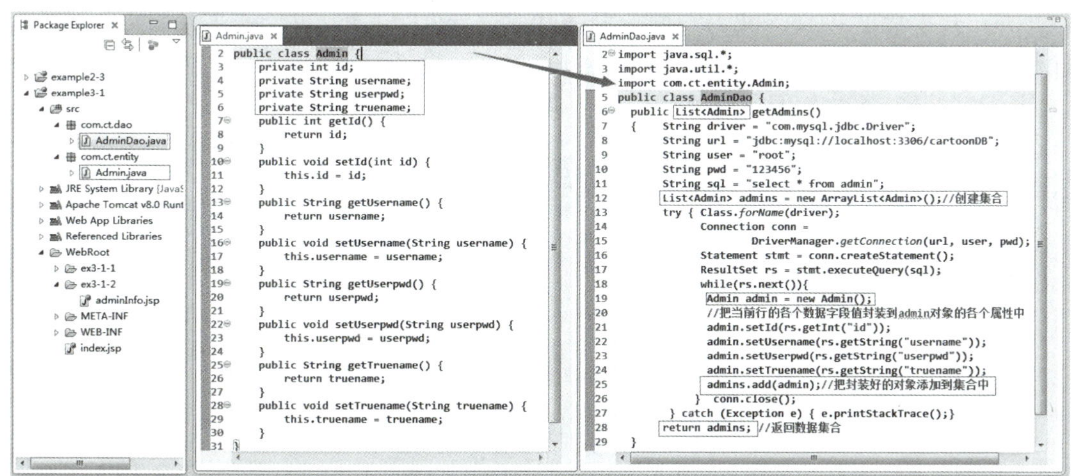

图 3-14　实体类与数据访问类

(3) 创建 JSP 页面，编写数据显示代码。在 WebRoot 下为示例 3-1-2 创建文件夹 ex3-1-2 及数据显示页面 adminInfo.jsp。如图 3-15 所示，在 page 指令中引入实体类 Admin 及数据访问类 AdminDao 所在的包，构建 AdminDao 类的对象；然后，调用其 getAdmins()

方法，获取关于 Admin 的集合，并用表格的形式显示该集合中的所有成员数据。

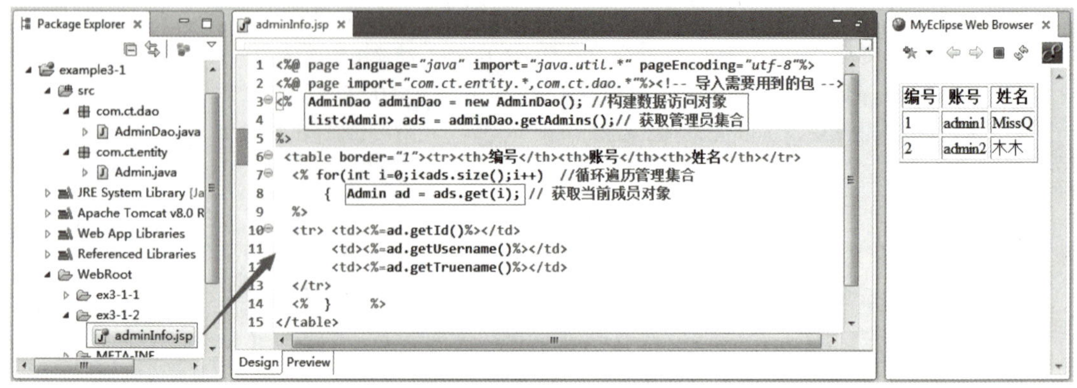

图 3-15　用表格显示数据集合

任务实现

管理员的登录实质上是对数据库的查询操作，而且是有条件的查询。将本书配套资源提供的漫画网站项目 cartoon 导入 Eclipse(也可重建)，然后按如下步骤完成任务功能。

(1) 导入 MySQL 的 JDBC 驱动包。如图 3-12 所示，把驱动包 (mysql-connector-java-5.x-bin.jar) 放在项目目录 /WEB-INF/lib 下，并将其添加到运行时环境中。

(2) 创建实体类 Admin，用于封装管理员数据。在 Web 工程的源码文件夹 src 中新建 com.ct.entity 包，并在其中新建类 Admin。如图 3-14 所示，根据表结构对各属性进行设置(见示例 3-1-2)。

(3) 创建数据库访问类 AdminDao。在 Web 工程的源码文件夹 src 中新建 com.ct.dao 包，并在其中新建类 AdminDao。如图 3-16 所示，导入实体类、集合框架及 JDBC 组件所在的包之后，在 AdminDao 类中添加 getAdmin(String name,String pwd) 方法，用于连接数据库，并根据账号和密码返回结果集。由于特定的账号和密码只对应一个管理员，所以结

图 3-16　数据库访问与登录处理

果集中要么只有一条记录，要么没有。如果账号和密码输入正确，则把结果集中的记录封装到一个实体类 (Admin) 对象中返回给调用者；否则，返回 null。

(4) 创建登录表单，并编写登录处理代码。如图 3-16 所示，在 index.jsp 中添加登录表单，提交目标为 dologin.jsp。在登录处理文件 dologin.jsp 中，获取表单中的账号、密码及用户类型，并传给 AdminDao 对象的 getAdmin(String name, String pwd) 方法。如果该方法的返回值不为空，表明输入正确，则把返回的 Admin 对象存入 session 对象，并重定向到管理员主页 admin.jsp；如果返回值为空，表明输入不正确，则重定向到登录页面 (index.jsp)。

(5) 在管理员主页中显示管理员姓名。如图 3-17 所示，在 WebRoot 下新建 adminpages 文件夹，并在该文件夹中新建 admin.jsp 页面，作为管理员主页面；然后，在 admin.jsp 页面中获取会话中的用户对象，进行空值判断后，获取对象中的 truename 属性值，显示在页面中。

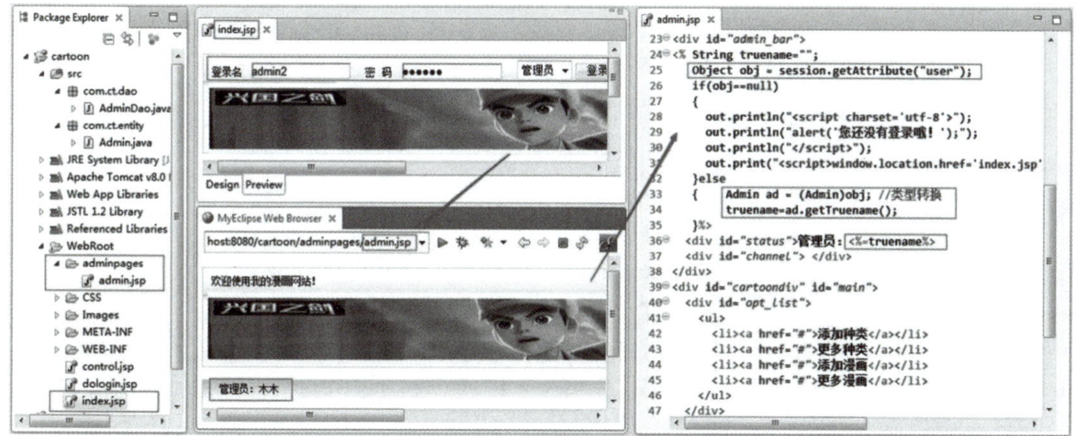

图 3-17 显示管理员姓名

整个任务实现过程中的关键代码如下：

```
<!-- AdminDao -->
package com.ct.dao;
import java.sql.*;
import com.ct.entity.Admin;
public class AdminDao {
  public  Admin  getAdmin(String name,String pwd)
  {  String driver = "com.mysql.jdbc.Driver";
     String url = "jdbc:mysql://localhost:3306/cartoonDB";
     String user = "root";    String dbPwd = "123456";
                                             // 把参数拼接到 SQL 语句中
     String sql = "select*from admin where username = '" + name + "' and userpwd = '" + pwd + "'";
     Admin admin = null;                     // 声明实体对象，用于封装当前管理员的信息
     try {    Class.forName(driver);
              Connection conn = DriverManager.getConnection(url, user, dbPwd);
```

```
            Statement stmt = conn.createStatement();
            ResultSet rs = stmt.executeQuery(sql);
            while(rs.next()){
            admin = new Admin();                         // 构建管理员实体对象
            // 把当前行各个数据字段值封装到 admin 对象的各个属性中
            admin.setId(rs.getInt("id"));
            admin.setUsername(rs.getString("username"));
            admin.setUserpwd(rs.getString("userpwd"));
            admin.setTruename(rs.getString("truename"));
         }  conn.close();
      } catch (Exception e) { e.printStackTrace();}
        return admin;                                    // 返回管理员实体对象
   }
}
<!-- dologin.jsp -->
<%@ page language = "java"  pageEncoding = "utf-8"%>
<%@ page import = "com.ct.entity.*,com.ct.dao.*"%>
<% String username = request.getParameter("uname");
    String userpwd = request.getParameter("upwd");
    String usertype = request.getParameter("usertype");
    AdminDao adminDao = new AdminDao();
    Admin ad = adminDao.getAdmin(username,userpwd);      // 获取当前管理员对象
    if(ad != null&&usertype.equals("1")){               // 结果不为空，且是管理员身份
    session.setAttribute("user", ad);                   // 把当前对象存入会话
        response.sendRedirect("adminpages/admin.jsp");
    }
    else
    { response.sendRedirect("index.jsp");          }
%>
<!-- admin.jsp -->
<% String truename = "";
    Object obj = session.getAttribute("user");
    if(obj == null)
    {
      out.println("<script charset = 'utf-8'>");
      out.println("alert(' 您还没有登录哦！ ');");
      out.println("</script>");
      out.print("<script>window.location.href = 'index.jsp';</script>");
    }else
    {  Admin ad = (Admin)obj;                            // 类型转换
        truename = ad.getTruename();
```

```
}%>
管理员：<% = truename%>
```

拓展与提高

在上述代码中，账号和密码被拼接到 SQL 语句字符串中，直接提交到服务器运行，这样做存在很大的风险。如图 3-18 所示，当我们在账号文本框中输入一些 SQL 片段 (如 xx' or 1 = 1; #) 时，居然也能登录成功，而且显示的是最后一位管理员的信息。这是为什么呢？

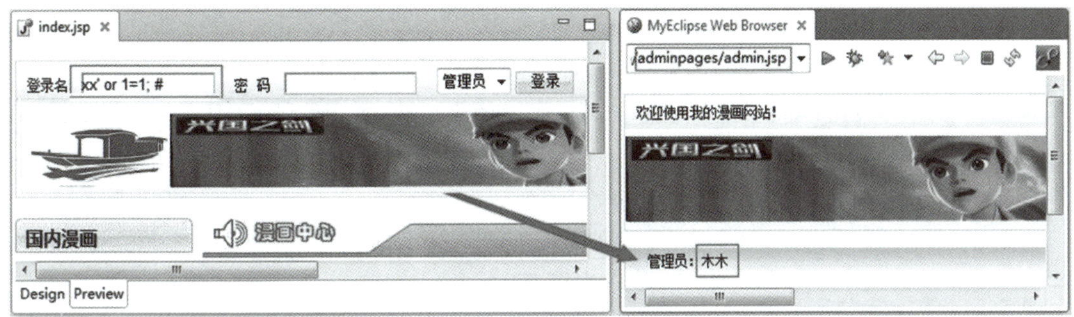

图 3-18　输入 SQL 片段

把输入的 SQL 片段和原有的 SQL 语句进行拼接，得到的完整语句如下所示：

```
select * from admin where username = 'xx' or 1 = 1; #' and userpwd = ''
```

因为 # 是 MySQL 的注释符号，而“1 = 1”又是一个永远成立的条件，这就导致真正被执行的有效语句是“select * from admin where username = 'xx' or 1 = 1”，即得到了所有管理员的信息。经过循环遍历结果集，最终把最后一个管理员信息返回给了调用者。这种现象就是人们常说的 SQL 攻击。防止 SQL 攻击有以下三种常见的方法：

(1) 过滤用户输入的数据，确认是否包含非法字符。

(2) 分步校验，先根据账号来查找用户，如果查找到了，再比较密码。

(3) 使用 PreparedStatement 接口执行预编译 SQL 语句，以支持动态参数并防止 SQL 注入。

其中最有效的方法是使用 PreparedStatement 接口，它用于执行预编译 SQL 语句，可以包含动态参数。该接口的使用方法如下：

(1) 使用 Connection 的 prepareStatement(String sql) 方法创建 PreparedStatement 对象，同时用问号来标识动态参数。例如：

```
String sql =“select * from Admin where username = ? and userpwd = ? ”;
PreparedStatement pstmt = con.prepareStatement(sql);
```

(2) 调用 PreparedStatement 的 setXXX() 方法为 SQL 命令设置值。例如：

```
pstmt.setString(1,“admin1”);   // 给 username 参数对应的第 1 个问号位置赋值
```

(3) 调用 executeUpdate() 或 executeQuery() 方法执行最终的 SQL 语句。注意，这两个方法没有参数。

可以将任务代码中的数据库访问方法用 PreparedStatement 接口进行优化，来防止 SQL

攻击，具体代码如下：

```
public class AdminDao {
  public Admin getAdmin(String name,String pwd)
  {   String driver = "com.mysql.jdbc.Driver";
      String url = "jdbc:mysql://localhost:3306/cartoonDB";
      String user = "root";   String dbPwd = "123456";
      String sql = "select * from admin where username = ? and userpwd = ?";
      Admin admin = null;                    // 声明实体对象，用于封装当前管理员的信息
      try {      Class.forName(driver);
                 Connection conn = DriverManager.getConnection(url, user, dbPwd);
                 PreparedStatement pstmt = conn.prepareStatement(sql);
                 pstmt.setString(1, name);  // 把方法的参数传给 SQL 语句动态参数
                 pstmt.setString(2, pwd);
                 ResultSet rs = pstmt.executeQuery();
                 while(rs.next()){
                     admin = new Admin();
                     admin.setId(rs.getInt("id"));
                     admin.setUsername(rs.getString("username"));
                     admin.setUserpwd(rs.getString("userpwd"));
                     admin.setTruename(rs.getString("truename"));
                 } conn.close();
     } catch (Exception e) { e.printStackTrace();}
     return admin;                          // 返回管理员实体对象
  }
}
```

技能训练

一、目的

能够运用 JDBC 技术查询 MySQL 数据库。

二、要求

如图 3-19 所示，把漫画类型 (cartoontype) 数据表从数据库中读取出来，呈现在主页上。

图 3-19　查询漫画类型

任务 3.2　用简单的三层架构实现漫画类型的添加

任务描述

管理员登录后可以为漫画网站添加漫画类型。如图 3-20 和图 3-21 所示，运用三层架构设计模式，在添加类型之前进行存在性验证，并进行相应的提示，进而实现漫画类型的添加功能。

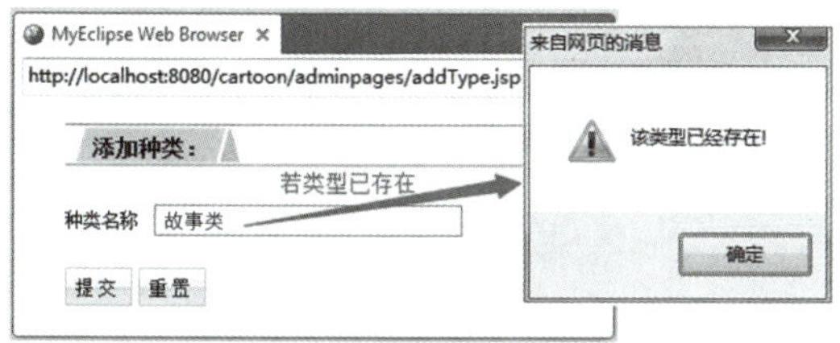

图 3-20　类型已存在的情况

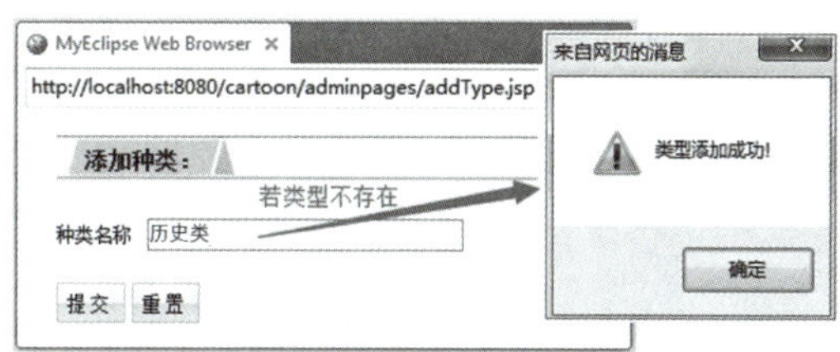

图 3-21　类型不存在的情况

技能目标

✧ 使用 PreparedStatement 接口添加数据。
✧ 运用分层模式优化数据库访问代码。
✧ 在 JSP 中使用 JavaBean。

知识链接

3.2.1　基于 PreparedStatement 实现数据的添加

3.1.4 节的拓展与提高模块讲到了 PreparedStatement 组件的用法。无论是从程序本身的角度来看，还是从数据库层面来讲，PreparedStatement 组件都有其明显的优势：

(1) 作为 Statement 的子接口，PreparedStatement 继承了 Statement 的所有功能。

(2) PreparedStatement 的 SQL 语句中使用“?”占位符，可以传递动态参数，代码可读性更高。

(3) Statement 每次执行 SQL 语句，相关数据库都要进行 SQL 语句的编译；PreparedStatement 是预编译的，对于多次重复执行的 SQL 语句，使用 PreparedStament 的代码执行效率和可维护性更高。

(4) PreparedStatement 对象的参数被强制进行类型转换，可以确保在插入或查询数据时与底层的数据库格式匹配，进而可以防止 SQL 注入，提高了数据库的安全性。

因此，在执行有参数的数据库操作时，一般会选用 PreparedStatement 接口。比如数据的增删改操作，基本都需要动态设置参数或进行批处理，然后再调用它的 executeUpdate() 完成操作，并返回影响的行数。

下面基于 PreparedStatement 来完成漫画类型的添加功能，并做存在性判断。具体实现步骤如下：

(1) 存在性判断。

在添加漫画类型之前，需要先判断输入的类型名称是否已经存在，即进行条件查询。实现方法与登录功能比较相似，不同之处在于无须返回整个对象，只需返回是或否即可。

① 导入 MySQL 驱动包后，创建漫画类型实体类 (CartoonType)，如图 3-22 所示。

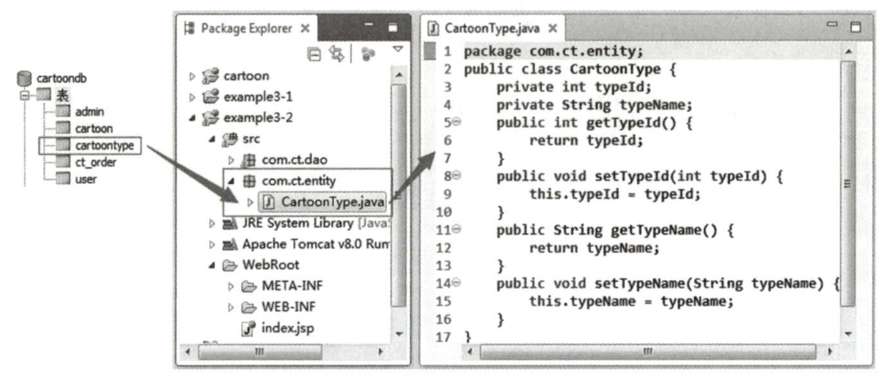

图 3-22　创建漫画类型实体类

② 创建漫画类型数据访问类。如图 3-23 所示，创建数据访问类 (CartoonTypeDao)，并添加 boolean isTypeExist(String typename) 方法，进行存在性判断，参数是漫画名称字符串，返回值是布尔类型。其中，用 PreparedStatement 接口实现了 SQL 语句的动态传值。

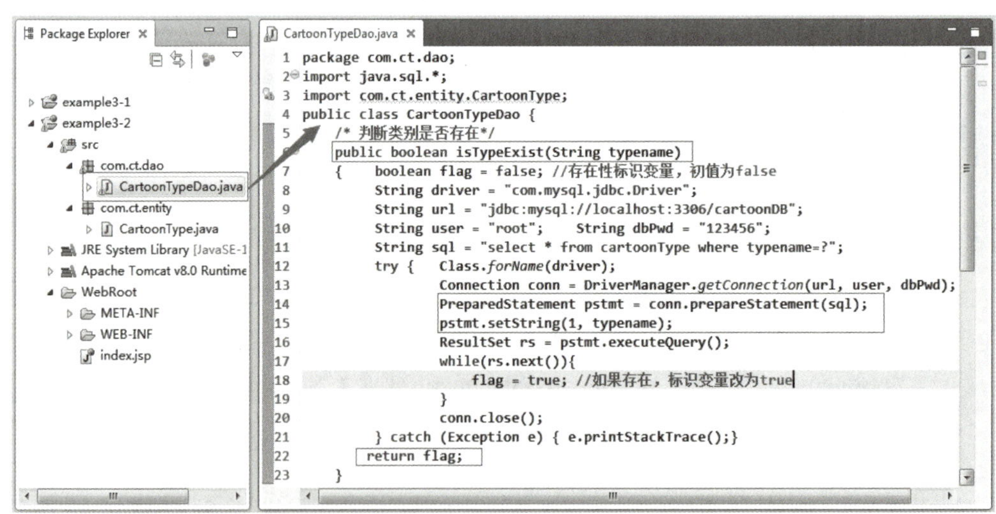

图 3-23　创建漫画类型数据访问类

③ 存在性验证。如图 3-24 所示，创建表单页面 (addType.jsp) 和数据处理页面 (doAddType.jsp)。在 addType.jsp 页面中，添加表单元素，提交目标为 doAddType.jsp；在 doAddType.jsp 中获取表单数据，并把输入的漫画类型名传给数据访问对象的 boolean isTypeExist(String typename) 方法 (见图 3-23)；如果返回 true，就表示已经存在，并进行相应的提示。

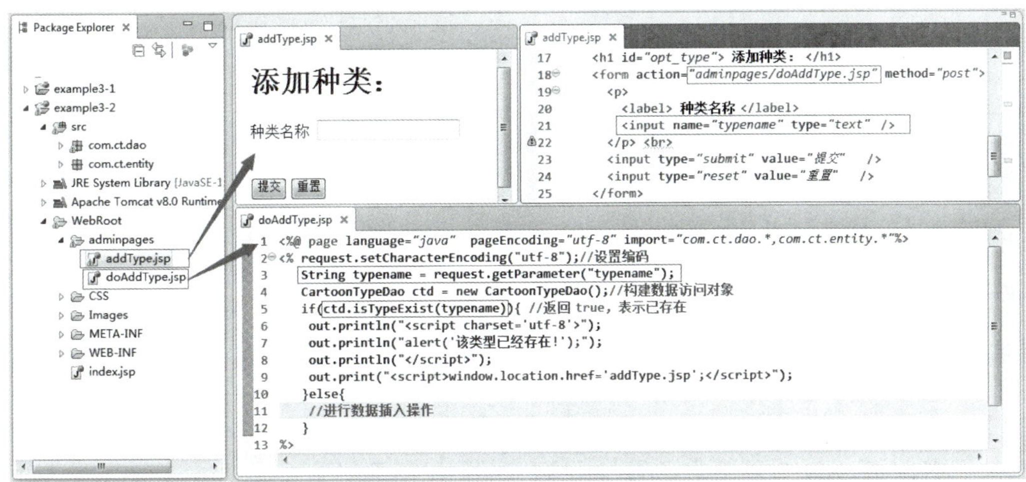

图 3-24　表单页面与数据处理页面

(2) 实现数据添加功能。

① 编写数据插入方法。为了优化代码，一般把关于同一个数据表的操作方法放在同一个数据操作类中。如图 3-25 所示，在数据库访问类 (CartoonTypeDao) 中，增加 int AddType(String typename) 方法，其参数为类型名称字符串，返回值为受影响行数，如果返回值大于 0，就表示插入成功。

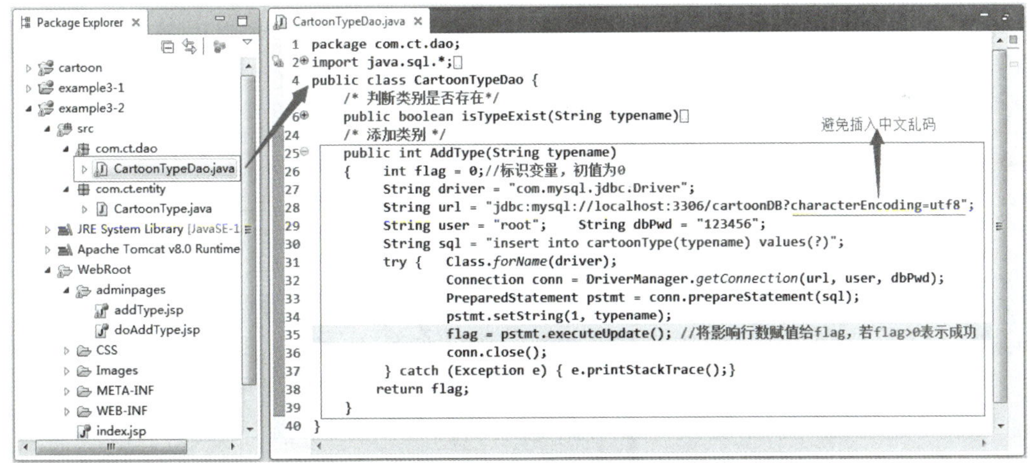

图 3-25　数据添加方法

② 数据插入验证。完善 doAddType.jsp 的数据处理代码，具体代码如下：

```
<%@ page language = "java"  pageEncoding = "utf-8" import = "com.ct.dao.*,com.ct.entity.*"%>
<% request.setCharacterEncoding("utf-8");                    // 设置编码
    String typename = request.getParameter("typename");
    CartoonTypeDao ctd = new CartoonTypeDao();               // 构建数据访问对象
    String mess = "";                                        // 提示内容
```

```
        if(ctd.isTypeExist(typename)){                    //返回 true，表示已存在
            mess = " 该类型已经存在 !";
        }else{                                             //进行数据插入操作
            int flag = ctd.AddType(typename);              //调用类型添加方法
            if(flag>0){                                    //返回值大于 0，表示添加成功
                mess = " 类型添加成功 !";
            }else{
                mess = " 类型添加失败 !";
            }
        }
        out.println("<script charset = 'utf-8'>");
        out.println("alert('" + mess + "');");
        out.println("</script>");
        out.print("<script>window.location.href = 'addType.jsp';</script>");
%>
```

■ 提示：

为避免插入数据库的中文出现乱码，需进行相应的编码配置：

(1) 为数据库连接字符串添加编码标识：

```
jdbc:mysql://localhost:3306/cartoonDB?characterEncoding=utf8
```

(2) 设置 request 对象的编码方式：

```
request.setCharacterEncoding("utf-8")
```

(3) 设置 response 对象的输出类型及编码：

```
response.setContentType("text/html;charset=utf-8")
```

3.2.2 软件设计分层模式

在上面的漫画类型添加功能中，对 JSP 页面代码和数据库访问代码进行了分离，提高了代码的可读性，但是，数据插入时需要进行的存在性判断属于业务逻辑，如果和 JSP 代码混在一起，就极大地影响了代码的可读性、可维护性、可扩展性和执行效率。因此，业务逻辑代码也需要独立出来，放在一个单独的类中，在完成业务功能的同时，担任 JSP 代码和数据库访问代码的桥梁。这种把数据访问代码、业务逻辑代码和页面代码相互分离的软件设计模式，就是当前比较流行的分层架构模式。

一、三层架构

在软件体系架构设计中，分层式结构是最常见、也是最重要的一种结构。微软推荐的分层式结构一般分为三层，从下至上分别为数据访问层、业务逻辑层、表示层。其中，数据访问层由数据库操作相关的代码组成，业务逻辑层由逻辑处理相关的代码组成，表示层由页面代码(如 JSP 代码)组成，它们之间通过方法的参数和返回值进行实体对象、实体集合或功能变量的传递。

如图 3-26 所示，在三层架构中，各层之间相互依赖。表示层依赖于业务逻辑层，业务逻辑层依赖于数据访问层；各层之间的数据传递方向分为请求和响应两个方向，在这个过程中，实体 (Entity) 对象通常被作为数据载体进行传递。实体类的包名一般为 model 或者 entity，JavaWeb 中习惯用 entity。

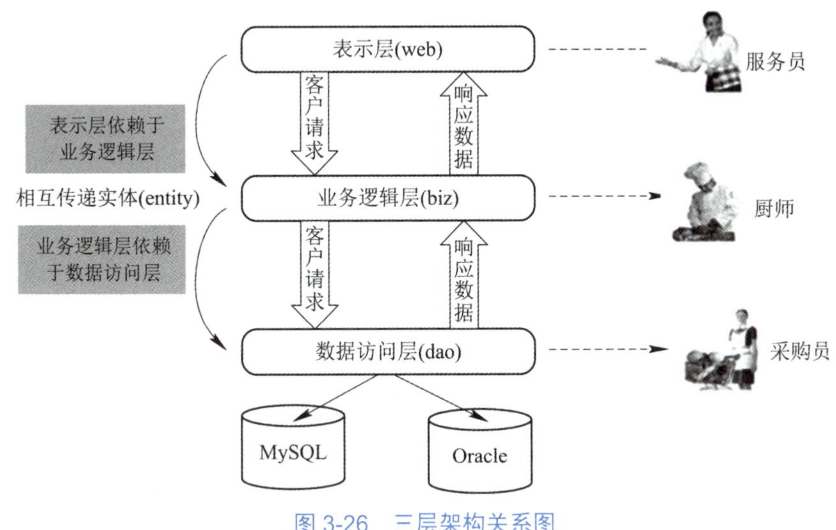

图 3-26　三层架构关系图

通常，可以对三层架构做如下区分：

(1) 表示层：位于最外层 (最上层)，最接近用户，用于显示数据和接收用户输入的数据，为用户提供一种交互式操作的界面。

(2) 业务逻辑层：处于数据访问层与表示层中间，在体系架构中的位置很关键，起到了数据交换、承上启下的作用。由于层是一种弱耦合结构，层与层之间的依赖是向下的，下层对于上层而言是“无知”的，改变上层的设计对于其调用的下层而言没有任何影响。业务逻辑层的包名一般为 biz(英文 business 的缩写)、service 或 BLL，JavaWeb 中习惯用 biz。

(3) 数据访问层：有时也称为持久层，属于最底层，直接负责数据库的访问，可以访问数据库系统、二进制文件、文本文档或是 XML 文档。简单的说法就是实现对数据表的 Select、Insert、Update、Delete 操作。数据访问层的包名一般为 DAL 或 dao，JavaWeb 中习惯用 dao(英文 data access object 的缩写)。

二、分层原则

在应用程序开发中采用分层架构可以带来诸多便利。为确保分层架构的有效性与可维护性，在设计和实现过程中应遵循以下原则：

(1) 上层依赖于下层，且依赖关系不得跨层。上层只能依赖其直接下层，而不能越过中间层直接依赖更底层的模块。上层调用下层所获得的执行结果由下层实现决定，上层无法干预或控制下层的具体行为。

(2) 下层不得调用上层。分层架构中的依赖关系是单向的，上层可以调用下层功能，下层仅为上层提供服务，而不能反过来依赖或调用上层的代码，以避免形成环状依赖。

(3) 下层实现不依赖于上层。上层通过调用下层接口获取所需的数据或服务，但下层的设计与实现应独立于上层变化。即使上层发生调整，下层接口和实现应保持稳定，不受影响，从而确保各层的独立性和可扩展性。

(4) 各层职责明确，严禁出现非本层内容。每一层只关注自身应实现的功能，不应包含属于其他层的实现内容。例如，业务逻辑层仅包含业务流程和规则的代码，不应编写数据库访问相关的 SQL 语句；同样，表现层不应包含业务处理逻辑。这样可以确保系统结构的清晰、责任的明确，提升系统的可维护性和可扩展性。

任务实现

在 3.2.1 节中，漫画类型添加功能仅分为数据访问层和表示层，业务逻辑代码直接写在了 JSP 代码中。现在需要将业务逻辑从 JSP 中剥离出来，单独抽取成业务逻辑层，进而完善为初步的三层架构模式 (表示层、业务逻辑层、数据访问层)。现对代码做如下改写：

(1) 提取业务逻辑层。

① 新建业务逻辑包，并创建业务逻辑类。如图 3-27 所示，在项目源代码文件夹 src 中新建 com.ct.biz 包，并在里面创建业务逻辑类 CartoonTypeBiz(类名一般要体现与其相关的实体数据和功能)。

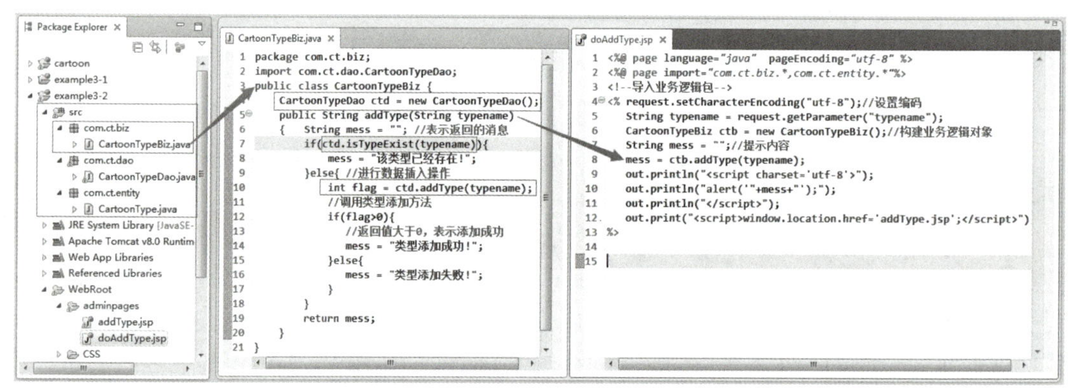

图 3-27　三层架构实现漫画类型的添加

② 添加业务逻辑方法。在 CartoonTypeBiz 类中，添加业务逻辑方法、方法名及其参数，一般与相应的数据处理方法一致；返回类型可以根据业务功能进行更改，或者继续与数据处理方法保持一致。因为在添加漫画类型时，需要有不同的提示，所以把返回类型更改为 String 类型，即

```
String addType(String typename);
```

③ 编写业务逻辑代码。对漫画类型的添加功能，需要进行存在性判断，并返回字符串类型的提示消息，则需要编写如下业务代码：

```
package com.ct.biz;
import com.ct.dao.CartoonTypeDao;
public class CartoonTypeBiz {
    CartoonTypeDao ctd = new CartoonTypeDao();
    public String addType(String typename)        // 定义业务逻辑方法
    {  String mess = "";                          // 表示返回的消息
```

```
            if(ctd.isTypeExist(typename)){
                mess = " 该类型已经存在 !";
            }else{
                // 进行数据插入操作
                int flag = ctd.addType(typename);     // 调用类型添加方法
                if(flag>0){                           // 返回值大于 0，表示添加成功
                    mess = " 类型添加成功 !";
                }else{
                    mess = " 类型添加失败 !";
                }
            }
            return mess;
        }
    }
```

■ 提示：

如果没有业务逻辑需要处理，业务逻辑方法只需直接调用相应的数据处理方法，并且参数和返回值与相应的数据访问方法保持一致即可，格式如下：

```
public class CartoonTypeBiz {
    CartoonTypeDao ctd = new CartoonTypeDao();
    public int addType(String typename)
    {  return ctd.addType(typename);
        // 把参数直接传给数据访问方法，返回类型保持一致
    }
}
```

(2) 改写 JSP 代码。

因为业务逻辑代码已经在业务逻辑方法中完成，现只需在 JSP 代码中直接调用业务逻辑层的代码，并进行消息提示即可。具体代码如下：

```
<%@ page language = "java"  pageEncoding = "utf-8" %>
<%@ page import = "com.ct.biz.*,com.ct.entity.*"%> <!-- 导入业务逻辑包 -->
<% request.setCharacterEncoding("utf-8");          // 设置编码
    String typename = request.getParameter("typename");
    CartoonTypeBiz ctb = new CartoonTypeBiz();     // 构建业务逻辑对象
    String mess = "";                              // 提示内容
    mess = ctb.addType(typename);                  // 调用业务逻辑方法
    out.println("<script charset = 'utf-8'>");
    out.println("alert('" + mess + "');");
    out.println("</script>");
    out.print("<script>window.location.href = 'addType.jsp';</script>");
%>
```

拓展与提高

传统的数据库连接方式存在以下不足:

(1) 需要经常与数据库建立连接,在访问结束后必须关闭连接、释放资源。

(2) 当并发访问数量较大时,执行速度受到极大影响。

(3) 系统的安全性和稳定性相对较差。

数据库连接池 (Connection Pooling) 是指程序启动时建立一定数量的数据库连接,并将这些连接存放在一个连接池中。程序运行时,通过连接池动态分配和管理连接,实现连接的复用,这样可以减少频繁创建和关闭连接的开销,显著提升数据库操作的效率和性能。

一、连接池运行机制

如图 3-28 所示,将数据库连接池的运行机制总结如下:

(1) 程序初始化时创建连接池。

(2) 使用时向连接池申请可用连接。

(3) 使用完毕后,将连接返还给连接池。

(4) 程序退出时,断开所有连接,并释放资源。

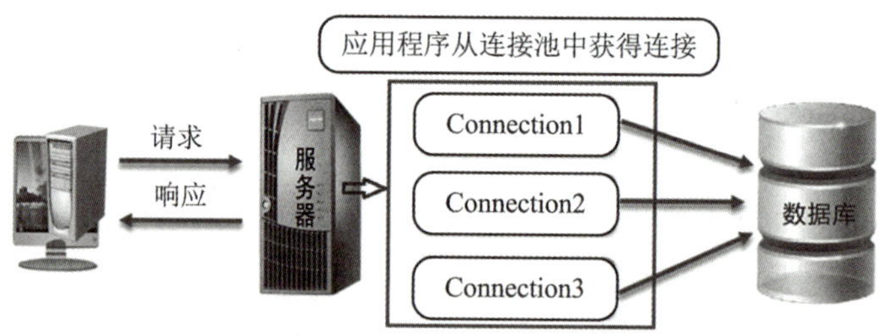

图 3-28 数据库连接池

二、连接池相关组件

1. JNDI

JNDI 的全称是 Java 命名和目录接口 (Java Naming and Directory Interface),可以通过名称将资源与服务进行关联,进而在更大范围或不同应用之间共享资源。

如何在 Tomcat 中发布能供所有 Web 应用程序使用的数据呢?方法如下:

(1) 发布数据:修改 Tomcat\conf\context.xml 文件。例如:

```
<Context>   <!-- Environment 元素用于配置环境条目资源 -->
    <Environment name = "myJD" value = "hello JNDI" type = "java.lang.String" />
</Context>
```

(2) 获取数据:使用 Context 实例的 lookup() 方法进行查找。例如:

```
Context ctx = new InitialContext();   // javax.naming.Context 提供了查找 JNDI 的接口
String data = (String) ctx.lookup("java:comp/env/myJD");
// JavaEE 应用中,所有 JNDI 命名空间中的资源名称都统一以 java:comp/env/ 为前缀
```

2. javax.sql.DataSource 接口

该接口的实现类能够以连接池的形式对数据库连接进行管理。如图 3-29 所示,Tomcat

支持将 DataSource 实例发布为 JNDI 资源，允许 Web 应用通过 JNDI 获得 DataSource 引用。

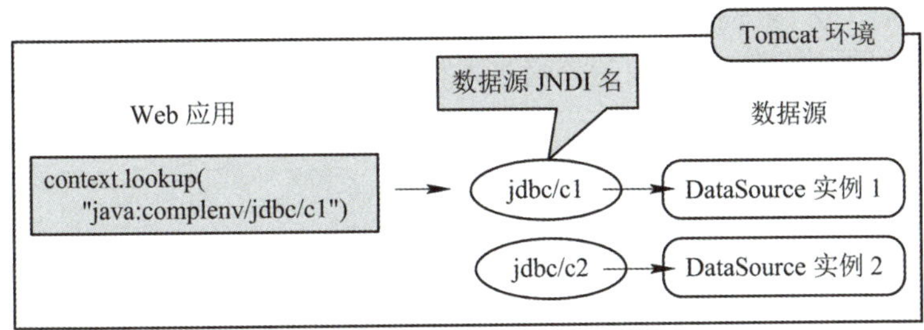

图 3-29　通过 JNDI 获得数据源引用

三、使用连接池实现数据库连接的步骤

(1) 配置 context.xml 文件。在 Context 下，配置 <Resource> 元素中与连接池相关的参数，具体代码如下：

```
<Context>
    <Resource name = "jdbc/ct" auth = "Container" type = "javax.sql.DataSource"
        maxActive = "100" maxIdle = "30" maxWait = "10000" username = "root"
        password = "123456" driverClassName = "com.mysql.jdbc.Driver"
        url = "jdbc:mysql://127.0.0.1:3306/cartoonDB?
                useUnicode = true&amp;characterEncoding = utf-8" />
</Context>
```

其中：

name：指定 Resource 的 JNDI 名称；

auth：指定管理 Resource 的 Manager(Container 表明由容器创建和管理，Application 表明由 Web 应用创建和管理)；

type：指定 Resource 所属的 Java 类；

maxActive：指定连接池中处于活动状态的数据库连接的最大数目；

maxIdle：指定连接池中处于空闲状态的数据库连接的最大数目；

maxWait：指定连接池中的某个连接允许处于空闲状态的最长时间，超过该时间后可能抛出异常，取值为 -1 表示连接可以无限期保持空闲，不会被关闭或抛异常。

另外，url 中出现的 & 应替换为对应的实体 "&"。

(2) 把 MySQL 数据库的驱动 jar 文件添加到 Tomcat 的 lib 目录中。

(3) 获取连接对象。编写 Java 代码时，需要先导入必需的几个组件包：

```
import javax.naming.Context;
import javax.naming.InitialContext;
import javax.naming.NamingException;
import javax.sql.DataSource;
```

然后再查找数据源并获取数据库连接对象，例如：

```
Context ctx = new InitialContext();          // 初始化上下文
DataSource ds = (DataSource)ctx.lookup("java:comp/env/jdbc/ct");
```

```
                                    // 获取与逻辑名相关联的数据源对象
Connection conn = ds.getConnection();    // 从数据源获取连接对象
```

其余的数据访问代码就和之前的一样了，然后根据代码的具体需求对数据库连接对象正常使用、正常关闭即可。

■ 提示：

另外一种配置数据源的方法是：在 WebRoot/META-INF 下创建一个 context.xml 文件，添加 <Context> 节点，在 <Context> 节点中添加 <Resource> 元素内容，然后在代码中获取数据源即可。

技能训练

一、目的

初步实现三层架构的设计。

二、要求

模仿任务案例，用三层架构实现会员的注册功能，如图 3-30 所示。（账号需要进行存在性验证。）

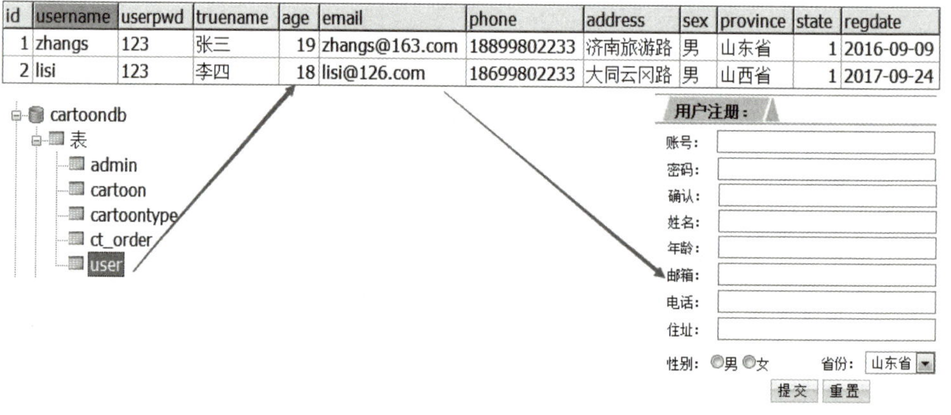

id	username	userpwd	truename	age	email	phone	address	sex	province	state	regdate
1	zhangs	123	张三	19	zhangs@163.com	18899802233	济南旅游路	男	山东省	1	2016-09-09
2	lisi	123	李四	18	lisi@126.com	18699802233	大同云冈路	男	山西省	1	2017-09-24

图 3-30　会员注册

任务 3.3　优化三层架构代码

任务描述

为了减少代码冗余，并提高代码的可维护性和可扩展性，我们对 3.2 节的漫画类型的添加功能进行了进一步优化。如图 3-31 所示，我们在数据访问层中抽取了可复用的公共代码，并将其封装到基础父类 BaseDao 中；同时，基于接口定义对数据访问层和业务逻辑层进行了细化设计，这些接口主要包括数据访问接口和业务逻辑接口，通过接口规范各层职责，实现层与层之间的松耦合，提高系统的灵活性和可扩展性。

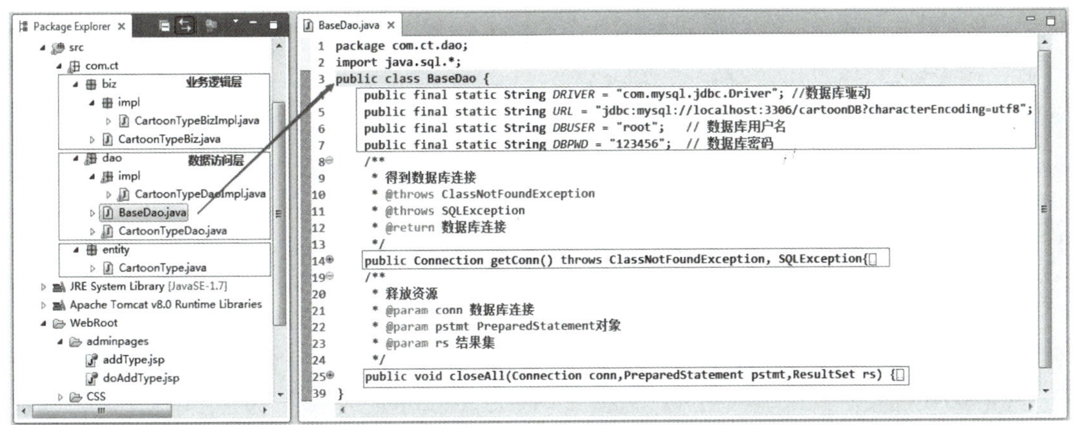

图 3-31　优化三层架构

技能目标

✧ 使用 BaseDao 类减少代码冗余。

✧ 基于接口优化三层架构。

知识链接

3.3.1　BaseDao 的抽取

从之前的代码中不难发现，无论是管理员登录功能，还是漫画类型的添加功能，都需要访问数据库。而且每次访问数据库的过程中，通过加载驱动获取数据库连接，访问结束后释放资源，使用的代码都是相同的，每次都要重复编写，从而增加了代码的冗余性和维护难度。

一个比较好的办法就是抽取可复用代码，放在一个静态类或者一个公共父类中，让调用者或者其子类直接调用抽取后的方法即可。

在数据访问层的操作中，JavaWeb 习惯把获取数据库连接及释放资源的代码放在一个公共父类中，这个父类一般被命名为 BaseDao，以方便理解。然后，其他具体的数据访问类直接继承 BaseDao，即可调用里面的公共代码。现把 3.2 节中漫画类型的添加功能的数据访问层做如下改写。

1. 在数据访问包中添加 BaseDao 类

如图 3-32 所示，新建 BaseDao 类，并把驱动路径、数据库连接字符串、数据库登录账号和密码作为属性，获取连接及释放资源的代码块作为方法添加到该类中。

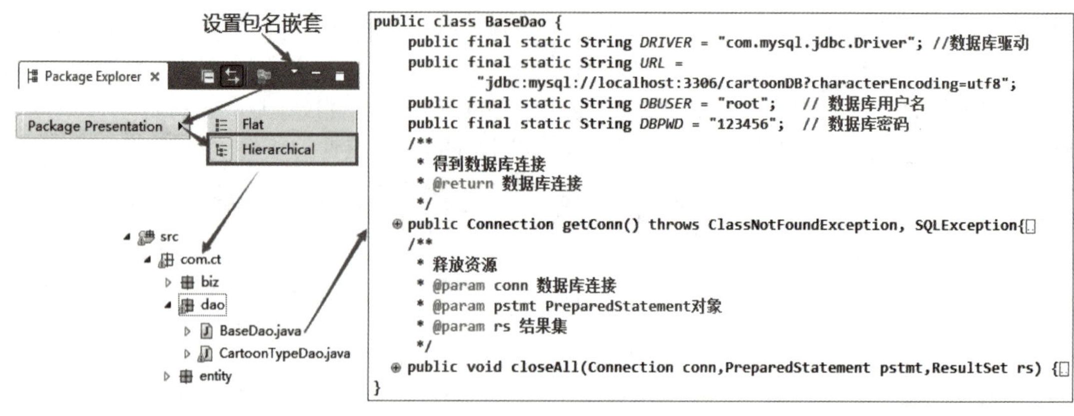

图 3-32　添加 BaseDao

具体代码如下：

```
package com.ct.dao;
import java.sql.*;
public class BaseDao {
    public final static String DRIVER = "com.mysql.jdbc.Driver";        // 数据库驱动
    public final static String URL =
        "jdbc:mysql://localhost:3306/cartoonDB?characterEncoding = utf8";
    public final static String DBUSER = "root";                         // 数据库用户名
    public final static String DBPWD = "123456";                        // 数据库密码
    /**
     * 得到数据库连接
     * @return 数据库连接
     */
    public Connection getConn() throws ClassNotFoundException, SQLException{
        Class.forName(DRIVER);                                          // 注册驱动
        Connection conn = DriverManager.getConnection(URL,DBUSER,DBPWD);
                                                                        // 获得数据库连接
        return conn ;                                                   // 返回连接
    }
    /**
     * 释放资源
     * @param conn 数据库连接
     * @param pstmt PreparedStatement 对象
     * @param rs 结果集
     */
    public void closeAll(Connection conn,PreparedStatement pstmt,ResultSet rs) {
        if(rs != null){ /* 如果 rs 不空，则关闭 rs*/
            try { rs.close();} catch (SQLException e) {e.printStackTrace();}
```

```
            }
            if(pstmt != null){ /* 如果 pstmt 不空，则关闭 pstmt*/
                try { pstmt.close();} catch (SQLException e) {e.printStackTrace();}
            }
            if(conn != null){ /* 如果 conn 不空，则关闭 conn*/
                try { conn.close();} catch (SQLException e) {e.printStackTrace();}
            }
        }
    }
```

2. 改写漫画类型添加功能的数据访问类

让 CartoonTypeDao 继承自 BaseDao，在需要的位置调用父类的方法即可，具体代码如下：

```
public class CartoonTypeDao extends BaseDao{
    /* 判断类别是否存在 */
    public boolean isTypeExist(String typename)
    {   boolean flag = false;                          // 存在性标识变量，初值为 false
        String sql = "select * from cartoonType where typename = ?";
        try {   Connection conn = getConn();           // 调用 BaseDao 中的方法获取连接
                PreparedStatement pstmt = conn.prepareStatement(sql);
                pstmt.setString(1, typename);
                ResultSet rs = pstmt.executeQuery();
                while(rs.next()){ flag = true; }       // 如果存在，则将标识变量改为 true
                closeAll(conn, pstmt,rs);              // 调用 BaseDao 中的方法释放资源
        } catch (Exception e) { e.printStackTrace();}
        return flag;
    }
    /* 添加类别 */
    public int addType(String typename)
    {   int flag = 0;
        String sql = "insert into cartoonType(typename) values(?)";
        try {   Connection conn = getConn();           // 调用 BaseDao 中的方法获取连接
                PreparedStatement pstmt = conn.prepareStatement(sql);
                pstmt.setString(1, typename);
                flag = pstmt.executeUpdate();
                closeAll(conn,pstmt,null);             // 因为没有结果集，所以传送 null
        } catch (Exception e) { e.printStackTrace();}
        return flag;
    }
}
```

3.3.2 基于接口的优化分层代码

一般情况下，我们在开发一个系统的时候，通常是将定义与实现合为一体，不加分离的。这就带来一个问题：当客户的需求变化时，必须改写现有的业务代码，由此可能产生新的 BUG，甚至可能会影响到调用该业务的类及系统本身的稳定性。

如果把类或者模块之间的交互改由接口来完成，即把客户的业务需求定义出来作为接口，则业务的具体实现可通过该接口的实现类来完成。当客户的需求变化时，只需改写接口的实现类，而无须改写现有业务代码，即可减少对系统的影响。这就是目前比较流行的面向接口编程。

在应用程序中，通常采用面向接口编程方式，这样有助于系统的扩展与移植。以 Java Web 中的三层架构为例：表示层、业务逻辑层、数据访问层，上层通过调用下层定义的接口来实现功能。这样，当下层的实现方式发生变化(例如将数据访问层从数据库操作更换为文件操作)时，只要接口不变，上层代码无须修改，从而提高了系统的灵活性和可维护性。

下面通过一个添加用户的例子来看一下面向接口编程的思路要点。假设用户的操作可以通过文件和数据库两种方式实现。

一、编写数据访问层的接口和实现类

1. 数据访问层的接口

编写数据访问层的接口，代码如下：

```
public interface UserDao { public int addUser(User u); }
```

2. 数据访问层接口的实现类

(1) 采用数据库方式的实现类，例如：

```
public class UserDaoSQL extends BaseDao implements UserDao {
    public int addUser (User u) { // 数据库操作的实现代码 }
}
```

(2) 采用文件方式的实现类，例如：

```
public class UserDaoFile extends BaseDao implements UserDao {
    public int addUser (User u) { // 文件操作的实现代码 }
}
```

二、编写业务逻辑层的接口和实现类

1. 业务逻辑层的接口

编写业务逻辑层的接口，代码如下：

```
public interface UserBiz { public int addUserInfo(User u); }
```

2. 业务逻辑层接口的实现类

编写业务逻辑层的接口的实现类，代码如下：

```
public class UserBizImpl implements UserBiz {          // 实现类名一般是接口名 + Impl
    UserDao userdao = new UserDaoSQL();                // 或 new UserDaoFile()
    public int addUser (User u) {
        return userdao. addUser (u);                   // 以接口的方式调用数据访问层的代码
    }
}
```

三、编写表示层代码

表示层调用业务逻辑层的接口的代码如下：

```
UserBiz ub = new UserBizImpl();
ub.addUser(new User());                                // 以接口的方式调用业务逻辑层的代码
```

面向接口编程遵循的思想是：对功能扩展开放，对已有代码修改关闭，即新增功能时通过添加代码来实现，而不需要修改已有的代码。通过将接口定义与具体实现分离，减少了各模块之间的耦合和相互依赖，提高了系统的灵活性和可维护性。其优点可以总结如下：

(1) 降低了程序的耦合性；

(2) 提高了程序的扩展性；

(3) 有利于程序的可维护性。

任务实现

按照 3.3.2 节中面向接口编程的思路要点，用优化后的三层架构改写漫画类型的添加功能。

一、编写数据访问层的接口和实现类

1. 数据访问层的接口

如图 3-33 所示，在数据访问包 com.ct.dao 中添加数据访问接口 CartoonTypeDao，并定义存在性判断方法和数据插入方法。

```
src
  com.ct
    biz
    dao
      BaseDao.java
      CartoonTypeDao.java
```

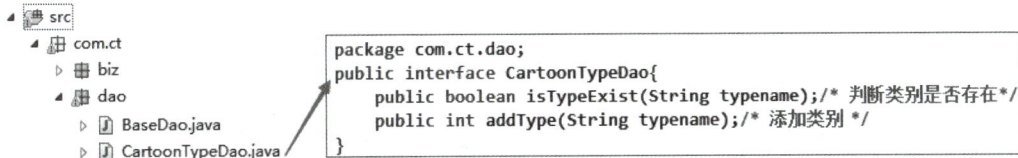

```
package com.ct.dao;
public interface CartoonTypeDao{
    public boolean isTypeExist(String typename);/* 判断类别是否存在*/
    public int addType(String typename);/* 添加类别 */
}
```

图 3-33　数据访问层接口

2. 数据访问层接口的实现类

为了提高代码的可读性和可维护性，在数据访问层包中添加一个子包 com.ct.dao.impl，用于存放所有数据层访问接口的实现类。然后，在该包中添加接口实现类 CartoonTypeDaoImpl，如图 3-34 所示，让该类继承自 BaseDao 的同时，还能实现

CartoonTypeDao 接口中定义的两个方法。

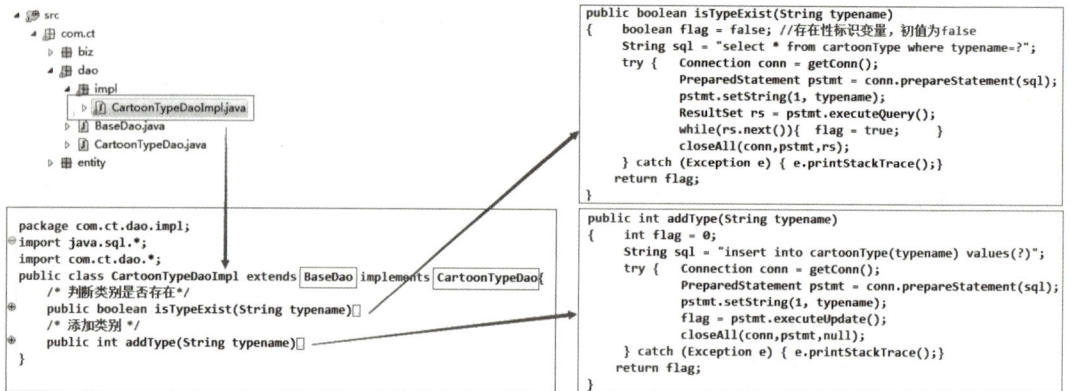

```
src
  com.ct
    biz
    dao
      impl
        CartoonTypeDaoImpl.java
      BaseDao.java
      CartoonTypeDao.java
    entity
```

```java
package com.ct.dao.impl;
import java.sql.*;
import com.ct.dao.*;
public class CartoonTypeDaoImpl extends BaseDao implements CartoonTypeDao{
    /* 判断类别是否存在*/
    public boolean isTypeExist(String typename)
    /* 添加类别 */
    public int addType(String typename)
}
```

```java
public boolean isTypeExist(String typename)
{    boolean flag = false; //存在性标识变量，初值为false
     String sql = "select * from cartoonType where typename=?";
     try {   Connection conn = getConn();
             PreparedStatement pstmt = conn.prepareStatement(sql);
             pstmt.setString(1, typename);
             ResultSet rs = pstmt.executeQuery();
             while(rs.next()){  flag = true;     }
             closeAll(conn,pstmt,rs);
     } catch (Exception e) { e.printStackTrace();}
     return flag;
}
```

```java
public int addType(String typename)
{    int flag = 0;
     String sql = "insert into cartoonType(typename) values(?)";
     try {   Connection conn = getConn();
             PreparedStatement pstmt = conn.prepareStatement(sql);
             pstmt.setString(1, typename);
             flag = pstmt.executeUpdate();
             closeAll(conn,pstmt,null);
     } catch (Exception e) { e.printStackTrace();}
     return flag;
}
```

图 3-34　数据访问层接口的实现类

二、编写业务逻辑层的接口和实现类

1. 业务逻辑层的接口

如图 3-35 所示，在业务逻辑包 com.ct.biz 中添加业务逻辑接口 CartoonTypeBiz，并定义数据插入方法。

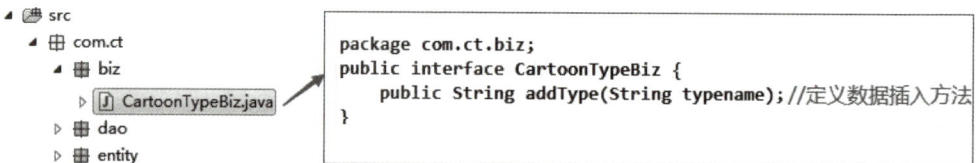

```
src
  com.ct
    biz
      CartoonTypeBiz.java
    dao
    entity
```

```java
package com.ct.biz;
public interface CartoonTypeBiz {
    public String addType(String typename);//定义数据插入方法
}
```

图 3-35　业务逻辑接口

2. 业务逻辑层接口的实现类

为了提高代码的可读性和可维护性，在业务逻辑包中添加一个子包 com.ct.biz.impl，用于存放所有业务逻辑层接口的实现类。然后，在该包中添加接口实现类 CartoonTypeBizImpl，如图 3-36 所示，让该类实现 CartoonTypeBiz 接口中定义的数据插入方法。在该方法中，用接口和数据访问层进行交互，以接口的方式调用数据访问层的数据验证方法和数据插入方法。

```
src
  com.ct
    biz
      impl
        CartoonTypeBizImpl.java
      CartoonTypeBiz.java
    dao
    entity
```

```java
package com.ct.biz.impl;
import com.ct.biz.CartoonTypeBiz;
import com.ct.dao.CartoonTypeDao;
import com.ct.dao.impl.CartoonTypeDaoImpl;
public class CartoonTypeBizImpl implements CartoonTypeBiz{
    //定义数据访问接口变量
    CartoonTypeDao ctd = new CartoonTypeDaoImpl();
    //实现数据插入方法
    public String addType(String typename)
}
```

```java
public String addType(String typename)
{   String mess = ""; //表示返回的消息
    if(ctd.isTypeExist(typename)){//以接口的方式调用数据访问方法
        mess = "该类型已经存在！";
    }else{ //进行数据插入操作
        int flag = ctd.addType(typename); //调用类型添加方法
        if(flag>0){  mess = "类型添加成功！";}
        else{        mess = "类型添加失败！";}
    }
    return mess;
}
```

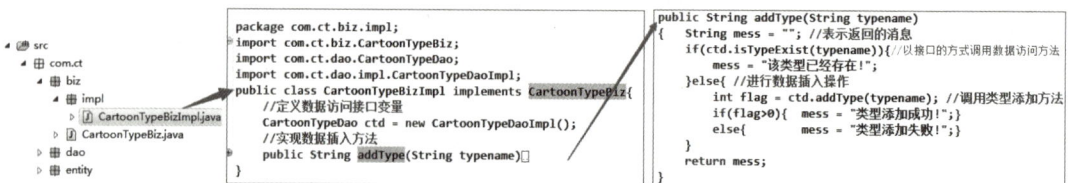

图 3-36　业务逻辑层接口的实现类

三、编写表示层代码

如图 3-37 所示，在 JSP 代码中通过调用业务逻辑层定义的服务接口来使用业务功能。

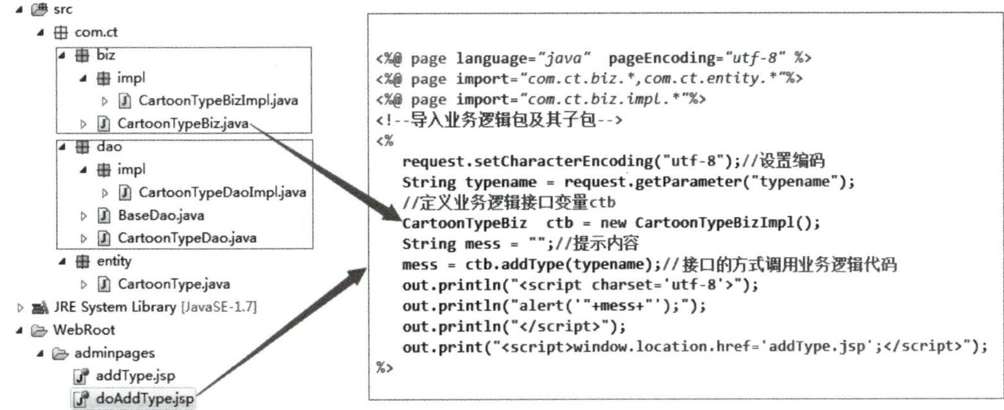

图 3-37　表示层调用业务逻辑接口

拓展与提高

在 Java5 中提供了变长参数 (varargs)，也就是在方法定义中可以使用个数不确定的参数，对于同一方法可以使用不同个数的参数调用。例如：

```
print("hello");
print("hello","lisi");
print("hello"," 张三 ", "alexia");
```

下面介绍如何定义可变长参数，以及如何使用可变长参数。

一、语法

使用 ... 表示可变长参数，例如：print(String... args){ }。在具有可变长参数的方法中可以把参数当成数组使用。

二、可变长参数的方法的调用

调用的时候可以给出任意多个参数，也可不给参数，例如：

```
public class VarArgsTest {
    public void print(String... args) {
        for (int i = 0; i < args.length; i++) {  out.print(args[i] + " ");  }
    }
    public void print(String test) {  out.println("----------");        }
    public static void main(String[] args) {
        VarArgsTest test = new VarArgsTest();
        test.print("hello");
        test.print("hello", "world");
    }
}
```

其运行结果如下：

```
----------
hello world
```

在调用方法的时候，如果能够与固定参数的方法匹配，也能够与可变长参数的方法匹配，则选择固定参数的方法。

可变长参数可以完善 BaseDao 的代码，例如把 executeUpdate() 方法和 executeQuery() 方法进行如下提取后，添加到 BaseDao 类中。

```
protected int executeUpdate(String sql, Object... params) throws ClassNotFoundException {
    int result = 0;  PreparedStatement pstmt = null;  Connection conn = null;
    try {  conn = getConn();  pstmt = conn.prepareStatement(sql);
        for (int i = 0; i < params.length; i++) {  pstmt.setObject(i + 1, params[i]);  }
        result = pstmt.executeUpdate();
      } catch (SQLException e) {  e.printStackTrace();  }
        finally{ closeAll(conn,pstmt,null);}
        return result;
  }
protected ResultSet executeQuery(String sql, Object... params) {
      PreparedStatement pstmt = null;  Connection conn = null;  ResultSet rs = null;
      try {  conn = getConn();   pstmt = conn.prepareStatement(sql);
          for (int i = 0; i < params.length; i++) {  pstmt.setObject(i + 1, params[i]);  }
          rs = pstmt.executeQuery();
        } catch (SQLException e) {  e.printStackTrace();  }
      return rs;
}
```

在数据访问代码中，就可以直接调用这两个方法了，例如：

```
public class CartoonTypeDaoImpl extends BaseDao implements CartoonTypeDao{
public boolean isTypeExist(String typename){
boolean flag = false;                                     //存在性标识变量，初值为 false
ResultSet rs = null;   String sql = "select * from cartoonType where typename = ?";
    try {   rs = executeQuery(sql, typename);             // 调用 BaseDao 中的可变参方法
            while(rs.next()){  flag = true;    }
        } catch (Exception e) { e.printStackTrace();}
            finally{ closeAll(null, null,rs);}
      return flag;
    }
    public int addType(String typename){
          int flag = 0;   String sql = "insert into cartoonType(typename) values(?)";
          try {  flag = executeUpdate(sql,typename);   // 调用 BaseDao 中的可变参方法
```

```
            } catch (Exception e) { e.printStackTrace();}
            return flag;
        }
    }
```

技能训练

一、目的

✧ 使用 BaseDao 类减少代码冗余。

✧ 基于接口优化三层架构。

二、要求

基于接口优化会员注册功能的三层架构代码，具体要求如下：

(1) 注册时需要对账号进行存在性验证。

(2) 在三层架构中，相关的接口与实现类请分别添加到任务案例中已划分的包中。

单 元 练 习

一、选择题

1. JDBC 提供 3 个接口来实现 SQL 语句的发送，其中执行简单不带参数 SQL 语句的是 (　　)。

A. Statement 类　　B. PreparedStatement 类

C. CallableStatement 类　　D. DriverStatement 类

2. Statement 类提供 3 种执行方法，用来执行更新操作的是 (　　)。

A. executeQuery()　　B. executeUpdate()

C. execute()　　D. query()

3. 负责处理驱动的加载并产生对新的数据库连接支持的接口是 (　　)。

A. DriverManager　　B. Connection

C. Statement　　D. ResultSet

4. 在 JSP 中使用 JDBC 语句访问数据库，正确导入 SQL 类库的语句是 (　　)。

A. <%@ page import = "java.sql.*"%>

B. <%@ page import = "sql.*"%>

C. <% page import = "java.sql.*"%>

D. <%@ import = "java.sql.*"%>

5. Statement 类提供的 executeUpdate() 方法的返回值是 (　　) 类型。

A. String　　B. ResultSet

C. boolean　　D. int

二、简答题

1. 列举 JDBC 技术的核心组件，并简要说明各组件的作用。
2. 简述用 JDBC 连接数据库的步骤。
3. 简述三层架构中各层的作用。
4. 简述面向接口编程的优点。

三、代码题

1. 完成一个通用的 BaseDao 类。

2. 现有一个 MySQL 数据库，名为 school，其 root 账号的密码为 123。数据库内有一个数据表 Student(学号、姓名、年龄)，数据记录如表 3-2 所示。要求在一个 JSP 页面中，连接该数据库，读取并用表格的形式输出这些数据。

表 3-2 数据记录表

StuNO	StuName	StuAge
S001	Tom	19
S002	Jerry	18

3. 用三层架构的方式完成第 2 题。

第 4 章 Servlet 基础

情景描述

动态网站的访问过程，大部分都是从表单页面开始的，然后把表单数据提交给目标文件，目标文件负责解析表单数据并调用业务逻辑代码完成请求处理，最后再根据判断条件进行信息输出、请求转发或重定向。在这个过程中，目标文件的重要性是显而易见的。在前面的章节中，无论是表单页面还是目标文件，全部都由 JSP 文件来承担，代码的可读性、可维护性和可扩展性受到了很大的影响。这个问题该如何解决呢？我们可以把目标文件的工作交给 Servlet，让 JSP 专心负责视图方面的工作即可。

本章的主要学习目标是实现 Servlet 的配置和部署，熟悉 Servlet 的生命周期，了解 Servlet API 的常用组件，进而学会使用 Servlet 处理用户请求。

学习目标

✧ 掌握 Servlet 的运行原理。
✧ 熟悉 Servlet API。
✧ 掌握 Servlet 的生命周期。
✧ 能够创建并配置 Servlet。
✧ 能够通过 Servlet 获取用户请求。
✧ 能够通过 Servlet 进行请求响应。
✧ 能够通过 Servlet 访问域对象。
✧ 培养规范意识、质量意识。
✧ 培养科学严谨的工作态度。
✧ 培养动态网站开发团队的有效服务能力。

任务 4.1 获取会员的注册请求

任务描述

如图 4-1 所示，先创建会员注册页面，再把注册请求提交给一个 Servlet，通过该

Servlet 获取注册表单的数据，并在页面上输出。

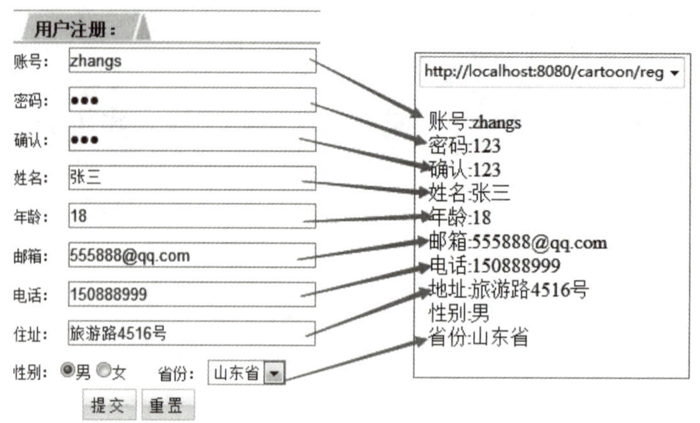

图 4-1 处理会员注册请求

技能目标

✧ 能够创建并配置 Servlet。
✧ 能够通过 Servlet 获取用户请求。
✧ 能够通过 Servlet 进行请求响应。

知识链接

4.1.1 Servlet 简介

Servlet(Server Applet) 意为运行在服务器端的小程序。Servlet 的出现早于 JSP，它可以接收客户端请求并做出响应，并利用输出流的方式动态生成 HTML 页面。

狭义的 Servlet 是指基于 Java 语言的一个服务器程序接口，广义的 Servlet 是指任何实现了这个 Servlet 接口的类。一般情况下，人们将 Servlet 理解为后者。

如图 4-2 所示，Servlet 程序是由 Web 服务器调用的。当服务器收到客户端的 Servlet 访问请求后，首先检查是否已经装载并创建了该 Servlet 的实例对象，如果已经创建，则把新建的请求和响应对象以参数的形式传给 Servlet 的相关方法，并运行相应的代码；否则，重新装载并创建该 Servlet 的一个实例对象，经过初始化之后，再进行上述操作。

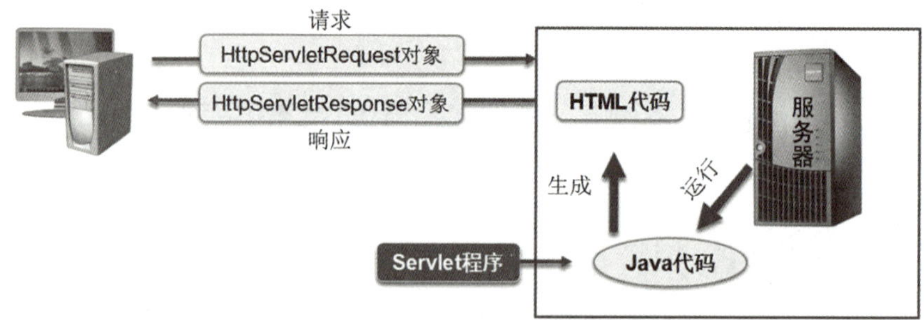

图 4-2 调用 Servlet 程序

4.1.2　Servlet API

初步了解了 Servlet 的功能和特点之后，需要明确符合哪些规范的 Java 类才算是 Servlet？编写一个 Servlet，实际上就是按照 Servlet 规范编写一个 Java 类。下面就来了解开发 Servlet 需要用到的主要接口和类，也就是 Servlet API。

Servlet API 主要涉及两个包：

(1) javax.servlet 包：其中的类和接口是通用的、不依赖于协议的 Servlet API，包括 Servlet、ServletRequest、ServletResponse、ServletConfig、ServletContext 接口及抽象类 GenericServlet。

(2) javax.servlet.http 包：其中的类和接口是用于支持 HTTP 协议的 Servlet API。

一、Servlet 接口

Servlet 接口定义了所有 Servlet 类需要实现的方法，其常用方法如表 4-1 所示。

表 4-1　Servlet 接口的常用方法

方　法	描　　述
void init (ServletConfig config)	由 Servlet 容器调用，完成 Servlet 对象在处理客户请求前的初始化工作
void service (ServletRequest req, ServletResponse res)	由 Servlet 容器调用，用来处理客户端的请求
void destroy ()	由 Servlet 容器调用，释放 Servlet 对象所使用的资源
ServletConfig getServletConfig ()	返回 ServletConfig 对象，该对象包含此 Servlet 的初始化和启动参数。返回的 ServletConfig 对象是传递给 init() 方法的对象
String getServletInfo ()	返回有关 Servlet 的信息，比如作者、版本和版权。返回的字符串是纯文本，而不是任何种类的标记 (如 HTML、XML 等)

■ 提示：

Servlet 容器也称 Servlet 引擎，和 JSP 容器一样，是 Web 服务器的一部分，用于在发送请求和响应时提供网络服务。

二、ServletConfig 接口

Servlet 容器在 Servlet 初始化过程中，通过 ServletConfig 接口的实例为 Servlet 传递配置信息。每个 Servlet 对应唯一一个 ServletConfig 对象。ServletConfig 接口的常用方法如表 4-2 所示。

表 4-2　ServletConfig 接口的常用方法

方　法	描　　述
public String getInitParameter (String name)	获取 web.xml 中设置的以 name 命名的初始化参数值
public ServletContext getServletContext ()	返回 Servlet 的上下文对象引用

三、GenericServlet 抽象类

GenericServlet 抽象类实现了 Servlet 接口和 ServletConfig 接口，给出了除 service() 方法以外的其他方法的简单实现，定义了通用的、不依赖于协议的 Servlet。其常用方法如表 4-3 所示。

表 4-3　GenericServlet 抽象类的常用方法

方　法	描　　述
void init (ServletConfig config)	对 Servlet 接口中 init() 方法的实现，对 ServletConfig 实例进行保存
void init ()	是 init (ServletConfig config) 方法的无参重载方法，子类可以重写该无参方法以实现自定义的初始化逻辑
public String getInitParameter (String name)	返回 web.xml 中名称为 name 的初始化参数的值
public ServletContext getServletContext ()	返回 ServletContext 对象的引用

如果编写通用 Servlet，只需继承 GenericServlet 类，实现 service() 即可。

四、HttpServlet 抽象类

大部分的网络应用都是基于 HTTP 协议访问 Web 资源的。HttpServlet 抽象类继承自 GenericServlet 类，并提供了与 HTTP 协议相关的实现，支持对 get、post 等请求方式进行差异化处理。其常用方法如表 4-4 所示。

表 4-4　HttpServlet 抽象类的常用方法

方　法	描　　述
void service(ServletRequest req, ServletResponse res)	对 GenericServlet 类中 service() 方法的实现，将请求分发给 protected void service (HttpServletRequest req, HttpServletResponse res)
void service(HttpServletRequest req, HttpServletResponse res)	接收 HTTP 请求，并将它们分发给此类中定义的 doXXX() 方法
void doXXX(HttpServletRequest req, HttpServletResponse res)	根据请求方式的不同分别调用相应的处理方法，如 doGet()、doPost() 等

五、ServletContext 接口

一个 ServletContext 接口的实例表示一个 Web 应用的上下文。JSP 内置对象 application 就是 ServletContext 的实例。Servlet 容器的厂商负责 ServletContext 接口的实现，容器在应用程序加载时创建 ServletContext 对象，进而被 Servlet 容器中的所有 Servlet 共享。ServletContext 接口的常用方法如表 4-5 所示。

表 4-5　ServletContext 接口的常用方法

方　法	描　　述
String getInitParameter(String name)	获取名为 name 的系统范围的初始化参数值，系统范围的初始化参数可在部署描述符中使用 <context-param> 元素定义
void setAttribute(String name, Object object)	设置名称为 name 的属性
Object getAttribute(String name)	获取名称为 name 的属性
String getRealPath(String path)	返回参数所代表目录的真实路径
void log(String message)	记录一般日志信息

六、ServletRequest 接口和 HttpServletRequest 接口

1. ServletRequest 接口

当客户请求时，由 Servlet 容器创建 ServletRequest 对象，用于封装客户请求，该对象被容器作为 service() 方法的参数之一传给 Servlet，Servlet 利用 ServletRequest 对象获取客户的请求数据。ServletRequest 接口的常用方法如表 4-6 所示。

表 4-6　ServletRequest 接口的常用方法

方　法	描　　述
void setAttribute (String name, Object object)	在请求中保存名称为 name 的属性
Object getAttribute (String name)	获取名称为 name 的属性
void removeAttribute (String name)	清除请求中名字为 name 的属性
String getCharacterEncoding ( )	返回请求体所使用的字符编码
void setCharacterEncoding (String charset)	设置请求体的字符编码
String getParameter (String name)	返回指定请求参数的值
String[ ] getParameterValues (String name)	返回指定请求参数的全部值
RequestDispatcher getRequestDispatcher (String path)	返回指向指定路径的请求分发对象

2. HttpServletRequest 接口

HttpServletRequest 接口位于 javax.servlet.http 包中，继承自 ServletRequest 接口。另外，如表 4-7 所示，它还增加了一些用于读取请求信息的方法。

表 4-7　HttpServletRequest 接口的常用方法

方　法	描　　述
String getContextPath()	返回请求 URI 中表示请求的上下文路径，即请求 URI 的开始部分
Cookie[ ] getCookies()	返回客户端在此次请求中发送的所有 cookie 对象
HttpSession getSession()	返回和此次请求相关联的 session，如果没有，则创建一个新的 session
String getMethod()	返回此次请求所使用的 HTTP 方法的名字，如 get、post
String getHeader(String name)	获取指定的请求头信息

七、ServletResponse 接口和 HttpServletResponse 接口

1. ServletResponse 接口

Servlet 容器接受客户请求时，除了创建一个 ServletRequest 对象用于封装客户请求以外，还会创建一个 ServletResponse 对象，用于封装响应数据，并且将这两个对象一并作为参数传递给 Servlet。经过处理的响应数据由 ServletResponse 对象发送回客户端。ServletResponse 接口的常用方法如表 4-8 所示。

表 4-8　ServletResponse 接口的常用方法

方　法	描　　述
PrintWriter getWriter ()	返回 PrintWriter 对象，用于向客户端发送文本
String getCharacterEncoding ()	返回在响应中发送的正文所使用的字符编码
void setCharacterEncoding (String charset)	设置响应的字符编码
void setContentType (String type)	设置发送到客户端的响应的内容类型，此时响应的状态属于尚未提交

2. HttpServletResponse 接口

HttpServletResponse 接口继承自 ServletResponse 接口，用于响应客户端。另外，如表 4-9 所示，它还增加了一些新的方法。

表 4-9　HttpServletResponse 接口的常用方法

方　法	描　　述
void addCookie (Cookie cookie)	增加一个 cookie 到响应中，这个方法可多次调用，可以设置多个 cookie
void addHeader(String name, String value)	将一个名称为 name、值为 value 的响应报头添加到响应中
void sendRedirect(String location)	发送一个临时的重定向响应到客户端，以便客户端访问新的 URL
void encodeURL (String url)	使用 session id 对用于重定向的 URL 进行编码

4.1.3　Servlet 的简单应用

Servlet 被理解为任何实现了 Servlet 接口的类，下面用一个示例来说明 Servlet 最原始的创建和应用步骤。该例用于创建一个 Servlet，用于在结束页面上输出“Hello Servlet！”。具体步骤如下：

(1) 在项目源码文件夹 src 中，创建一个用于存放 Servlet 类的包 (如 com.ct.servlets)。

(2) 在该包中创建一个类 (如 HelloServlet)，使其实现 Servlet 接口。

(3) 重写 Servlet 接口中的所有方法。

注意，如果开发工具没有自动实现接口中的方法，则可以用如图 4-3 和图 4-4 所示的方法进行重写。

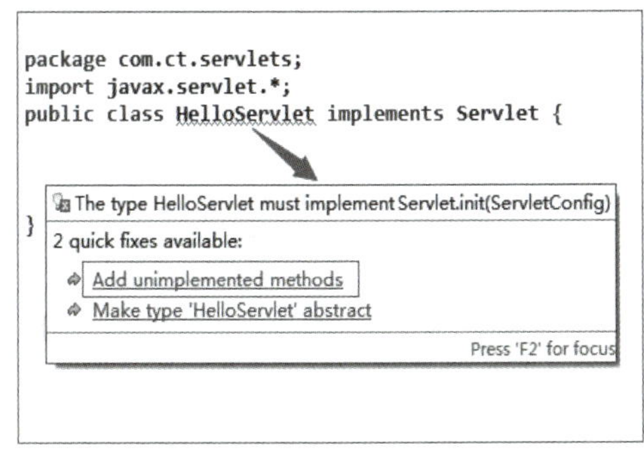

图 4-3　自动纠错

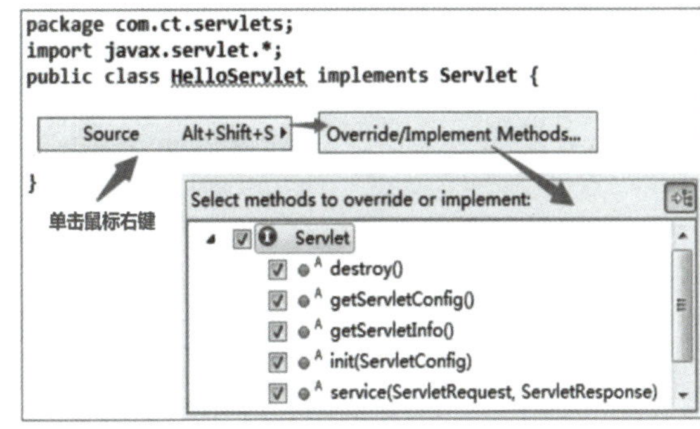

图 4-4　快捷菜单

(4) 找到可以处理请求的方法 void service(ServletRequest req, ServletResponse res)；

注意，参数 req 和 res 即是封装好的请求对象和响应对象。

(5) 在 service 方法中编写响应代码，例如：

```
PrintWriter writer = req.getWriter();           // 返回 PrintWriter 对象
writer.print("<h1>Hello Servlet</h1>");         // 向客户端发送文本
```

(6) 配置 Servlet 的访问路径。打开项目配置文件 web.xml，在根节点下进行如下配置：

```
<servlet>
    <servlet-name>HelloServlet</servlet-name>
    <servlet-class>com.ct.servlets.HelloServlet</servlet-class>
</servlet>
<servlet-mapping>
    <servlet-name>HelloServlet</servlet-name>
    <url-pattern>/hello</url-pattern>
</servlet-mapping>
```

其中，需要涉及两个 XML 元素：

<servlet> 元素：用于把 Servlet 全名称 (包名 + 类名) 映射为一个在 Web 应用内部使用的唯一名称，以便在配置和调用时引用该 Servlet。

<servlet-mapping> 元素：用于将某个 URL 映射到 Servlet 的内部名称，即指明 Servlet 的访问路径 (/ 表示应用根目录)，该内部名称要与相应的 <servlet> 元素指定的内部名称对应。

(7) 发布 Web 项目，访问 Servlet。在浏览器地址栏中输入 Servlet 访问路径“http://localhost:8080/example4-1/hello”，可以看到如图 4-5 所示的运行效果。这里的访问路径“/hello”与配置文件中的“<url-pattern>”元素对应。

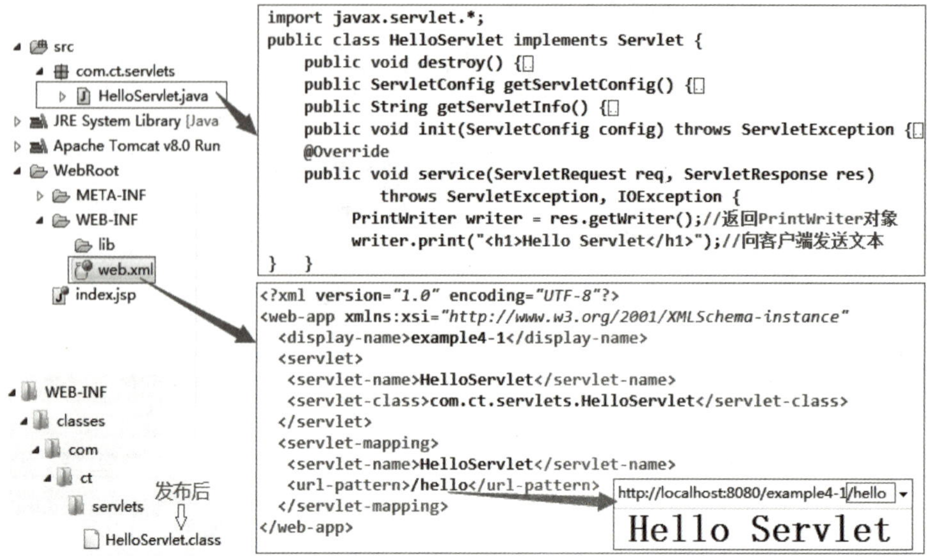
src
com.ct.servlets
HelloServlet.java
JRE System Library [Java
Apache Tomcat v8.0 Run
WebRoot
META-INF
WEB-INF
lib
web.xml
index.jsp
WEB-INF
classes
com
ct
servlets
HelloServlet.class
发布后
import javax.servlet.*;
public class HelloServlet implements Servlet {
public void destroy() {
public ServletConfig getServletConfig() {
public String getServletInfo() {
public void init(ServletConfig config) throws ServletException {
@Override
public void service(ServletRequest req, ServletResponse res)
throws ServletException, IOException {
PrintWriter writer = res.getWriter();//返回PrintWriter对象
writer.print("<h1>Hello Servlet</h1>");//向客户端发送文本
} }
<?xml version="1.0" encoding="UTF-8"?>
<web-app xmlns:xsi="http://www.w3.org/2001/XMLSchema-instance"
<display-name>example4-1</display-name>
<servlet>
<servlet-name>HelloServlet</servlet-name>
<servlet-class>com.ct.servlets.HelloServlet</servlet-class>
</servlet>
<servlet-mapping>
<servlet-name>HelloServlet</servlet-name>
<url-pattern>/hello</url-pattern>
</servlet-mapping>
</web-app>
http://localhost:8080/example4-1/hello
Hello Servlet

图 4-5　原始方法创建 Servlet

4.1.4　Servlet 的生命周期

在 4.1.3 节的例子中，我们只给用于接受和处理用户请求的 void service(ServletRequest req, ServletResponse res) 方法添加了具体代码，而其他方法都只是简单的实现，没有添加具体代码。下面给其他几个方法也加上实现代码，看看其运行情况。具体代码如下：

```
public class HelloServlet implements Servlet {
    public void destroy() {
        System.out.println("destroy 方法被执行了！");
    }
    public ServletConfig getServletConfig() {
        System.out.println("getServletConfig 方法被执行了！");
        return null;
    }
    public String getServletInfo() {
        System.out.println("getServletInfo 方法被执行了！");
        return null;
    }
    public void init(ServletConfig config) throws ServletException {
        System.out.println("init 方法被执行了！");
    }
    public void service(ServletRequest req, ServletResponse res)
            throws ServletException, IOException {
```

```
            System.out.println("service 方法被执行了！");
        }
    }
```

重新发布该应用，并重启服务器，如图 4-6 所示，在不同的情况下，访问 HelloServlet。

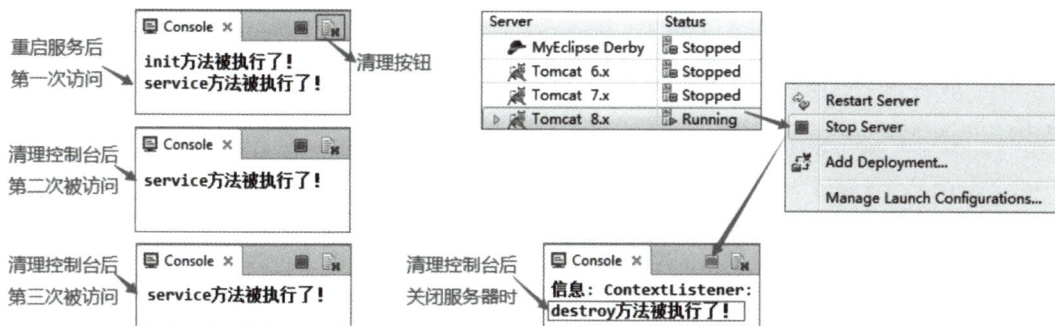

重启服务后第一次访问
Console
init方法被执行了！
service方法被执行了！
清理按钮

清理控制台后第二次被访问
Console
service方法被执行了！

清理控制台后第三次被访问
Console
service方法被执行了！

Server | Status
MyEclipse Derby | Stopped
Tomcat 6.x | Stopped
Tomcat 7.x | Stopped
Tomcat 8.x | Running

Restart Server
Stop Server
Add Deployment...
Manage Launch Configurations...

清理控制台后关闭服务器时
Console
信息：ContextListener:
destroy方法被执行了！

图 4-6　Servlet 各个方法的执行情况

由图 4-6 可以看出，init、service 和 destroy 三个方法全部都由 Web 容器自动调用，它们标识了 Servlet 的整个生命周期，即 Servlet 容器如何创建 Servlet 实例、分配其资源、调用其方法，并销毁其实例的整个过程。

如图 4-7 所示，Servlet 生命周期包含 4 个阶段：

(1) 实例化阶段。Servlet 不能独立运行，它必须被部署到 Servlet 容器中，由容器实例化和调用 Servlet 的方法。当客户端发出一个请求时，Servlet 容器会查找内存中是否存在该 Servlet 的实例，如果不存在，就创建一个 Servlet 实例；如果存在，就直接从内存中取出该实例的响应请求。

(2) 初始化阶段。在 Servlet 容器完成 Servlet 的实例化后，Servlet 容器将调用其 init() 方法进行初始化。初始化的目的是让 Servlet 对象在处理客户端请求前完成一些准备工作或资源预加载工作，如设置数据库连接参数，建立 JDBC 连接，或者是建立对其他资源的引用。

(3) 服务阶段。Servlet 被初始化后，就处于能响应请求的就绪状态了。当 Servlet 容器接收到客户端的请求时，调用 service() 方法处理客户端请求。Servlet 实例通过 ServletRequest 对象获得客户端的请求，通过调用 ServletResponse 对象的方法设置响应信息。

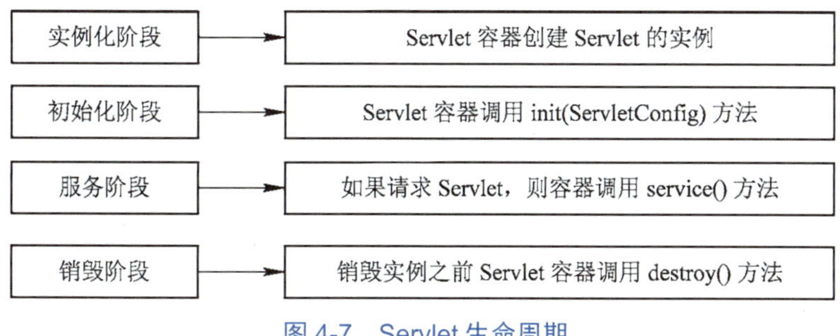

图 4-7　Servlet 生命周期

(4) 销毁阶段。Servlet 的实例是由 Servlet 容器创建的，所以实例的销毁也是由 Servlet 容器来完成的。Servlet 容器判断一个 Servlet 应当被释放时 (容器关闭或需要回收资源)，容器就会调用 Servlet 的 destroy() 方法，该方法指明哪些资源可以被系统回收，而不是由 destroy() 方法直接回收整个 Servlet 实例。

在 Servlet 的生命周期中，各个方法的执行顺序如图 4-8 所示。一个 Servlet 在服务器上最多只会存在一个实例，因此 init() 方法和 destroy() 方法在其一次生命周期中只会被执行一次；而 service() 方法由于要处理客户请求，它会以多线程的方式被反复执行，如图 4-9 所示。

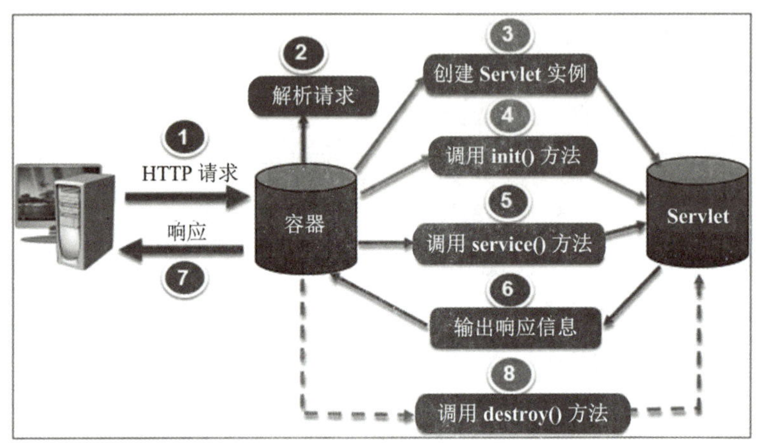

图 4-8　生命周期中各个方法的执行顺序

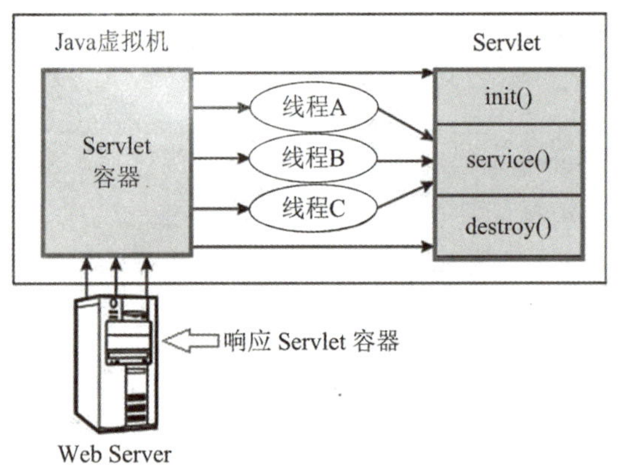

图 4-9　单例多线程模式

任务实现

把本书配套资源提供的漫画网站项目 cartoon 导入 Eclipse(也可重建)，然后按如下步骤完成任务。

(1) 创建会员注册页面。在 Web 根目录 WebRoot 下，创建登录页面 reg.jsp。

(2) 在 reg.jsp 中创建注册表单。根据会员数据表创建注册表单，如图 4-10 所示。

```
<form action="#" method="post">
  <p><label>账号：</label><input name="uname" type="text" class="opt_input" /></p>
  <p><label>密码：</label><input name="upwd" type="password" class="opt_input" /></p>
  <p><label>确认：</label><input name="upwd1" type="password" class="opt_input" /></p>
  <p><label>姓名：</label><input name="tname" type="text" class="opt_input" /></p>
  <p><label>年龄：</label><input name="uage" type="text" class="opt_input" /></p>
  <p><label>邮箱：</label><input name="email" type="text" class="opt_input" /></p>
  <p><label>电话：</label><input name="phone" type="text" class="opt_input" /></p>
  <p><label>住址：</label><input name="address" type="text" class="opt_input" /></p>
  <p><label>性别：</label>
      <input name="usex" type="radio" value="男" />男
      <input name="usex" type="radio" value="女" />女 </p>
  <p> <label>省份：</label>
    <select name="upro">
      <option value="山东省">山东省</option>
      <option value="山西省">山西省</option>
      <option value="河北省">河北省</option>
    </select>
  </p>
  <input type="submit" value="提交" class="opt_sub" />
  <input type="reset" value="重置" class="opt_sub" />
</form>
```

图 4-10　注册表单

(3) 创建用于处理注册请求的 Servlet。在 Web 工程的源码文件夹 src 中新建 com.ct.servlets 包，并在其中新建 RegServlet 类，让该类实现 Servlet 接口。

(4) 重写 service() 方法。先用 service() 方法的 ServletRequest 类的参数 req 获取请求数据。然后，用 ServletResponse 类的参数 res 获取 PrintWriter 对象，打印注册信息。

注意，在获取 PrintWriter 对象之前必须用 res 的 setContentType() 方法设置输出类型和编码，以避免出现中文乱码。

重写 service() 方法的具体代码如下：

```
public void service(ServletRequest req, ServletResponse res)
        throws ServletException, IOException {
            res.setContentType("text/html;charset = utf-8");
            PrintWriter writer = res.getWriter();
            String uname = req.getParameter("uname");
            String upwd = req.getParameter("upwd");
            String upwd1 = req.getParameter("upwd1");
            String tname = req.getParameter("tname");
            String uage = req.getParameter("uage");
            String email = req.getParameter("email");
            String phone = req.getParameter("phone");
            String address = req.getParameter("address");
            String usex = req.getParameter("usex");
            String upro = req.getParameter("upro");
            writer.print(" 账号 :" + uname + "<br>");
            writer.print(" 密码 :" + upwd + "<br>");
            writer.print(" 确认 :" + upwd1 + "<br>");
            writer.print(" 姓名 :" + tname + "<br>");
```

```
        writer.print(" 年龄 :" + uage + "<br>");
        writer.print(" 邮箱 :" + email + "<br>");
        writer.print(" 电话 :" + phone + "<br>");
        writer.print(" 地址 :" + address + "<br>");
        writer.print(" 性别 :" + usex + "<br>");
        writer.print(" 省份 :" + upro + "<br>");
    }
```

(5) 配置 RegServlet 映射。打开项目配置文件 web.xml，在根节点下做如下配置：

```
<servlet>
    <servlet-name>RegServlet</servlet-name>
    <servlet-class>com.ct.servlets.RegServlet</servlet-class>
</servlet>
<servlet-mapping>
    <servlet-name>RegServlet</servlet-name>
    <url-pattern>/reg</url-pattern>
</servlet-mapping>
```

(6) 在表单中指定 action 属性值。根据 <url-pattern> 元素的值，将 action 属性设置为 <form action = "reg" method = "post">。

(7) 部署 Web 应用，访问注册页面 reg.jsp，并提交注册请求，进行结果验证。

拓展与提高

在 JSP 和 Servlet 进行数据交互的过程中，经常会用到域对象。其中，pageContext 对象代表当前页面上下文范围，在 Servlet 中通过 javax.servlet.jsp.JspFactory 的 getPageContext() 方法获取；request 对象代表当前请求范围，在 Servlet 中通过 service() 方法的 ServletRequest 类型的参数获取；session 对象代表当前会话范围，在 Servlet 中通过请求对象的 getSession() 方法获取；application 对象代表整个应用范围，在 Servlet 中通过自身的 getServletContext() 方法获取。

下面通过一个示例来说明域对象在 Servlet 中的具体使用方法。该示例用一个 Servlet 在域对象中存入数据，然后把请求转发给一个 JSP 页面，并在该 JSP 页面中获取在域对象中存入的数据。具体内容如下：

(1) 通过继承 GenericServlet 抽象类的方法新建一个 Servlet。由于 Servlet 接口中并未提供获取应用程序上下文的方法，而这一方法是在 GenericServlet 类中定义的，因此我们可以通过继承 GenericServlet 抽象类来创建一个新的 Servlet(类名为 SetServlet)。

(2) 重写 service() 方法。如图 4-11 所示，在该方法中，获取四大域对象，并在其中存入相应的数据，然后把请求转发给 getPage.jsp 页面。

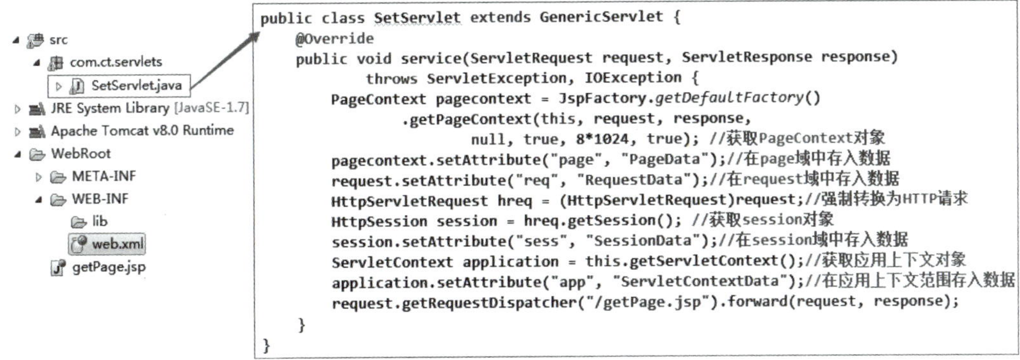

src
com.ct.servlets
SetServlet.java
JRE System Library [JavaSE-1.7]
Apache Tomcat v8.0 Runtime
WebRoot
META-INF
WEB-INF
lib
web.xml
getPage.jsp
public class SetServlet extends GenericServlet {
@Override
public void service(ServletRequest request, ServletResponse response)
throws ServletException, IOException {
PageContext pagecontext = JspFactory.getDefaultFactory()
.getPageContext(this, request, response,
null, true, 8*1024, true); //获取PageContext对象
pagecontext.setAttribute("page", "PageData");//在page域中存入数据
request.setAttribute("req", "RequestData");//在request域中存入数据
HttpServletRequest hreq = (HttpServletRequest)request;//强制转换为HTTP请求
HttpSession session = hreq.getSession(); //获取session对象
session.setAttribute("sess", "SessionData");//在session域中存入数据
ServletContext application = this.getServletContext();//获取应用上下文对象
application.setAttribute("app", "ServletContextData");//在应用上下文范围存入数据
request.getRequestDispatcher("/getPage.jsp").forward(request, response);
}
}

图 4-11　重写 service() 方法

注意，getSession() 方法属于 HttpServletRequest 类。因此，需要把 service() 方法的 ServletRequest 类型的请求对象参数强制转换为 HttpServletRequest 类型之后才能使用。

(3) 配置 Servlet 映射。如图 4-12 所示，<url-pattern> 元素设置为 /setservlet。

(4) 完成 getPage.jsp 页面中的数据获取代码。如图 4-12 所示，根据 SetServlet 中设置的各个域数据的名称，在 getPage.jsp 页面中获取它们的值，并用表达式的方式输出。

图 4-12　getPage.jsp 中获取各域内的数据

技能训练

一、目的

✧ 能够创建并配置 Servlet。
✧ 能够通过 Servlet 获取用户请求。
✧ 能够通过 Servlet 进行请求响应。

二、要求

如图 4-13 所示，用 Servlet 实现一个简单的计算器。

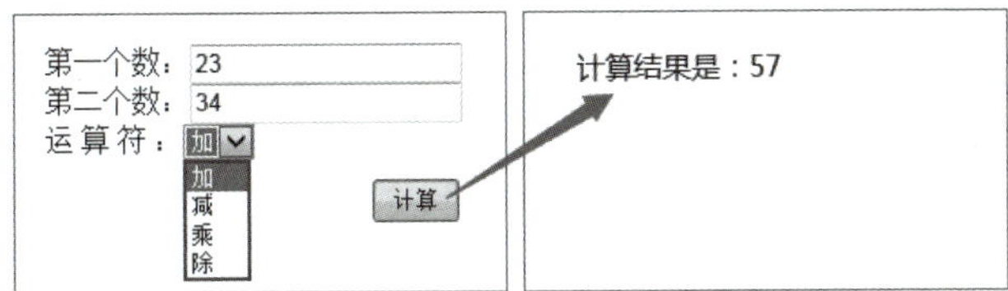

图 4-13　用 Servlet 实现一个简单的计算器

■ 提示:

(1) 在一个表单页面中输入数据及计算类别。

(2) 在一个 Servlet 中，获取数据及计算类别，进行相应的计算并打印计算结果。

任务 4.2　基于 Servlet 和三层架构完成会员的注册

任务描述

匿名用户可以注册成为会员。如图 4-14 和图 4-15 所示，运用 Servlet 和三层架构设计模式，在新增会员之前进行存在性验证，并进行相应的提示，进而完成会员的注册功能。

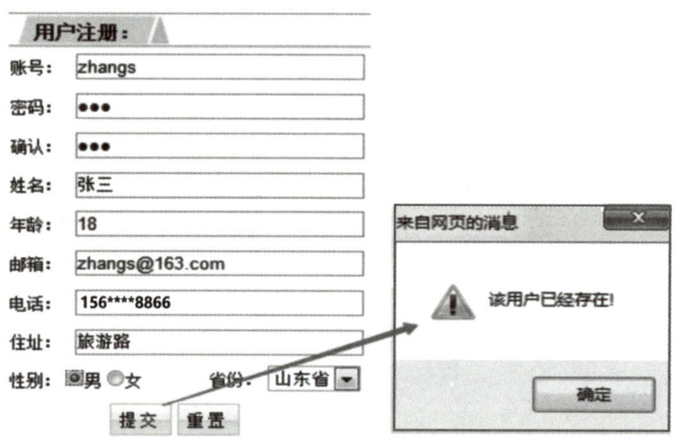

图 4-14　会员已存在的情况

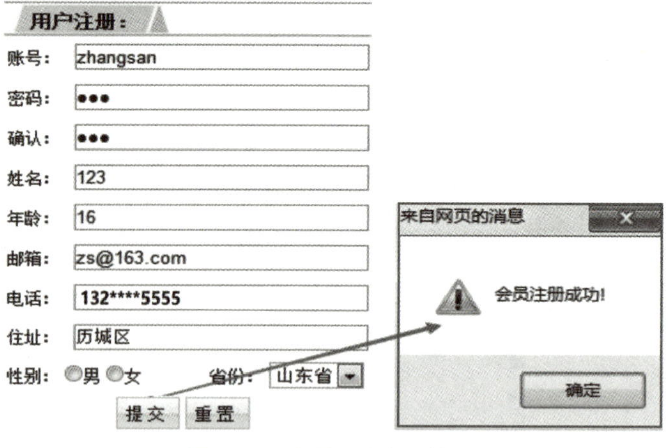

图 4-15　会员不存在的情况

技能目标

✧ 使用 Eclipse 向导创建 Servlet。

✧ 理解 Servlet 与 JSP 的关系。

知识链接

4.2.1　用 Eclipse 向导创建 Servlet

如果编写通用 Servlet，只需继承 GenericServlet 类即可。但是，目前大部分的网络应用都是基于 HTTP 协议来访问 Web 资源的，而抽象类 HttpServlet 继承自 GenericServlet 类，提供了与 HTTP 相关的实现，并支持对 get、post 等请求方式进行差异化处理。

因此，Servlet 的编写一般都是继承自 HttpServlet。其中的 service(HttpServletRequest req, HttpServletResponse res) 方法相当于一个分发器，可以根据请求方式的类型调用相应的 doXXX() 方法。也就是说，如果 Servlet 是通过继承 HttpServlet 抽象类来实现的，那么编码时可以不去重写 service() 方法，只需重写相应的 deGet() 方法或 doPost() 方法即可。

另外，用 Eclipse 向导创建的 Servlet，就是继承自 HttpServlet。具体步骤如下：

(1) 在源码文件夹 src 中，创建存放 Servlet 的包。

(2) 如图 4-16 所示，在包名处单击鼠标右键，选择“New”菜单项，然后选择“Servlet”。也可以通过选择“Other”菜单项打开“New”窗口，输入“Servlet”关键字，如图 4-17 所示。

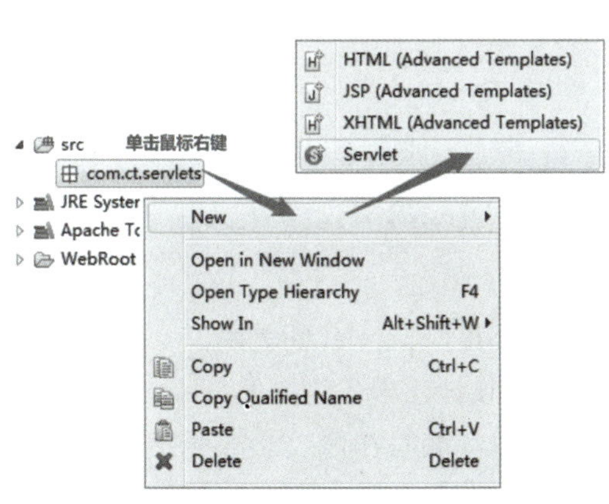

图 4-16　“Servlet”菜单项

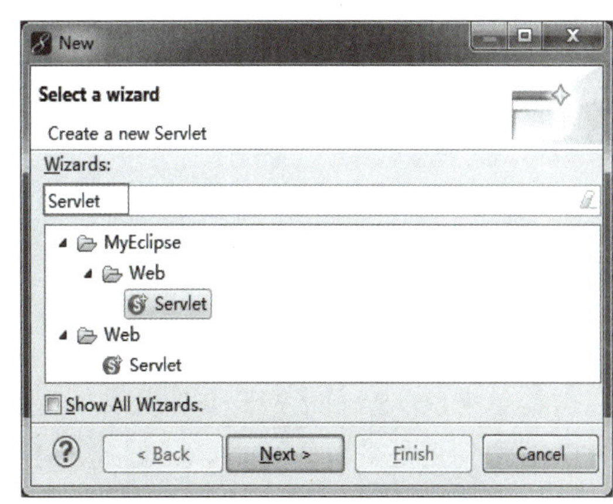

图 4-17　输入“Servlet”关键字

(3) 如图 4-18 所示，选择需要重写的方法(默认选择“doGet()”和“doPost()”)，并配置 Servlet 映射(注意勾选“Generate/Map web.xml file”)。其中的 JSP Mapping URL 与项目配置文件 web.xml 中的 <url-pattern> 元素对应。

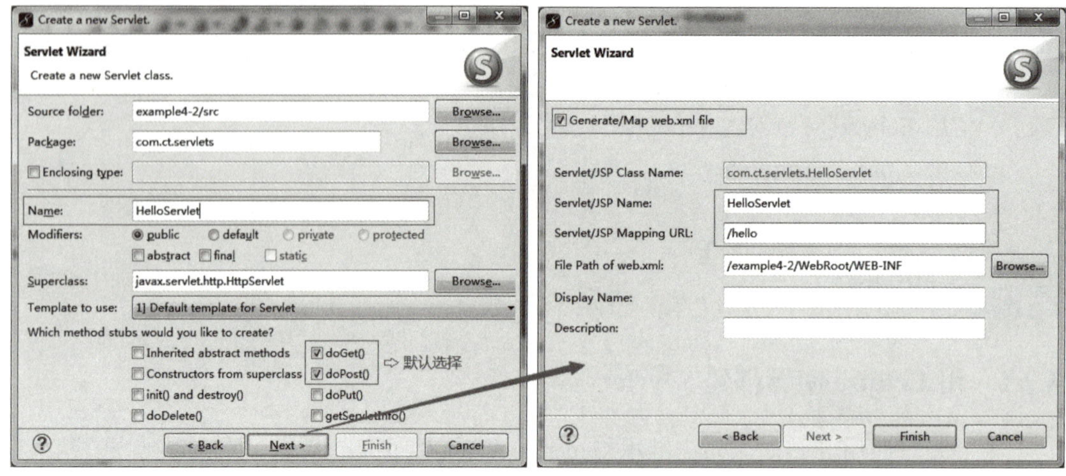

图 4-18　配置 Servlet

(4) 编写请求处理代码。Http 请求通常使用 get() 或 post() 方法提交，相应地在 Servlet 中也提供了 deGet() 和 doPost() 两种分别处理请求的方法，但实际两种方法的处理过程很多时候几乎是相同的。因此，一般的处理方法是：分别编写 doGet() 和 doPost() 方法不同的部分，同时通过相互调用执行相同的部分，避免重复编码。如图 4-19 所示，这样既能保证差异化处理，又能避免代码冗余。

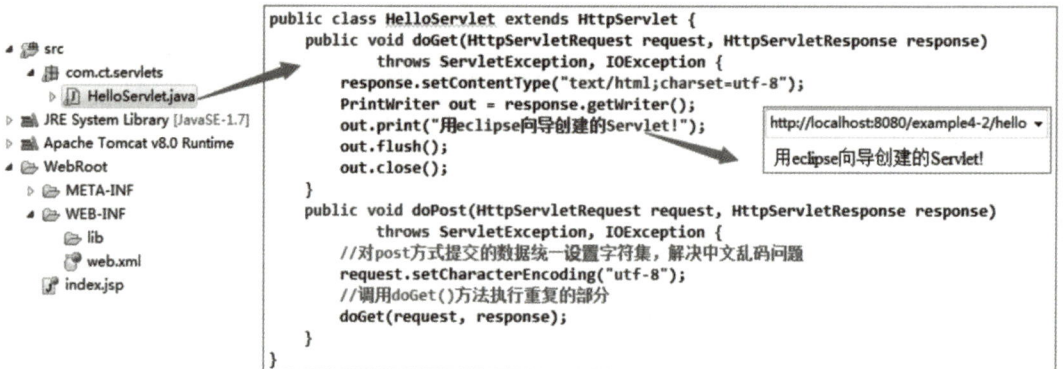

src
com.ct.servlets
HelloServlet.java
JRE System Library [JavaSE-1.7]
Apache Tomcat v8.0 Runtime
WebRoot
META-INF
WEB-INF
lib
web.xml
index.jsp

```
public class HelloServlet extends HttpServlet {
    public void doGet(HttpServletRequest request, HttpServletResponse response)
            throws ServletException, IOException {
        response.setContentType("text/html;charset=utf-8");
        PrintWriter out = response.getWriter();
        out.print("用eclipse向导创建的Servlet!");
        out.flush();
        out.close();
    }
    public void doPost(HttpServletRequest request, HttpServletResponse response)
            throws ServletException, IOException {
        //对post方式提交的数据统一设置字符集，解决中文乱码问题
        request.setCharacterEncoding("utf-8");
        //调用doGet()方法执行重复的部分
        doGet(request, response);
    }
}
```

http://localhost:8080/example4-2/hello

用eclipse向导创建的Servlet!

图 4-19　用 Eclipse 向导创建 Servlet

4.2.2　JSP 与 Servlet 的关系

现在已经对 Servlet 有了一定的了解，下面看一下 JSP 和 Servlet 的关系。

简单来说，Servlet 先于 JSP 出现，功能较强，体系设计也很先进。但是，Servlet 输出 HTML 语句还是采用传统的 CGI 方式，逐句输出，所以，编写和修改非常不方便。后来，Sun Microsytems 公司提出将服务端代码添加到已经设计好的静态页面上，经过 Web 容器自动解析并转换成 Servlet 类再交给服务器运行，于是 JSP 出现了。JSP 是一种脚本语言，可以把 JSP Tag 嵌入 HTML 语句中，大大方便了网页的设计和修改，简化了 Servlet 的使用难度，同时提供了网页动态执行的能力。尽管如此，JSP 仍然属于 Java 和 Servlet 的范围，JSP 页面在实际运行前会先被编译成 Servlet，同时也可以直接编写 Java 代码。

现把 JSP 和 Servlet 的区别和联系总结如下：

(1) Servlet 是纯 Java 代码，擅长流程控制和事务处理。

(2) Servlet 没有对页面的逻辑部分和输出部分进行有效的分离。

(3) Servlet 中没有内置对象，必须通过专门的方法才能获取。

(4) JSP 以 Servlet 为基础，由 HTML 代码和 JSP 标签组成，可以方便地编写动态网页。

(5) JSP 在本质上就是 Servlet，它是 Servlet 的扩展和简化。

(6) JSP 的部署更加简单，JSP 容器会对扩展名是 .jsp 的 URL 统一配置，将其转换为 Servlet 来实现为客户端服务，无须为每一个 JSP 文件配置 URL 映射。

(7) JSP 页面中 HTML 元素与 Java 脚本混合的语法，对于请求处理过程中编写流程控制代码、数据访问代码等是不利的，难以进行模块化开发及代码重用。

通过上述分析可以看出，Servlet 和 JSP 各有所长，JSP 适合于开发三层架构中的表示层组件，而 Servlet 更适合编写流程控制代码。在开发 Web 应用时，可以针对两者的特点合理使用。

任务实现

之前的代码都是用 JSP 文件完成流程控制的，难以进行模块化开发，下面用 Servlet 实现流程控制，并结合三层架构实现会员的注册功能。

一、搭建三层架构目录结构

如图 4-20 所示，在项目源码文件夹 src 下，创建数据访问层包、业务逻辑层包及实体类包，并根据 User 数据表创建会员实体类。

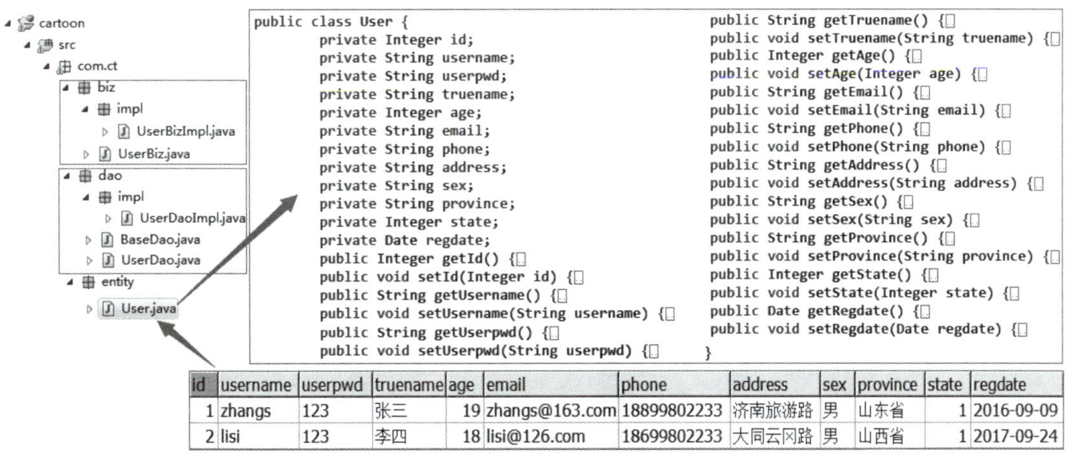

id	username	userpwd	truename	age	email	phone	address	sex	province	state	regdate
1	zhangs	123	张三	19	zhangs@163.com	18899802233	济南旅游路	男	山东省	1	2016-09-09
2	lisi	123	李四	18	lisi@126.com	18699802233	大同云冈路	男	山西省	1	2017-09-24

图 4-20　三层架构目录结构及实体类

二、编写数据访问层代码

(1) 如图 4-21 所示，把之前写过的通用 BaseDao 类代码拷贝过来。

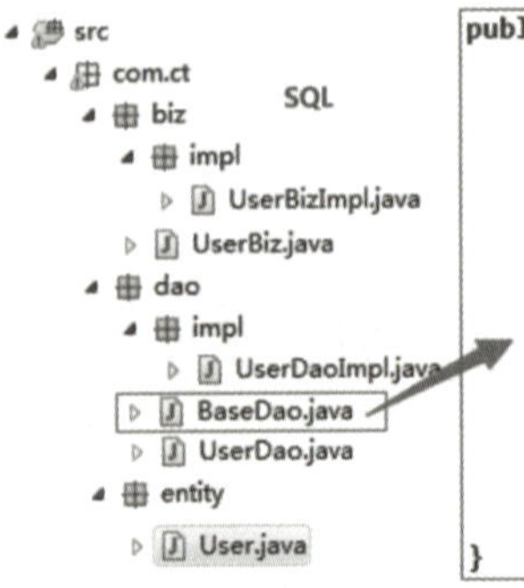

```
src
  com.ct
    biz
      impl
        UserBizImpl.java
      UserBiz.java
    dao
      impl
        UserDaoImpl.java
      BaseDao.java
      UserDao.java
    entity
      User.java
```

```
public class BaseDao {
    public final static String DRIVER = "com.mysql.jdbc.Driver"; //数据库驱动
    public final static String URL =
            "jdbc:mysql://localhost:3306/cartoonDB?characterEncoding=utf8";
    public final static String DBUSER = "root";    // 数据库用户名
    public final static String DBPWD = "123456";   // 数据库密码
    /*得到数据库连接*/
    public Connection getConn() throws ClassNotFoundException, SQLException{
    /*释放资源*/
    public void closeAll(Connection conn,PreparedStatement pstmt,ResultSet rs) {
    /*根据SQL语句及参数执行数据的增删改操作，并返回影响行数*/
    protected int executeUpdate(String sql, Object... params)
    /*根据SQL语句及参数执行数据的查询操作，并返回结果集对象*/
    protected ResultSet executeQuery(String sql, Object... params)
}
```

图 4-21　重用 BaseDao

(2) 如图 4-22 所示，编写数据访问层接口及实现类。

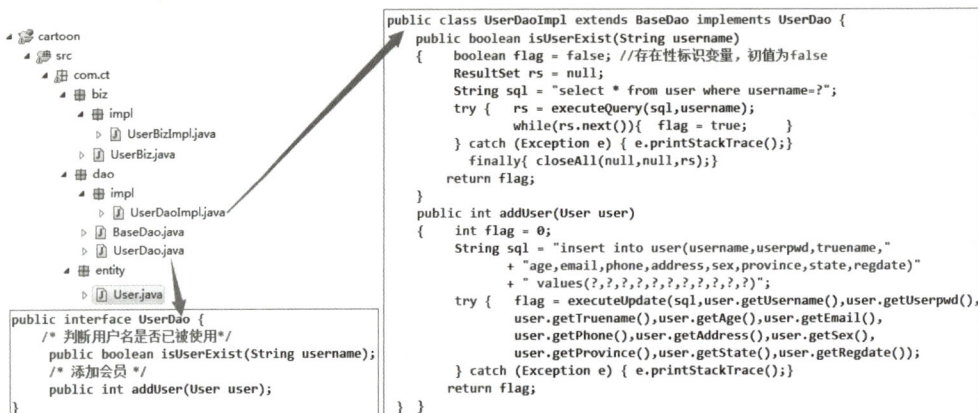

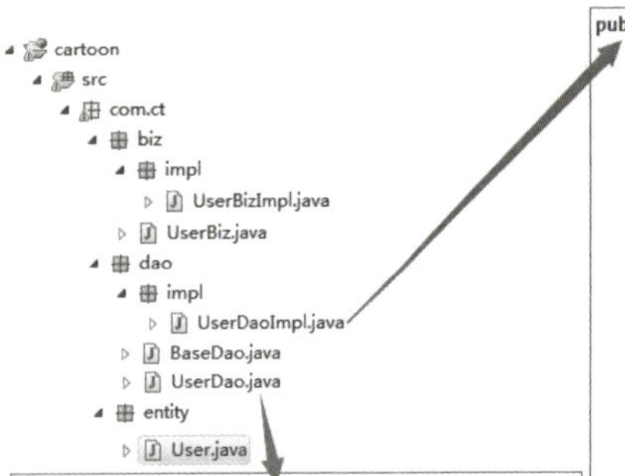

```
cartoon
  src
    com.ct
      biz
        impl
          UserBizImpl.java
        UserBiz.java
      dao
        impl
          UserDaoImpl.java
        BaseDao.java
        UserDao.java
      entity
        User.java
```

```
public interface UserDao {
    /* 判断用户名是否已被使用*/
    public boolean isUserExist(String username);
    /* 添加会员 */
    public int addUser(User user);
}
```

```
public class UserDaoImpl extends BaseDao implements UserDao {
    public boolean isUserExist(String username)
    {     boolean flag = false; //存在性标识变量，初值为false
          ResultSet rs = null;
          String sql = "select * from user where username=?";
          try {    rs = executeQuery(sql,username);
                   while(rs.next()){  flag = true;     }
          } catch (Exception e) { e.printStackTrace();}
            finally{ closeAll(null,null,rs);}
         return flag;
    }
    public int addUser(User user)
    {     int flag = 0;
          String sql = "insert into user(username,userpwd,truename,"
                    + "age,email,phone,address,sex,province,state,regdate)"
                    + " values(?,?,?,?,?,?,?,?,?,?,?)";
          try {    flag = executeUpdate(sql,user.getUsername(),user.getUserpwd(),
                   user.getTruename(),user.getAge(),user.getEmail(),
                   user.getPhone(),user.getAddress(),user.getSex(),
                   user.getProvince(),user.getState(),user.getRegdate());
          } catch (Exception e) { e.printStackTrace();}
         return flag;
  } }
```

图 4-22　数据访问层代码

三、编写业务逻辑层代码

如图 4-23 所示，编写业务逻辑层接口代码及实现类。

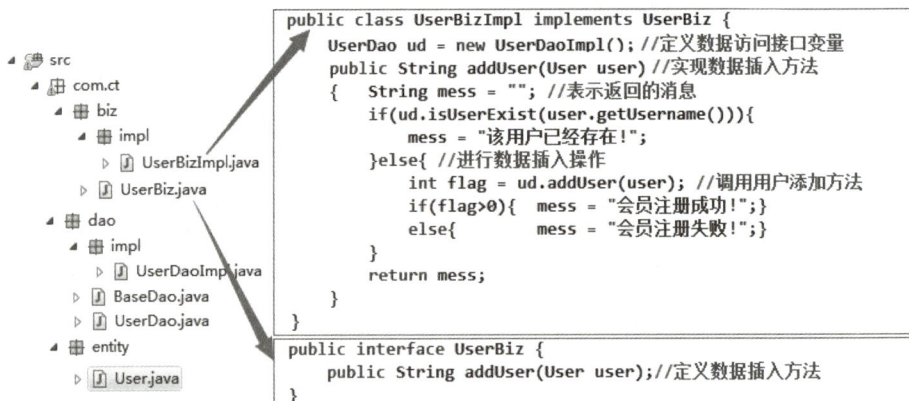

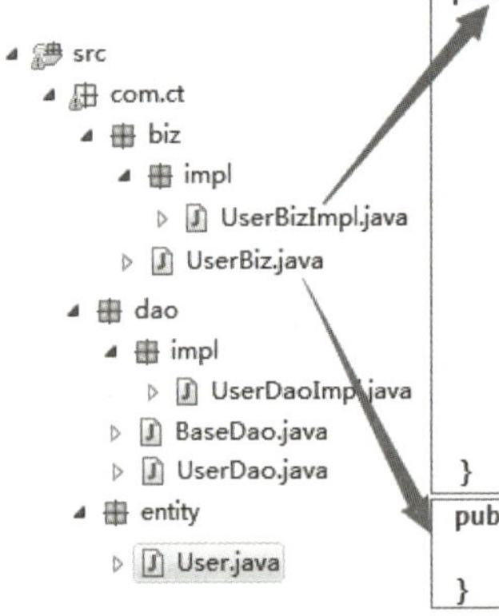

```
src
  com.ct
    biz
      impl
        UserBizImpl.java
      UserBiz.java
    dao
      impl
        UserDaoImpl.java
      BaseDao.java
      UserDao.java
    entity
      User.java
```

```
public class UserBizImpl implements UserBiz {
    UserDao ud = new UserDaoImpl(); //定义数据访问接口变量
    public String addUser(User user) //实现数据插入方法
    {   String mess = ""; //表示返回的消息
        if(ud.isUserExist(user.getUsername())){
            mess = "该用户已经存在!";
        }else{ //进行数据插入操作
            int flag = ud.addUser(user); //调用用户添加方法
            if(flag>0){   mess = "会员注册成功!";}
            else{         mess = "会员注册失败!";}
        }
        return mess;
    }
}
```

```
public interface UserBiz {
    public String addUser(User user);//定义数据插入方法
}
```

图 4-23　业务逻辑层代码

四、编写请求处理代码

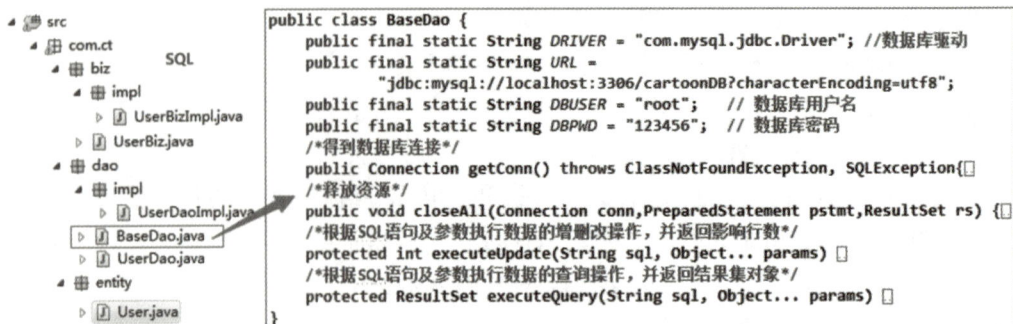

如图 4-24 所示，在项目源码文件夹 src 下，创建流程控制包 com.ct.servlets，在其中

创建用于处理注册请求的 Servlet 类 (RegServlet.java)，并通过调用业务逻辑层的方法编写请求处理代码。

```
src
  com.ct
    biz
      impl
        UserBizImpl.java
      UserBiz.java
    dao
      impl
        UserDaoImpl.java
      BaseDao.java
      UserDao.java
    entity
      User.java
    servlets
      RegServlet.java
```

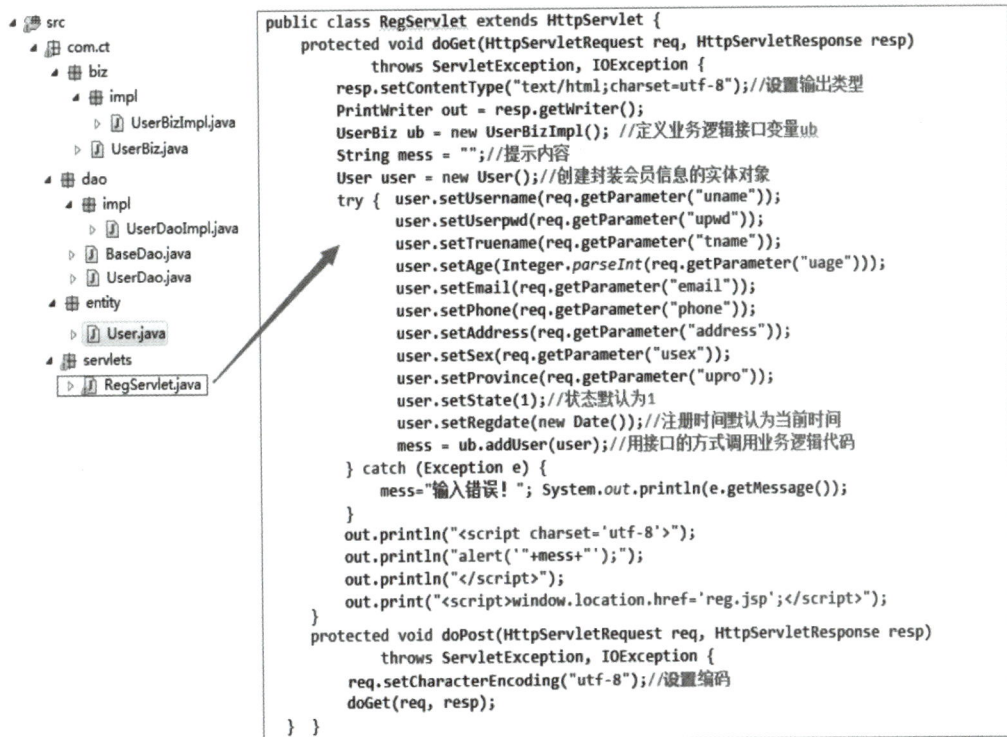

```
public class RegServlet extends HttpServlet {
    protected void doGet(HttpServletRequest req, HttpServletResponse resp)
            throws ServletException, IOException {
        resp.setContentType("text/html;charset=utf-8");//设置输出类型
        PrintWriter out = resp.getWriter();
        UserBiz ub = new UserBizImpl(); //定义业务逻辑接口变量ub
        String mess = "";//提示内容
        User user = new User();//创建封装会员信息的实体对象
        try {  user.setUsername(req.getParameter("uname"));
               user.setUserpwd(req.getParameter("upwd"));
               user.setTruename(req.getParameter("tname"));
               user.setAge(Integer.parseInt(req.getParameter("uage")));
               user.setEmail(req.getParameter("email"));
               user.setPhone(req.getParameter("phone"));
               user.setAddress(req.getParameter("address"));
               user.setSex(req.getParameter("usex"));
               user.setProvince(req.getParameter("upro"));
               user.setState(1);//状态默认为1
               user.setRegdate(new Date());//注册时间默认为当前时间
               mess = ub.addUser(user);//用接口的方式调用业务逻辑代码
         } catch (Exception e) {
             mess="输入错误！"; System.out.println(e.getMessage());
         }
         out.println("<script charset='utf-8'>");
         out.println("alert('"+mess+"');");
         out.println("</script>");
         out.print("<script>window.location.href='reg.jsp';</script>");
    }
    protected void doPost(HttpServletRequest req, HttpServletResponse resp)
            throws ServletException, IOException {
         req.setCharacterEncoding("utf-8");//设置编码
         doGet(req, resp);
} }
```

图 4-24 请求处理代码

五、设置表单属性

如图 4-25 所示，根据 RegServlet 的配置信息，设置注册表单的 action 属性值。

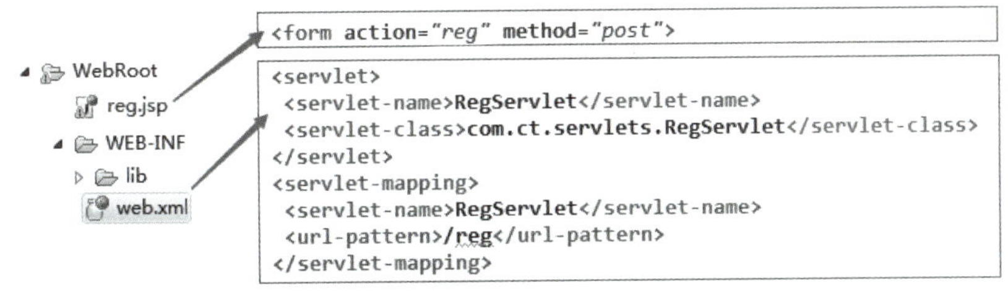
WebRoot
reg.jsp
WEB-INF
lib
web.xml
<form action="reg" method="post">
<servlet>
<servlet-name>RegServlet</servlet-name>
<servlet-class>com.ct.servlets.RegServlet</servlet-class>
</servlet>
<servlet-mapping>
<servlet-name>RegServlet</servlet-name>
<url-pattern>/reg</url-pattern>
</servlet-mapping>

图 4-25 设置表单的 action 属性值

六、部署并运行 Web 项目

部署项目后，访问 http://localhost:8080/cartoon/reg.jsp，进行结果验证。

拓展与提高

合理使用初始化参数，可以为 Servlet 开发带来方便。当我们希望整个 Web 应用中的 Servlet 都能使用某一个 value 值时，可以将它设置成 context-param，从而简化代码；如果是单个 Servlet 使用的参数，则可以设置成 init-param。下面看一下它们各自的用法。

一、context-param

(1) 需要在 web.xml 根节点下配置 context-param 变量。例如：

```
<web-app>
<context-param><!-- 参数 1-->
    <param-name>driver</param-name>
    <param-value>com.mysql.jdbc.Driver</param-value>
 </context-param>
 <context-param><!-- 参数 2-->
    <param-name>url</param-name>
    <param-value>jdbc:mysql://localhost:3306/cartoonDB</param-value>
 </context-param>
</web-app>
```

其中，<param-name> 元素用于指定变量名，<param-value> 元素用于指定变量值。

(2) 在 Servlet 中，可以通过 ServletContext 对象的 getInitParameter() 方法获取 Web 应用的初始化参数值。例如：

```
ServletContext context = this.getServletContext();
String value1 = context.getInitParameter("driver");
String value2 = context.getInitParameter("url");
System.out.println("context value1:" + value1);
System.out.println("context value2:" + value2);
```

运行结果如下：

```
context value1:com.mysql.jdbc.Driver
context value2:jdbc:mysql://localhost:3306/cartoonDB
```

二、init-param

(1) 需要在 web.xml 的 Servlet 节点下配置 init-param 变量。例如：

```
<servlet>
    <servlet-name>ParamServlet</servlet-name>
    <servlet-class>com.ct.servlets.ParamServlet</servlet-class>
    <init-param>
      <param-name>myparam</param-name>
      <param-value>ServletParam</param-value>
    </init-param>
</servlet>
```

(2) 在 Servlet 中，可以通过 Servlet 对象本身的 getInitParameter() 方法获取自己的初始化参数值。例如：

```
String myparam = this.getInitParameter("myparam");
System.out.println("init value:" + myparam);
```

运行结果如下：

init value:ServletParam

注意，context-param 和 init-param 中的参数值只能有一个，若出现多个参数值则会报错。

技能训练

一、目的

使用 Servlet 处理客户请求。

二、要求

模仿任务案例和管理员登录功能，基于 Servlet 和三层架构完成会员的登录功能。

■ 提示：

对于会员登录的数据访问和逻辑处理方法，直接在任务案例建好的各层中的接口(UserDao、UserBiz) 和实现类 (UserDaoImpl、UserBizImpl) 中添加即可。

任务 4.3　使用 Filter 对注册请求进行编码过滤

任务描述

如图 4-26 所示，创建过滤器，对用户的请求和响应进行编码过滤。

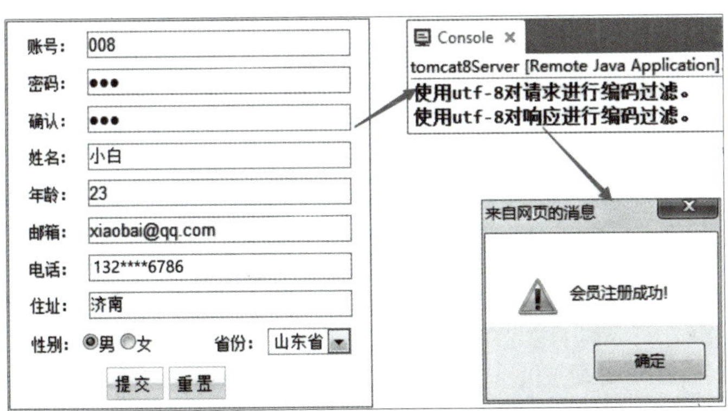

图 4-26　对注册请求进行编码过滤

技能目标

✧ 熟悉过滤器的运行方式。

✧ 能够使用过滤器完善系统功能。

知识链接

4.3.1 Filter 简介

Filter 也称为过滤器，它是 Servlet 技术中比较实用的技术。Web 开发人员可以通过 Filter 技术，对 Web 服务器管理范围内的所有 Web 资源（如 JSP、Servlet、静态文件等）进行拦截，从而实现一些特殊的功能。例如，实现 URL 的访问控制、过滤敏感词汇、压缩响应信息等一些高级功能。

如图 4-27 所示，过滤器位于客户端和 Web 资源之间，用于检查和修改两者之间流过的请求和响应。在请求到达 Servlet/JSP 之前，过滤器截获请求，对其进行预处理后，转交给 Web 资源；在响应送给客户端之前，过滤器截获响应，对其进行预处理后，转交给客户端。

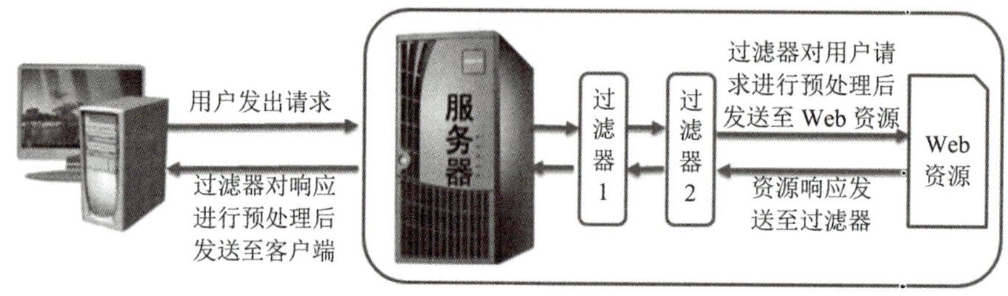

图 4-27 过滤器的工作原理

多个过滤器形成一个过滤器链，过滤器链中不同过滤器的先后顺序由部署文件 web.xml 中过滤器映射的顺序决定，最先截获客户端请求的过滤器将最后截获 Servlet/JSP 的响应信息。每个过滤器只执行某个特定的操作或者检查。这样请求在到达被访问的目标之前，需要经过这个过滤器链。

对于很多全站性的处理需求，例如乱码问题，通过过滤器统一进行过滤会更简单。

4.3.2 Filter API

Filter API 包含了三个接口，它们都在 javax.servlet 包中，分别是 Filter 接口、FilterChain 接口和 FilterConfig 接口。

一、Filter 接口

所有的过滤器都必须实现 Filter 接口。其源码如下：

```
public interface Filter {
    public void init(FilterConfig filterConfig) throws ServletException;
    public void doFilter( ServletRequest request, ServletResponse response,
                          FilterChain chain) throws IOException, ServletException;
    public void destroy();
}
```

与 Servlet 类似，Filter 接口定义了 init()、doFilter() 和 destory() 三个生命周期方法。

(1) init(FilterConfig filterConfig)。在 Web 应用程序启动时，Web 服务器将根据 web.xml 文件 (部署描述符) 中的配置信息来创建每个注册的 Filter 实例对象，并将其保存在服务器的内存中。Web 容器创建 Filter 实例对象后，将立即调用该 Filter 对象的 init() 方法。init() 方法在 Filter 生命周期中仅执行一次，Web 容器在调用 init() 方法时，会传递一个包含 Filter 的配置和运行环境的 FilterConfig 对象 (FilterConfig 的用法与 ServletConfig 类似)。利用 FilterConfig 对象可以获得 ServletContext 对象，以及 web.xml 中配置的过滤器的初始化参数。

(2) doFilter(ServletRequest request, ServletResponse response, FilterChain chain)。doFilter() 方法类似于 Servlet 接口的 service() 方法。当客户端请求目标资源时，容器就会调用与这个目标资源相关联的过滤器的 doFilter() 方法。其中的参数 request、response 为 Web 容器或 Filter 链上的某个 Filter 传递过来的请求和响应对象；参数 chain 为代表当前 Filter 链的对象，在特定的操作完成后，可以在当前 Filter 对象的 doFilter() 方法内部调用 FilterChain 对象的 chain.doFilter(request,response) 方法，才能把请求转交给 Filter 链中的下一个 Filter 或者目标程序去处理；也可以直接向客户端返回响应信息，或者利用 RequestDispatcher 的 forward() 方法和 include() 方法，以及 HttpServletResponse 的 sendRedirect() 方法将请求转向其他资源。这个方法的请求和响应参数的类型是 ServletRequest 和 ServletResponse。也就是说，过滤器的使用并不依赖于具体的协议。

(3) public void destroy()。在 Web 容器卸载 Filter 对象或容器关闭之前被调用。该方法在 Filter 的生命周期中仅执行一次。在这个方法中，可以释放过滤器使用的资源。

二、FilterChain 接口

FilterChain 接口代表 Filter 链，其源码如下：

```
public interface FilterChain {
        public void doFilter ( ServletRequest request, ServletResponse response)
                        throws IOException, ServletException;
}
```

其中，doFilter(ServletRequest request，ServletResponse response) 方法由 Servlet 容器提供给开发者，用于对资源请求 Filter 链依次调用，通过 FilterChain 调用 Filter 链中的下一个过滤器，如果是最后一个过滤器，则下一个就调用目标资源。

三、FilterConfig 接口

FilterConfig 接口用于检索过滤器名、初始化参数以及当前 Servlet 上下文。源码如下：

```
public interface FilterConfig {
    // 返回 web.xml 部署文件中定义的该过滤器的名称
    public String getFilterName();
// 返回调用者所处的 servlet 上下文
```

```
public ServletContext getServletContext();
// 返回过滤器初始化参数值的字符串形式，当参数不存在时，返回 null
// 参数 name 是初始化参数名
public String getInitParameter(String name);
// 返回过滤器所有初始化参数值，如果没有初始化参数，则返回为空
public Enumeration getInitParameterNames();
}
```

4.3.3 Filter 的简单应用

过滤器实质上就是一个实现了 javax.servlet.Filter 接口的 Java 类。下面用一个示例来说明过滤器最原始的创建和应用步骤。该例用于创建一个 Filter，在控制台上输出“您的请求已被拦截！”。具体步骤如下：

(1) 在项目源码文件夹 src 中，创建用于存放 Filter 类的包 (如 com.ct.filters)。

(2) 在该包中创建一个类 (如 FirstFilter)，使其实现 Filter 接口。

(3) 重写 Filter 接口中的所有方法。

注意，如果开发工具没有自动实现接口中的方法，则可以用如图 4-28 和图 4-29 所示的方法进行重写。

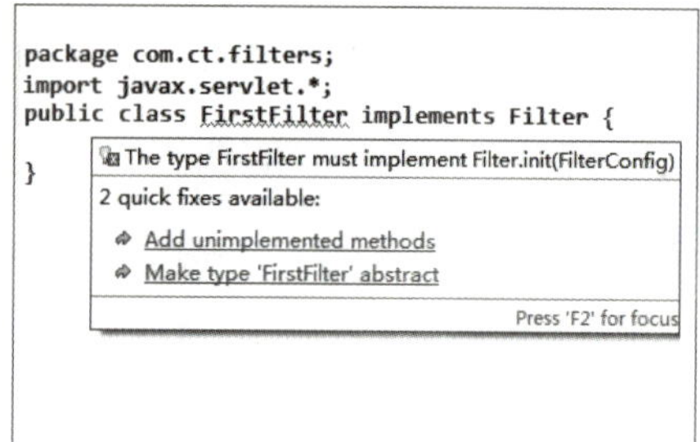

图 4-28 自动纠错

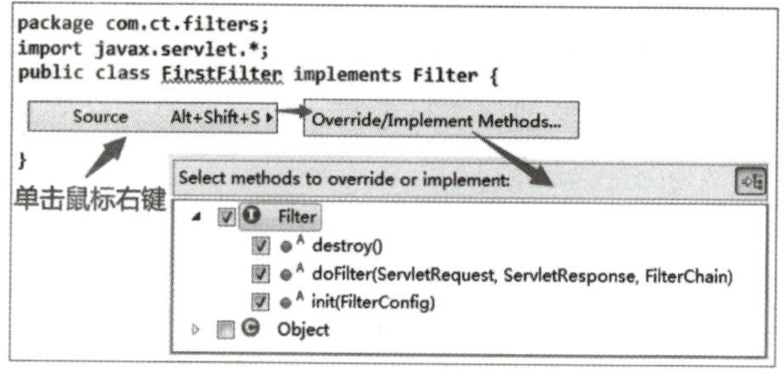

图 4-29 快捷菜单

(4) 找到用于对请求和响应进行预处理的方法，例如：

```
doFilter(ServletRequest request, ServletResponse response, FilterChain chain);
```

注意，参数 request 和 response 即是被拦截的请求和响应对象。

(5) 在 doFilter 方法中编写预处理代码，例如：

```
System.out.println(" 您的请求已被拦截 !");
```

(6) 配置过滤器。打开项目配置描述符文件 web.xml，在根节点下进行如下配置：

```
<filter>
    <filter-name>FirstFilter</filter-name>
    <filter-class>com.ct.filters.FirstFilter</filter-class>
</filter>
<filter-mapping>
```

```
        <filter-name>FirstFilter</filter-name>
        <url-pattern>/*</url-pattern>
    </filter-mapping>
```

其中，需要涉及两个 XML 元素：

<filter> 元素：用于向系统注册一个过滤器对象；

< filter-mapping> 元素：用于指定该过滤器对象所应用的 URL。

<filter> 元素必须位于 web.xml 的前部，即 <filter-mapping>、<servlet> 和 <servlet-mapping> 元素之前；<filter> 标记是一个过滤器的定义，它必须有 <filter-name> 和 <filter-class> 两个子元素。容器处理 web.xml 文件时，会为每个能够找到的过滤器类创建实例。

<filter> 元素具有五个可能的子元素，如表 4-10 所示。

表 4-10 <filter> 元素的子元素

元素名	必选 / 可选	描　　述
filter-name	必选	给过滤器实例分配一个相关的名字
display-name	可选	过滤器别名
description	可选	描述过滤器的功能，以及其他注释
filter-class	必选	指定过滤器实现类的全名称
init-param	可选	定义可利用 FilterConfig 的 getInitParameter() 方法读取的初始化参数 (可以有多个)

<init-param> 子元素定义初始化参数的基本格式如下：

```
<filter>
    <filter-name> 过滤器名 </filter-name>
    <filter-class> 实际类 </filter-class>
    <init-param>
        <param-name> 参数名 </param-name>
        <param-value> 参数值 </param-value>
    </init-param>
</filter>
```

<filter-mapping> 元素指定了过滤器会对其产生作用的 URL 的子集，其位于 <filter> 元素之后、<servlet> 元素之前，它必须有一个 <filter-name> 子元素与希望映射的过滤器定义相对应。可以使用 <url-pattern> 子元素来指定一个该过滤器应用的 URL 的子集。

<url-pattern> 元素中，可以使用通配符来限制要过滤的请求。“/*”表示该过滤器应用于当前 Web 程序下的每一个 URL 请求；“/ 文件夹 /*”表明该过滤器只应用于指定文件夹下的 URL 请求；“/hello*”表示该过滤器只应用于以 hello 开头的所有请求。

(7) 发布 Web 项目，访问 Web 资源，对过滤器进行测试。在浏览器地址栏中输入 index.jsp 的访问路径“http://localhost:8080/example4-3/index.jsp”，可以看到如图 4-30 所示的运行效果，对 Web 资源的请求被拦截了。

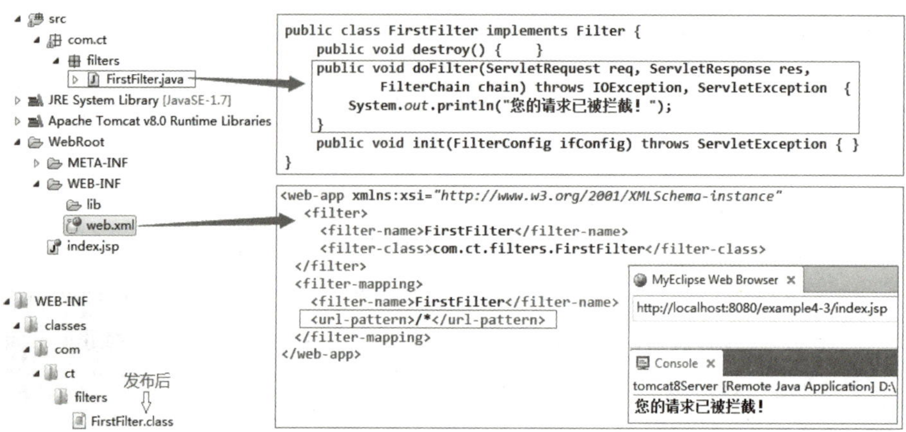

图 4-30 原始方法创建 Filter

4.3.4 用 Eclipse 向导创建 Filter

用 Eclipse 向导创建 Filter 非常方便，具体步骤如下：

(1) 在源码文件夹 src 中，创建存放 Filter 的包。

(2) 如图 4-31 所示，在包名处单击鼠标右键，选择“New”菜单项，然后通过选择“Other”菜单项打开“New”窗口，输入“Filter”关键字。

图 4-31 新建 Filter

(3) 如图 4-32 所示，指定过滤器的类名。

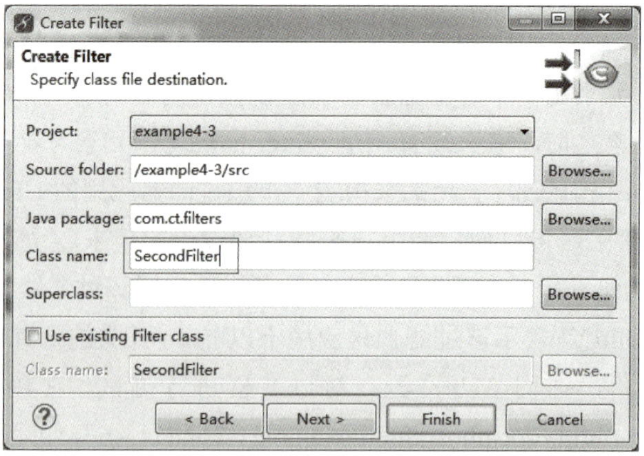

图 4-32 指定过滤器类名

(4) 如图 4-33 所示，添加初始化参数并设置 URL Pattern。

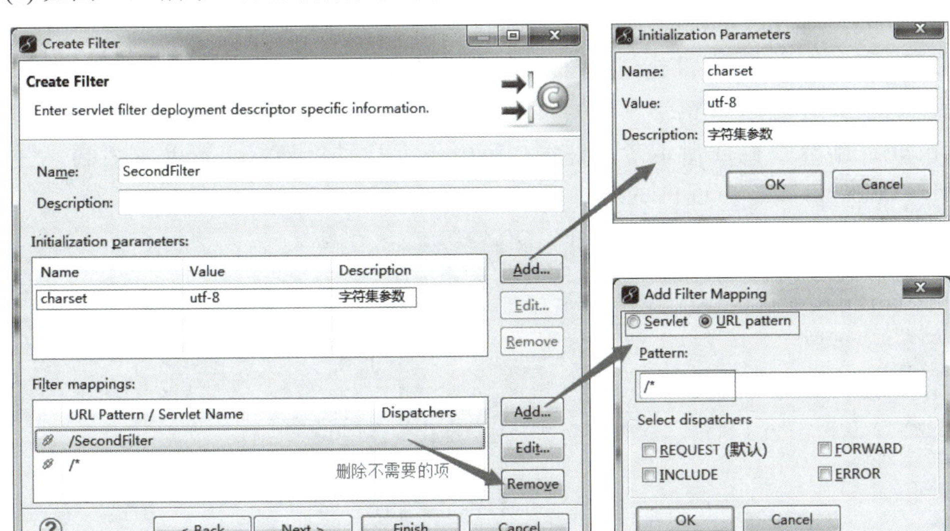

图 4-33　添加初始化参数并设置 URL Pattern

(5) 编写预处理代码。在 doFilter 方法中，Filter 会拦截客户端请求并进行必要的预处理，然后通过调用 FilterChain 对象的 doFilter 方法将请求转发到下一个过滤器或目标资源。响应返回后，Filter 还可以对响应数据进行后续处理，最终将结果发送给客户端。具体代码和运行效果如图 4-34 所示。

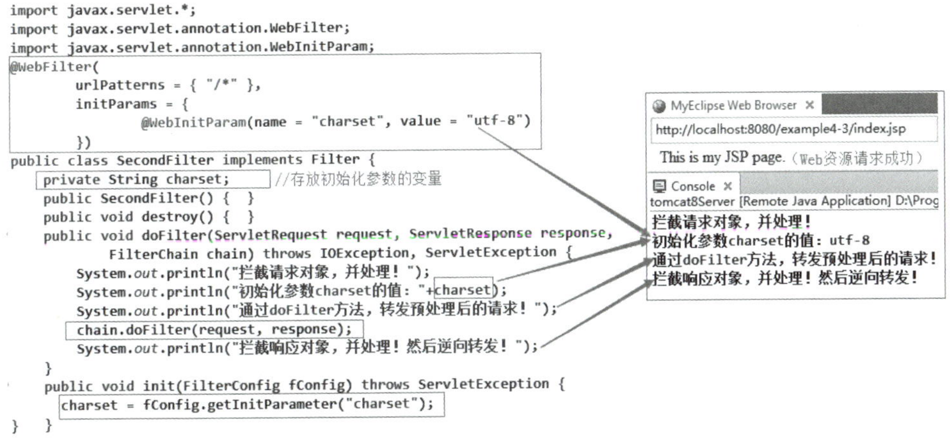

图 4-34　用 Eclipse 向导创建 Filter

另外，Servlet 3.0 的新特性中引入了 @WebFilter 注解 (通过 Eclipse 向导自动生成)，用于将一个实现了 javax.servlet.Filter 接口的类定义为过滤器，这样在 Web 应用中使用过滤器时，就不再需要在 web.xml 文件中配置过滤器的相关描述信息了。

任务实现

把本书配套资源提供的漫画网站项目 cartoon 导入 Eclipse(也可重建)，然后按如下步骤完成任务。

(1) 在 src 目录下，创建存放 Filter 的包。

(2) 通过 Eclipse 向导创建过滤器 (CharSetFilter)。如图 4-35 所示，添加初始化参数“encoding”，其值为“utf-8”；设置“Filter mappings”为特定的 Servlet(注册控制器 RegServlet)，即只拦截注册请求；然后，Eclipse 会自动配置 web.xml(或者自动生成 @WebFilter 注解)，如图 4-36 所示。

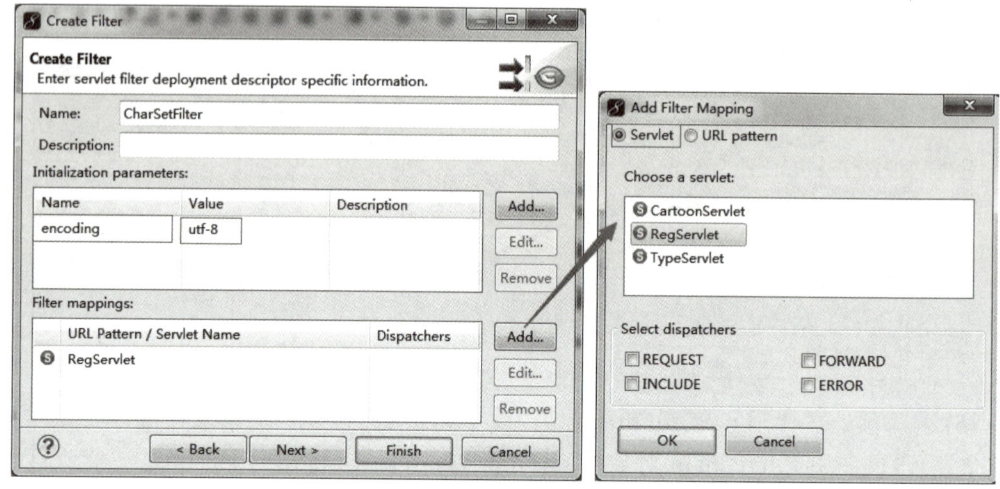

图 4-35　用 Eclipse 向导配置 Filter

(3) 编写预处理代码。如图 4-36 所示，在 doFilter() 方法中，获取初始化参数里面的编码值，拦截请求对象，并对其进行编码过滤；转发请求后，再对其响应对象进行拦截，并对响应对象进行输出类型和字符集的设置，然后把预处理后的响应对象转发给客户端。

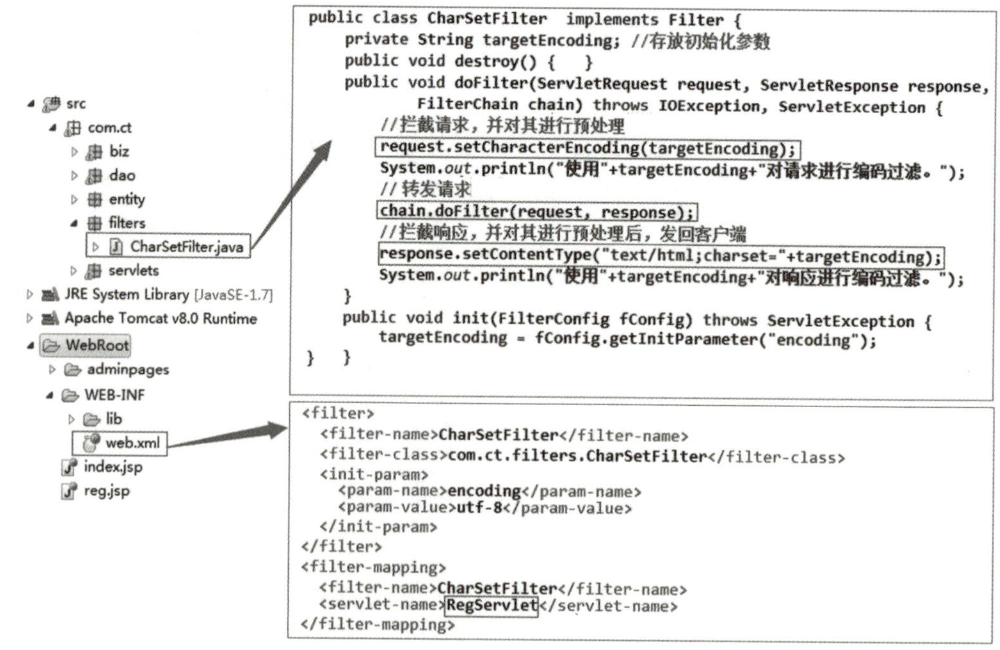

图 4-36　编写预处理代码

拓展与提高

监听器是 Servlet 规范中定义的一种特殊类，用于监听 ServletContext、HttpSession 和 ServletRequest 等域对象的创建与销毁事件，以及监听这些域对象中属性发生修改的事件。

Servlet 监听器的主要监听对象有以下三个：

ServletContext：针对整个应用程序上下文 (application)；

HttpSession：针对每一个会话 (session)；

ServletRequest：针对每一个客户请求 (request)。

Servlet 监听器的监听内容主要是对象的创建、销毁、属性改变事件，它可以在事件发生前、发生后进行一些预处理，一般可以用来统计在线人数、统计网站访问量、系统启动时进行信息初始化等。

一、监听器的基本应用

创建步骤如下：

(1) 创建一个实现相关监听器接口的类。

(2) 配置 web.xml 文件，注册监听器，格式如下：

```
<listener>
    <listener-class> 完整类名 </listener-class>
</listener>
```

监听器的启动顺序是按照 web.xml 的配置顺序来启动的；监听器的加载顺序是监听器→过滤器→ Servlet。

二、监听器的分类

1. 按照监听对象划分

(1) 监听应用程序环境对象 (ServletContext) 相关事件的监听器：需要由实现 ServletContextListener 或 ServletContextAttributeListener 接口的类来完成。

(2) 监听用户会话对象 (HttpSession) 相关事件的监听器：需要由实现 HttpSessionListener 或 HttpSessionAttributeListener 接口的类来完成。

(3) 监听请求消息对象 (ServletRequest) 相关事件的监听器：需要由实现 ServletRequestListener 或 ServletRequestAttributeListener 接口的类来完成。

2. 按照监听事件划分

(1) 监听域对象自身创建和销毁的事件监听器：根据监听对象不同，实现 ServletContextListener、HttpSessionListener、ServletRequestListener 接口。

① ServletContext 在创建和销毁时触发的方法：

```
public void contextInitialized(ServletContextEvent sce)
//ServletContext 创建时调用
```

```
public void contextDestroyed(ServletContextEvent sce)
//ServletContext 销毁时调用
```

其主要用途是作为定时器、加载全局属性对象、创建全局数据库连接、加载缓存信息等。例如，在 web.xml 中可以配置项目初始化信息，并在 contextInitialized() 方法中获取这些配置信息。

```
<context-param>
        <param-name> 属性名 </param-name>
        <param-value> 属性值 </param-value>
</context-param>
public class MyFirstListener implements ServletContextListener{
            public void contextInitialized(ServletContextEvent sce){
                // 获取 web.xml 中配置的属性
                String value = sce.getServletContext().getInitParameter(" 属性名 ");
                System.out.println(value);
            }
            public void contextDestroyed(ServletContextEvent sce){
                // 关闭时的操作
    }
}
```

② HttpSession 在创建和销毁时触发的方法：

```
public void sessionCreated(HttpSessionEvent se)                //session 创建时调用
public void sessionDestroyed(HttpSessionEvent se)              //session 销毁时调用
```

其主要用途是统计在线人数、记录访问日志等。

③ ServletRequest 在创建和销毁时触发的方法：

```
public void requestInitialized(ServletRequestEvent sre)        //request 创建时调用
public void requestDestroyed(ServletRequestEvent sre)          //request 销毁时调用
```

其主要用途是读取 request 参数、记录访问历史。例如：

```
public class MyRequestListener implements ServletRequestListener{
          public void requestInitialized(ServletRequestEvent sre){
              String value = sre.getServletRequest().getParameter("key");   // 获取 request 中的参数
              System.out.println(value);
          }
          public void requestDestroyed(ServletRequestEvent sre){
              System.out.println("request destroyed");
          }
}
```

(2) 监听域对象中属性的增加、删除和替换事件的监听器：根据监听的域对象不同，需分别由实现以下接口的类来完成监听工作。

- ServletContextAttributeListener：监听 ServletContext 属性变化。
- HttpSessionAttributeListener：监听 HttpSession 属性变化。
- ServletRequestAttributeListener：监听 ServletRequest 属性变化。

这些接口中必须实现的方法包括：

- attributeAdded：属性被添加到域对象时触发。
- attributeRemoved：属性从域对象中被移除时触发。
- attributeReplaced：域对象中属性被替换时触发。

(3) 监听绑定到 HttpSession 中对象的状态变化的监听器。这里的对象状态包括绑定与解除绑定、钝化与活化，具体含义如下：

绑定 (Binding)：指某个对象通过调用 HttpSession 的 setAttribute() 方法被保存到 HttpSession 中，成为该会话的一个属性。实现了 HttpSessionBindingListener 接口的对象会收到 valueBound 回调通知。

解除绑定 (Unbinding)：指通过调用 HttpSession 的 removeAttribute 方法从 HttpSession 中移除某个对象。实现 HttpSessionBindingListener 接口的对象会收到 valueUnbound 回调通知。

钝化 (Passivation)：指服务器将长时间未使用的 HttpSession 对象序列化 (持久化) 到磁盘或数据库等存储设备，以释放内存。需要实现 HttpSessionActivationListener 接口的 sessionWillPassivate 方法以进行监听。同时，实现钝化的对象必须实现 Serializable 接口。

活化 (Activation)：指服务器从持久化存储中反序列化恢复 HttpSession 对象回内存时触发，需要实现 HttpSessionActivationListener 接口的 sessionDidActivate() 方法以进行监听。

需要注意的是，绑定和解除绑定事件由实现 HttpSessionBindingListener 接口的对象自身处理；而钝化和活化事件由实现 HttpSessionActivationListener 接口的 HttpSession 对象处理，且钝化与活化的监听不需要在 web.xml 中进行注册，均由容器自动管理。

此外，session 的钝化机制由服务器的 SessionManager 负责管理，具体流程包括：

① 将长时间未使用的 session 对象自动序列化保存到磁盘或数据库。

② 当 session 被再次访问时，系统会自动将其从存储介质中反序列化并恢复到内存中。

③ 绑定到 session 的普通 JavaBean 如果需要在绑定和解除时获知状态变化，则需实现 HttpSessionBindingListener 接口。

技能训练

一、目的

✧ 熟悉过滤器的运行方式。

✧ 能够使用过滤器完善系统功能。

二、要求

用过滤器实现会员的访问控制。

■ 提示:

(1) 把会员登录后才能访问的所有页面放在一个文件夹中(如 userpages)。

(2) 在会员登录成功后,把个人信息存入 session。

(3) 创建过滤器,将其应用于会员文件夹(userpages)下的所有页面。

(4) 在 doFilter() 方法中拦截访问请求,并获取当前会话,判断用户是否已经登录,如果登录则转发请求,如果没有登录则跳转到登录页面。

单 元 练 习

一、选择题

1. 给定一个 Servlet 的代码片段如下:

```
Public void doGet(HttpServletRequest request,HttpServletResponse response)
throws ServletException,IOException{
    ______________________________
    out.println("hi kitty!");
    out.close();
}
```

运行此 Servlet 时输出如下:

hi kitty!

则应在此 Servlet 下画线处填充的代码是( )。

A. PrintWriter out = response.getWriter();

B. PrintWriter out = request.getWriter();

C. OutputStream out = response.getOutputStream();

D. OutputStream out = request.getWriter();

2. JSP 页面经过编译之后,将创建一个( )。

A. applet　　B. servlet

C. application　　D. exe 文件

3. 当访问一个 Servlet 时,Servlet 中的( )方法先被执行。

A. destroy()　　B. doGet()

C. init0　　D. service()

4. 假设在 myServlet 应用中有一个 MyServlet 类,在 web.xml 文件中对其进行如下配置：

```
<servlet>
    <servlet-name> myservlet </servlet-name>
    <servlet-class> com.ct.MyServlet </servlet -class>
</servlet>
< servlet-mapping>
    <servlet -name> myservlet </servlet-name>
    <url-pattern> /welcome </url-pattern>
</servlet-mapping>
```

则以下选项可以访问到 MyServlet 的是 (　　)。

A. http://localhost:8080/welcome

B. http://localhost:8080/myservlet

C. http://localhost:8080/com/ct/MyServlet

D. http://localhost:8080/MyServlet

5. 在 JavaWeb 中，用于返回应用程序上下文路径的类和方法是 (　　)。

A. HttpServletRequest、getContextPath()

B. HttpServletRequest、getPathInfo()

C. ServletContext、getContextPath()

D. ServletContext、getPathInfo()

6. 在一个 Filter 中，处理 Filter 业务的是 (　　) 方法。

A. dealFilter (ServletRequest request,ServletResponse response,FilterChain chain)

B. dealFilter (ServletRequest request,ServletResponse response)

C. doFilter (ServletRequest request,ServletResponse response, FilterChain chain)

D. doFilter (ServletRequest request,ServletResponse response)

二、简答题

1. 简述 Servlet 和 JSP 的区别。
2. 简述 Servlet 的生命周期。
3. 简述 Servlet 的配置方法。
4. 简述过滤器的运行原理。
5. 简述过滤器的配置方法。

三、代码题

1. 创建如图 4-37 所示的页面，写出表单的关键代码。

要求：提交方式为 post，提交目标为 detailServlet。

图 4-37 图书查询页面

2. 创建 detailServlet，写出 doPost() 方法的关键代码，用于输出如图 4-38 所示的信息。

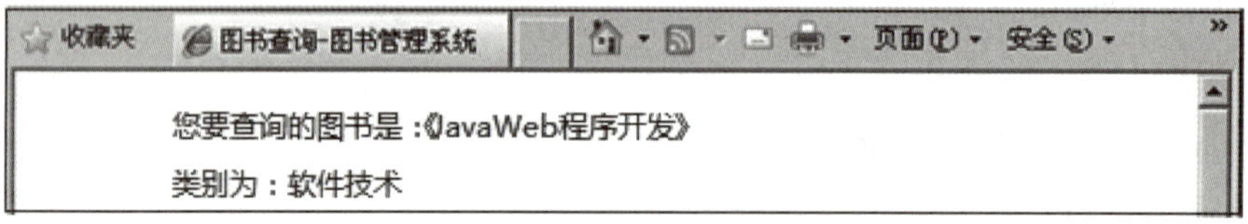

图 4-38 图书查询信息

第 5 章　MVC 设计模式

情景描述

设计模式 (Design Pattern) 代表了被广泛认可的最佳实践，通常是由经验丰富的面向对象的软件开发人员总结出来的。它是一套经过整理和分类的、可以反复使用的、被大多数人熟知的代码设计经验。合理使用设计模式能够提高代码的复用性、可读性和可靠性。在实际项目中，恰当地运用设计模式，可以帮助我们高效地解决许多常见问题。每种设计模式都描述了一个在开发过程中经常遇到的问题及其核心解决方案，这也是设计模式能够广泛应用于软件开发的原因。

本章的主要学习目标是理解 JavaBean 的概念及应用、熟悉 MVC 设计模式、掌握分页的实现思路、熟悉文件上传的方法，进而能够基于 MVC 实现漫画类型的删除与修改、漫画类别的分页显示及漫画的添加功能。

学习目标

- ✧ 了解 JavaBean 的概念及应用。
- ✧ 熟悉 MVC 设计模式。
- ✧ 掌握分页的原理及实现步骤。
- ✧ 掌握 Commons-FileUpload 组件的用法。
- ✧ 能够实现数据的分页显示。
- ✧ 能够实现图片的上传。
- ✧ 培养责任意识、协作意识。
- ✧ 培养精益求精的工作态度。
- ✧ 培养对代码的规划和优化意识。

任务 5.1　基于 MVC 实现漫画类型的删除与修改

任务描述

如图 5-1 所示，在管理员主页 (admin.jsp) 上单击“更多种类”链接，跳转到种类列表页

面 (typeList.jsp)，显示所有的漫画类型；单击“删除”链接，完成漫画类型的删除操作；单击“修改”链接，跳转到种类修改页面 (editType.jsp)，完成漫画类型的修改操作。

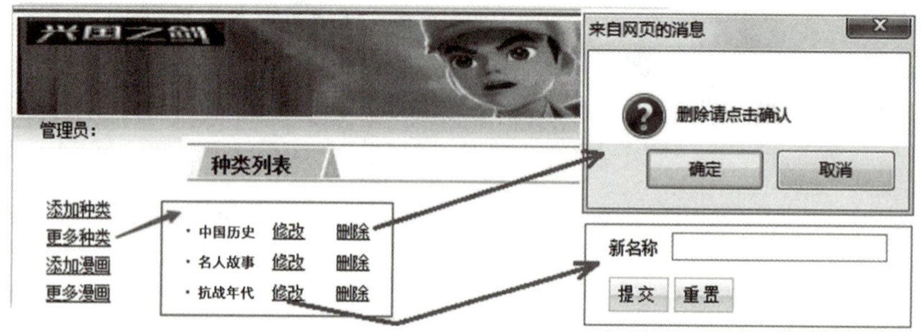

图 5-1 漫画类型的删除与修改

技能目标

✧ 理解 JavaBean 的概念与应用。
✧ 能够基于 MVC 完成数据操作。

知识链接

5.1.1 JavaBean 简介

JavaBean 是用于满足特定的功能需求而独立出来的 Java 类，其本质就是组件化、模块化和可重用，即把复杂的系统拆成若干个小的模块，就像零件一样，需要时再按照系统架构对它们进行拼装。

一、JavaBean 的概念

广义上来说，任何一个构成 Java 应用程序的 class 文件，都叫作 JavaBean。广义 JavaBean 一般可以分为以下两类：

(1) 数据承载 bean：即实体类，如 User、Cartoon、CartoonType 等用于储存数据的类。

(2) 业务处理 bean：比如项目中数据访问层和业务逻辑层的功能类，专门用于数据处理。

狭义上来说，JavaBean 是特殊的 Java 类，遵守 JavaBean API 规范。具体要求如下：

(1) 该类必须声明为 public 类。

(2) 该类必须序列化，即实现 Serializable 接口。

(3) 该类必须有无参构造器 (使用默认的无参构造或者显式定义)。

(4) 类中所有属性必须是私有的，并提供相应的 setter()、getter() 方法。

一般情况下，数据承载 bean 会被定义成满足 JavaBean API 规范的 bean。

二、<jsp:useBean> 动作元素

<jsp:useBean> 动作用来加载一个将在 JSP 页面中使用的 JavaBean。该动作可以发挥 Java 组件复用的优势。

语法如下：

```
<jsp:useBean id = "beanName" class = "package.class"
scope = "page|request|session|application" />
```

其中，id 属性代表一个 JavaBean 的唯一标识，在执行 JSP 时，JavaBean 被实例化为对象，其对象名就是这个 id；然后，将这个对象存储在 scope 指定的作用域中，所用的属性名也是这个 id。class 属性用于指定这个 JavaBean 所对应的 Java 类的全名称。scope 属性用于指定 JavaBean 的作用范围，scope 的值可以是 page、request、session、application 四者之一，默认为 page。

<jsp:useBean> 动作是非常通用的。它首先使用 id 和 scope 属性搜索现有对象，如果未找到，则会尝试创建指定的对象。如示例 5-1-1 所示，<jsp:useBean> 标签创建了一个类型为 com.ct.beans.User、名为 user 的实例，缺省作用域是 page，并通过 user 实例调用 welcome() 方法显示“欢迎 Tom 学习 JavaBean!”。

【示例 5-1-1】

```
<!--User 类 -->
public class User {
    private String uname = "Tom";
    public String getUname() {
        return uname;
    }
    public void setUname(String uname) {
        this.uname = uname;
    }
    public String welcome(){
        return " 欢迎 " + getUname() + " 学习 JavaBean!";
    }
}
<!--ex5-1-1.jsp 关键代码 -->
<jsp:useBean id = "user" class = "com.ct.beans.User"></jsp:useBean>
<% = user.welcome()%>
```

三、<jsp:setProperty> 和 <jsp:getProperty> 动作元素

1. <jsp:setProperty> 动作元素

<jsp:setProperty> 动作元素用来设置已经实例化的 bean 对象的属性，有以下两种用法。

第一种用法：在 <jsp:useBean> 元素的外面 (后面) 使用。

语法如下：

```
<jsp:useBean id = "myName" ... ></jsp:useBean>
...
<jsp:setProperty name = "myName" property = "someProperty" value = "value".../>
```

其中，name 属性指定 JavaBean 的名称，它的值应与 <jsp:useBean> 动作中的 id 属性值一

致；property 属性指定要设置的 JavaBean 的属性名称；value 属性指定 bean 属性的值。

此时，不管 jsp:useBean 是找到了一个现有的 bean，还是新创建了一个 bean 实例，jsp:setProperty 都会执行。

第二种用法：在 <jsp:useBean> 元素的内部使用。

语法如下：

```
<jsp:useBean id = "myName" ... >
    <jsp:setProperty name = "myName" property = "someProperty" value = "value".../>
</jsp:useBean>
```

此时，jsp:setProperty 只有在新建 bean 实例时才会执行，如果是使用现有实例则不执行。如示例 5-1-2 所示，用 <jsp:setProperty> 动作给示例 5-1-1 中的 bean 属性赋值后，通过 user 实例调用 welcome() 方法显示“欢迎 Jerry 学习 JavaBean!”。

【示例 5-1-2】

```
<!--ex5-1-2.jsp 关键代码 -->
<jsp:useBean id = "user" class = "com.ct.beans.User"></jsp:useBean>
<jsp:setProperty name = "user" property = "uname" value = "Jerry"/>
<% = user.welcome()%>
```

另外，property 属性有一种特殊用法，语句格式如下：

```
<jsp:setProperty name = "myName" property = "*"/>
```

其中，“*”表示 JSP 引擎将发送到 JSP 页面的请求参数逐个地与 JavaBean 的属性名称进行匹配，当用户请求参数的名称与 JavaBean 的属性名称相匹配时，自动完成属性赋值。

如图 5-2 所示，通过 property = "*"，从登录页面 login.html 把名称为 uname 的文本框的值赋值给 bean 中名为 uname 的属性。

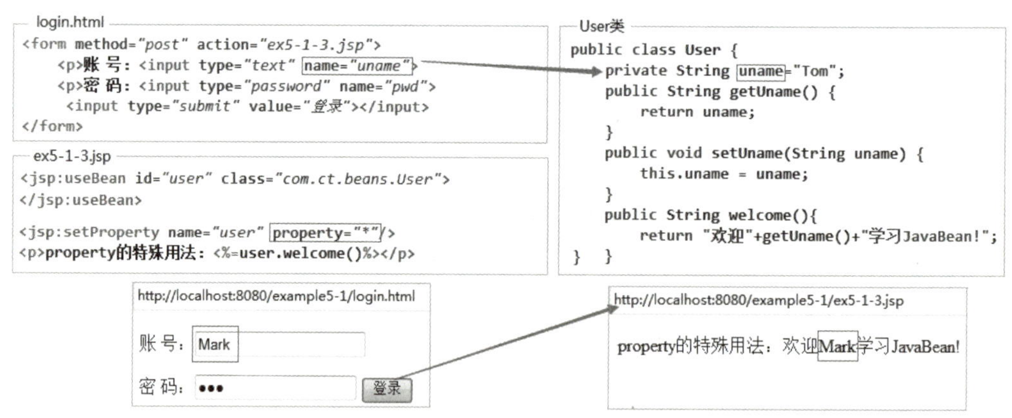

图 5-2　property 属性的特殊用法

2. <jsp:getProperty> 动作元素

<jsp:getProperty> 动作元素用于提取指定 bean 属性的值，将其转换成字符串，然后输出。

语法如下：

```
<jsp:useBean id = "myName" ... />
...
```

```
<jsp:getProperty name = "myName" property = "someProperty" .../>
```

其中，name 用于指定 bean 名称；property 用于指定要从 bean 中检索的属性名称。

如图 5-3 所示，通过 <jsp:getProperty> 动作，获取并输出 user 对象的 uname 属性值。

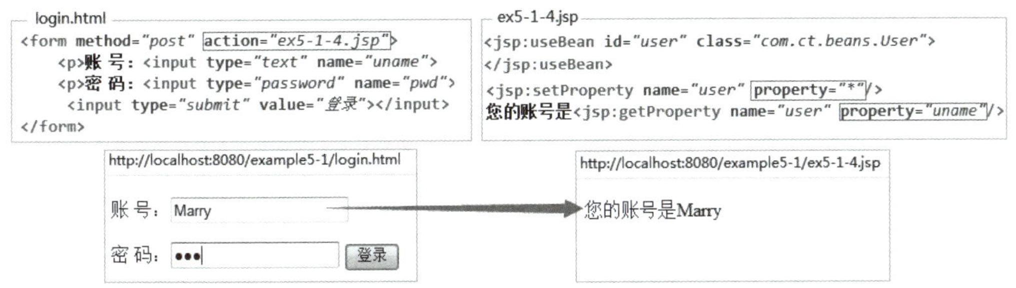

图 5-3　<jsp:getProperty> 动作获取账号

5.1.2　MVC 编程模式

MVC 是一种架构型模式，它本身并不引入新的功能，只是用来指导、改善应用程序的架构，使得应用的模型和视图相分离，从而提高开发和维护的效率。

在 MVC 模式中，应用程序被划分成了模型 (Model)、视图 (View) 和控制器 (Controller) 三个部分。其中，模型部分包含了应用程序的业务逻辑和业务数据；视图部分封装了应用程序的输出形式，也就是通常所说的页面或者是界面；而控制器部分负责协调模型和视图，根据用户请求来选择要调用哪个模型来处理业务，以及最终由哪个视图为用户做出应答。

MVC 模式的这三个部分的职责非常明确，而且相互分离，因此每个部分都可以独立地改变而不影响其他部分，从而大大提高了应用的灵活性和重用性。

MVC 模式的运行机制如图 5-4 所示，Web 用户向服务器提交的所有请求都由控制器接管。接收到请求之后，控制器负责决定应该调用哪个模型来进行处理；然后模型根据用户请求进行相应的业务逻辑处理，并返回数据；最后控制器调用相应的视图来格式化模型返回的数据，并通过视图呈现给用户。

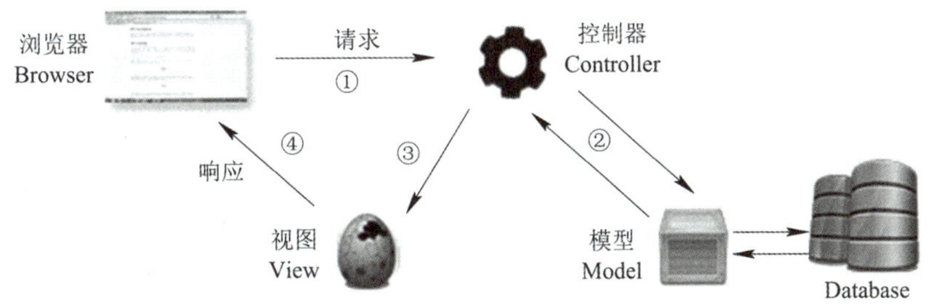

图 5-4　MVC 模式的运行机制

5.1.3　JSP Model1 与 JSP Model2

动态 Web 编程技术经历了所谓的 Model1 和 Model2 时代。

一、JSP Model1 模式

1. 传统的 JSPModel1 模型

如图 5-5 所示，在传统的 Model1 模式下，整个 Web 应用全部由 JSP 页面组成，JSP 页面接收处理客户端请求，并做出响应。

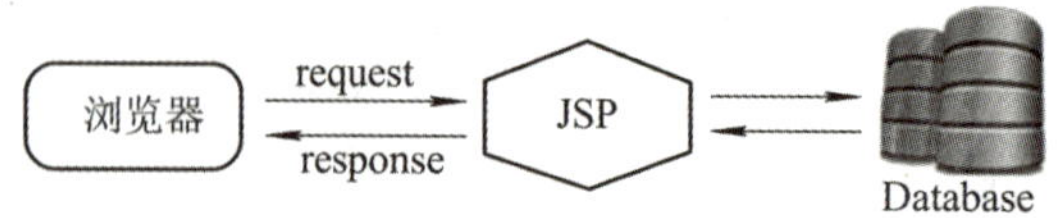

图 5-5　传统的 Model1 模式

2. 改进的 JSPModel1 模型

如图 5-6 所示，在改进的 Model1 模式下，用少量的 JavaBean 来处理数据库访问等操作，由 JSP 页面与 JavaBean 共同协作完成任务。

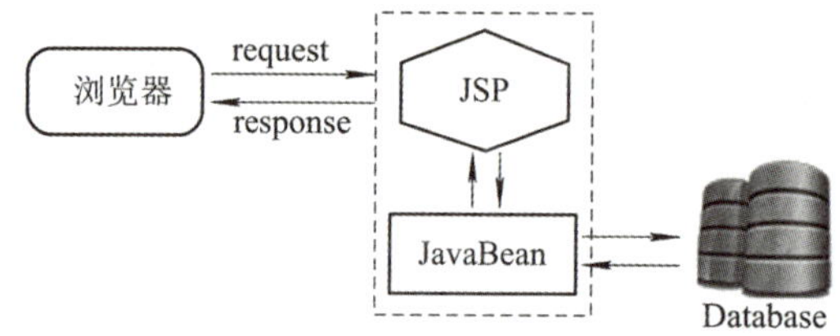

图 5-6　改进的 Model1 模式

Model1 模式的实现比较简单，适用于快速开发小规模项目。但从工程化的角度看，它的局限性非常明显：JSP 页面身兼 View 和 Controller 两种角色，将控制逻辑和表现逻辑混杂在一起，从而导致代码的重用性非常低，增加了应用的扩展和维护难度。

二、JSP Model2 模式

JSP Model2 中使用了 JSP、Servlet 和 JavaBean 三种技术。其中，JSP 负责生成动态网页，只用做界面；Servlet 负责流程控制，用来处理各种请求的分派；JavaBean 负责业务逻辑及对数据库的操作。

如图 5-7 所示，在 JSP Model2 模式下，用户通过浏览器向 Web 应用中的 Servlet 发送请求，Servlet 接收到请求后实例化 JavaBean 对象，并调用其方法，JavaBean 对象返回从数据库中读取的数据；Servlet 把从数据库中读取的数据通过合适的 JSP 进行显示；最后，JSP 页面把最终的结果返回给浏览器。

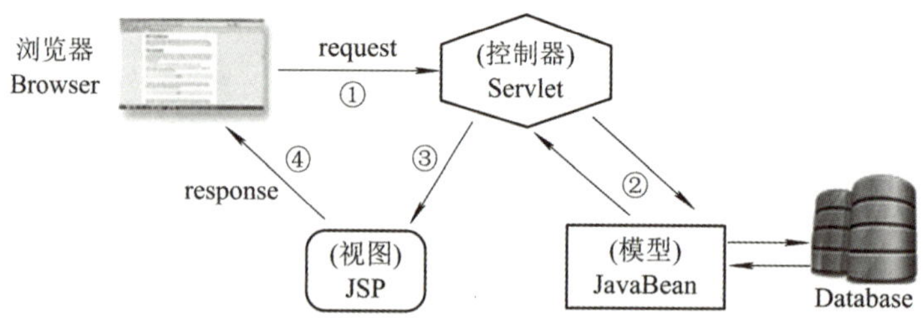

图 5-7　JSP Model2 模式

Model2 模式已经是 MVC 设计思想下的架构，由于引入了 MVC 模式，使 Model2 具有组件化的特点，更适用于大规模应用的开发，但也增加了应用开发的复杂程度。

5.1.4　MVC 模式与三层架构的区别

MVC 模式与三层架构的理念都是把系统的视图设计与数据逻辑进行分离，从而降低代码耦合性，提高可扩展性，进而提高团队开发效率。但是，两者属于不同的范畴。

三层架构是一种分层式的软件体系结构设计，适用于任何一个项目；MVC 是一种设计模式，是根据项目的具体需求来决定是否适用。一般情况下，项目开始时需要先进行架构设计，如三层架构；然后再根据项目的具体需求考虑是否需要运用一些设计模式，如 MVC 模式、抽象工厂模式等。

如图 5-8 所示，通常所见到的 MVC 一般都是运用在三层架构的基础上，即将 Model(M) 再进行分层 (业务逻辑层和数据访问层)，将表示层的视图 View(V) 和流程控制 Controller(C) 进行分离。

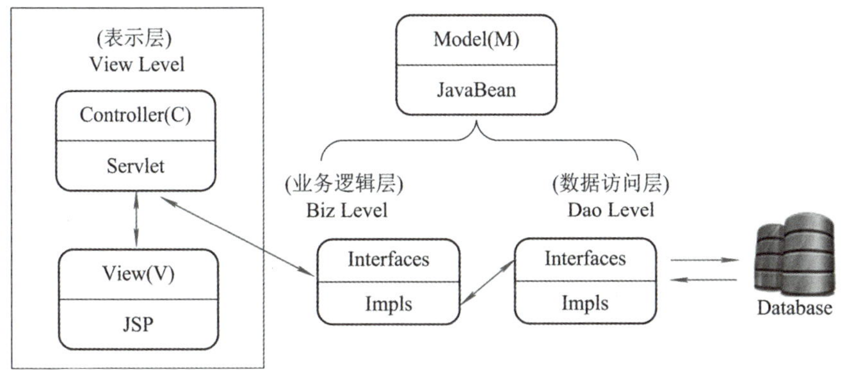

图 5-8　MVC 与三层架构

任务实现

根据三层架构和 MVC 模式的一般设计思路，先对项目进行分层，完成漫画类型的实体 bean、数据访问 bean 和业务逻辑 bean，即 Model(M) 的编写；然后，完成漫画类型列表页面即 View(V) 的编写，增加删除和修改功能；最后，用统一的 Servlet(Controller(C)) 进行流程控制。

把本书配套资源提供的漫画网站项目 cartoon 导入 Eclipse(也可重建)，然后按如下步骤完成任务。

一、搭建三层架构并完成数据访问层代码

1. 新增数据访问接口方法

如图 5-9 所示，在数据访问接口 (CartoonTypeDao) 中，新增返回漫画类型列表 (List<CartoonType> getTypeList())、根据编号删除漫画类型 (int delType(int typeid)) 及漫画类型修改 (int updateType(CartoonType type)) 三个方法。

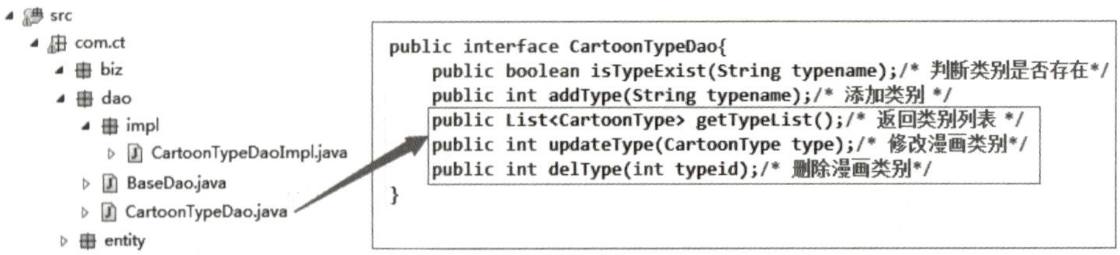

```
src
  com.ct
    biz
    dao
      impl
        CartoonTypeDaoImpl.java
      BaseDao.java
      CartoonTypeDao.java
    entity
```

```
public interface CartoonTypeDao{
    public boolean isTypeExist(String typename);/* 判断类别是否存在*/
    public int addType(String typename);/* 添加类别 */
    public List<CartoonType> getTypeList();/* 返回类别列表 */
    public int updateType(CartoonType type);/* 修改漫画类别*/
    public int delType(int typeid);/* 删除漫画类别*/
}
```

图 5-9 数据访问接口

2. 实现数据访问方法

如图 5-10 所示，在数据访问类 (CartoonTypeDaoImpl) 中，结合通用 BaseDao，实现数据访问接口中新增的三个方法。

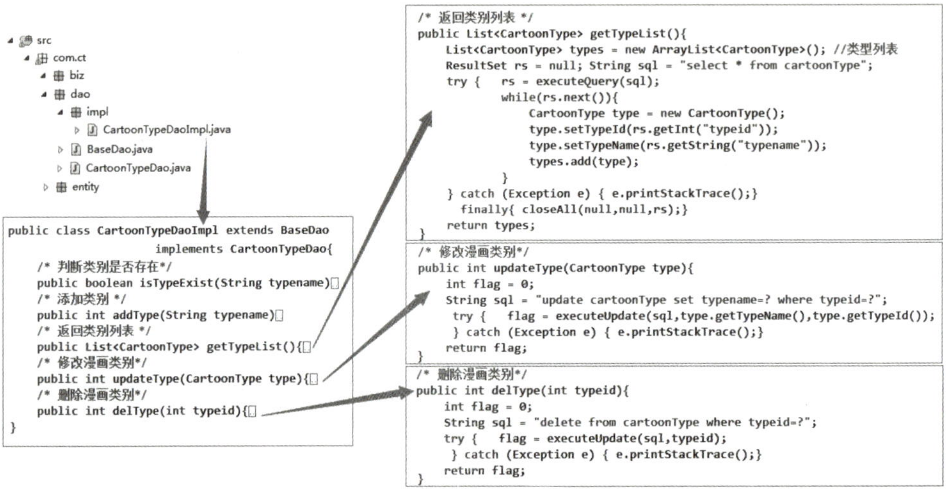

```
src
  com.ct
    biz
    dao
      impl
        CartoonTypeDaoImpl.java
      BaseDao.java
      CartoonTypeDao.java
    entity
```

```
public class CartoonTypeDaoImpl extends BaseDao
                    implements CartoonTypeDao{
    /* 判断类别是否存在*/
    public boolean isTypeExist(String typename)
    /* 添加类别 */
    public int addType(String typename)
    /* 返回类别列表 */
    public List<CartoonType> getTypeList(){
    /* 修改漫画类别*/
    public int updateType(CartoonType type){
    /* 删除漫画类别*/
    public int delType(int typeid){
}
```

```
/* 返回类别列表 */
public List<CartoonType> getTypeList(){
    List<CartoonType> types = new ArrayList<CartoonType>(); //类型列表
    ResultSet rs = null; String sql = "select * from cartoonType";
    try {   rs = executeQuery(sql);
            while(rs.next()){
                CartoonType type = new CartoonType();
                type.setTypeId(rs.getInt("typeid"));
                type.setTypeName(rs.getString("typename"));
                types.add(type);
            }
    } catch (Exception e) { e.printStackTrace();}
      finally{ closeAll(null,null,rs);}
    return types;
}
/* 修改漫画类别*/
public int updateType(CartoonType type){
    int flag = 0;
    String sql = "update cartoonType set typename=? where typeid=?";
     try {   flag = executeUpdate(sql,type.getTypeName(),type.getTypeId());
     } catch (Exception e) { e.printStackTrace();}
    return flag;
}
/* 删除漫画类别*/
public int delType(int typeid){
    int flag = 0;
    String sql = "delete from cartoonType where typeid=?";
    try {   flag = executeUpdate(sql,typeid);
     } catch (Exception e) { e.printStackTrace();}
    return flag;
}
```

图 5-10 数据访问类及方法定义

二、完成业务逻辑层代码

如图 5-11 所示，在业务逻辑接口 (CartoonTypeBiz) 中，新增返回漫画类型列表 (List <CartoonType> getTypeList())、根据编号删除漫画类型 (int delType(int typeid)) 及漫画类型修改 (int updateType(CartoonType type)) 三个方法；并在业务逻辑类 (CartoonTypeBizImpl) 中，通过调用数据访问层的方法，实现这三个方法。

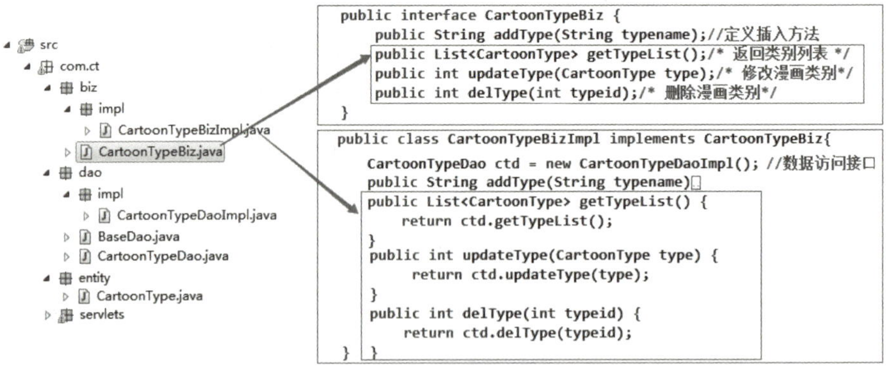

```
src
  com.ct
    biz
      impl
        CartoonTypeBizImpl.java
      CartoonTypeBiz.java
    dao
      impl
        CartoonTypeDaoImpl.java
      BaseDao.java
      CartoonTypeDao.java
    entity
      CartoonType.java
    servlets
```

```
public interface CartoonTypeBiz {
    public String addType(String typename);//定义插入方法
    public List<CartoonType> getTypeList();/* 返回类别列表 */
    public int updateType(CartoonType type);/* 修改漫画类别*/
    public int delType(int typeid);/* 删除漫画类别*/
}
```

```
public class CartoonTypeBizImpl implements CartoonTypeBiz{
    CartoonTypeDao ctd = new CartoonTypeDaoImpl(); //数据访问接口
    public String addType(String typename)
    public List<CartoonType> getTypeList() {
        return ctd.getTypeList();
    }
    public int updateType(CartoonType type) {
        return ctd.updateType(type);
    }
    public int delType(int typeid) {
        return ctd.delType(typeid);
    }
}
```

图 5-11 业务逻辑层代码

三、创建漫画类型列表页面

在 Web 根目录 WebRoot 下的 adminpages 文件夹中，新建漫画列表页面 typeList.jsp。如图 5-12 所示，通过调用业务逻辑层的方法，显示所有漫画类型。

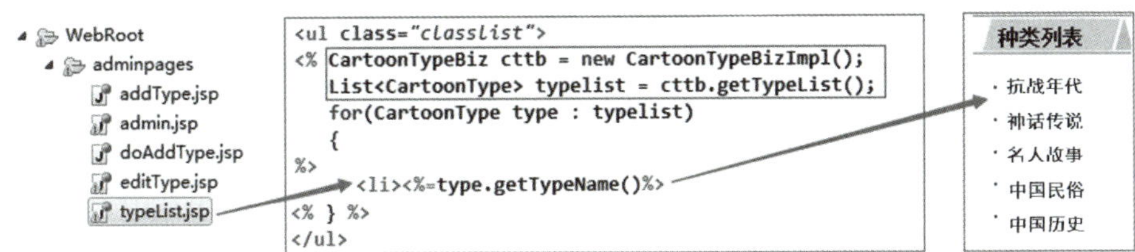

图 5-12　创建漫画类型列表页面

四、创建漫画类型修改页面

在 WebRoot/adminpages 下，如图 5-13 所示，新建漫画类型修改页面 editList.jsp。其中，action 属性中的 typeservlet 是用于进行流程控制的 Servlet，即控制器；URL 参数 opr 用于指定操作类型，del 表示删除，edit 表示修改；URL 参数 typeid 用于传递当前漫画类型的编号，作为删除或修改漫画类型的条件。

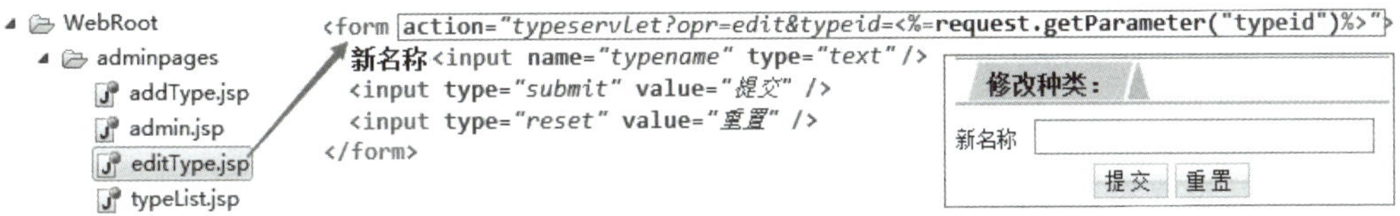

图 5-13　创建漫画类型修改页面

五、为漫画类型列表添加“删除”和“修改”链接

1. “删除”链接

如图 5-14 所示，为漫画类型列表增加“删除”链接。其中，javascript 方法 clickdel() 是为“删除”链接添加的确认提示；href 属性中的 typeservlet 是刚才提到的 Servlet 控制器。

2. “修改”链接

如图 5-14 所示，为漫画类型列表添加“修改”链接。其中，href 指定链接目标 editType.jsp。

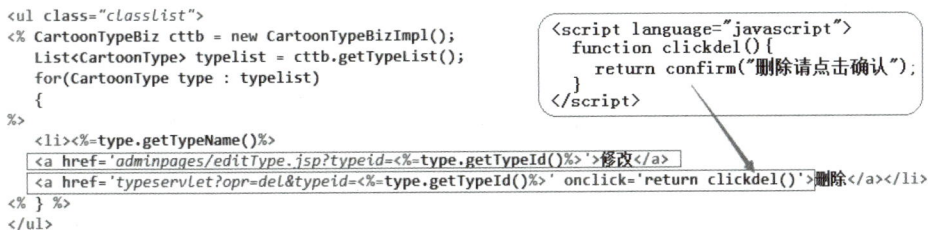

```
<ul class="classlist">
<% CartoonTypeBiz cttb = new CartoonTypeBizImpl();
   List<CartoonType> typelist = cttb.getTypeList();
   for(CartoonType type : typelist)
   {
%>
   <li><%=type.getTypeName()%>
   <a href='adminpages/editType.jsp?typeid=<%=type.getTypeId()%>'>修改</a>
   <a href='typeservlet?opr=del&typeid=<%=type.getTypeId()%>' onclick='return clickdel()'>删除</a></li>
<% } %>
</ul>

<script language="javascript">
  function clickdel(){
     return confirm("删除请点击确认");
  }
</script>
```

图 5-14　添加“删除”和“修改”链接

六、实现 TypeServlet 控制器

如图 5-15 所示，新建控制器 TypeServlet，在 doPost( ) 方法中获取 URL 地址栏参数“opr”和“typeid”，并根据“opr”参数值调用业务逻辑层相应的删除或修改方法。

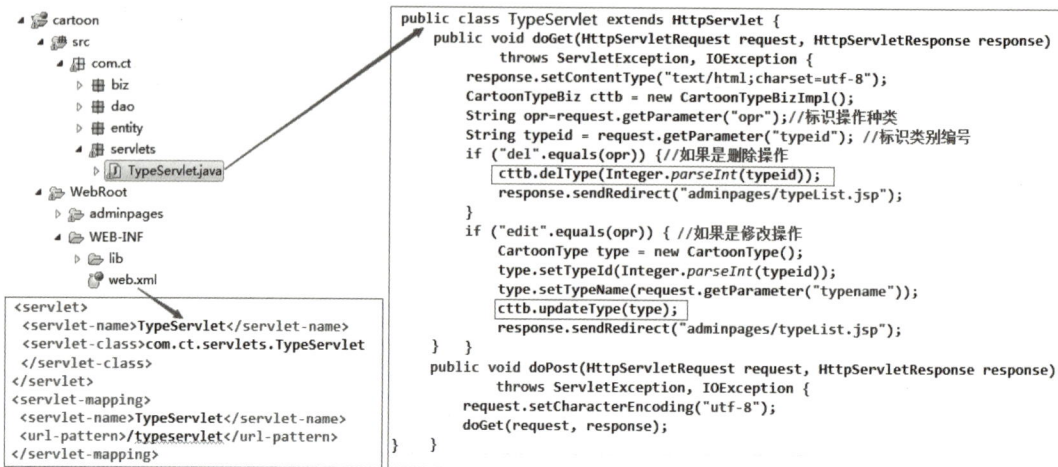

```
cartoon
  src
    com.ct
      biz
      dao
      entity
      servlets
        TypeServlet.java
  WebRoot
    adminpages
    WEB-INF
      lib
      web.xml
```

```
<servlet>
  <servlet-name>TypeServlet</servlet-name>
  <servlet-class>com.ct.servlets.TypeServlet
  </servlet-class>
</servlet>
<servlet-mapping>
  <servlet-name>TypeServlet</servlet-name>
  <url-pattern>/typeservlet</url-pattern>
</servlet-mapping>
```

```
public class TypeServlet extends HttpServlet {
    public void doGet(HttpServletRequest request, HttpServletResponse response)
            throws ServletException, IOException {
        response.setContentType("text/html;charset=utf-8");
        CartoonTypeBiz cttb = new CartoonTypeBizImpl();
        String opr=request.getParameter("opr");//标识操作种类
        String typeid = request.getParameter("typeid"); //标识类别编号
        if ("del".equals(opr)) {//如果是删除操作
            cttb.delType(Integer.parseInt(typeid));
            response.sendRedirect("adminpages/typeList.jsp");
        }
        if ("edit".equals(opr)) { //如果是修改操作
            CartoonType type = new CartoonType();
            type.setTypeId(Integer.parseInt(typeid));
            type.setTypeName(request.getParameter("typename"));
            cttb.updateType(type);
            response.sendRedirect("adminpages/typeList.jsp");
    }   }
    public void doPost(HttpServletRequest request, HttpServletResponse response)
            throws ServletException, IOException {
        request.setCharacterEncoding("utf-8");
        doGet(request, response);
}   }
```

图 5-15 实现 TypeServlet 控制器

七、设置框架链接

如图 5-16 所示，在管理员主页 admin.jsp 中，添加 <iframe> 框架标签，并用超链接属性 target 将其设置为目标框架。

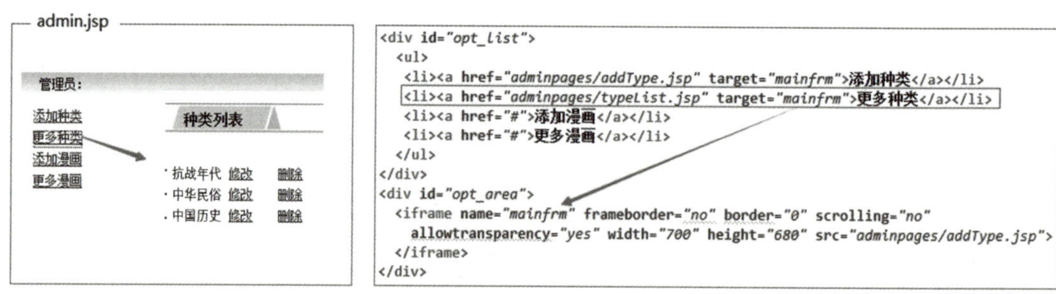


```
<div id="opt_list">
  <ul>
    <li><a href="adminpages/addType.jsp" target="mainfrm">添加种类</a></li>
    <li><a href="adminpages/typeList.jsp" target="mainfrm">更多种类</a></li>
    <li><a href="#">添加漫画</a></li>
    <li><a href="#">更多漫画</a></li>
  </ul>
</div>
<div id="opt_area">
  <iframe name="mainfrm" frameborder="no" border="0" scrolling="no"
    allowtransparency="yes" width="700" height="680" src="adminpages/addType.jsp">
  </iframe>
</div>
```

图 5-16 设置框架链接

拓展与提高

在 JavaWeb 项目中可以将一些通用的配置（如产品名称等）放置在 .properties 文件中，然后在页面中直接读取配置值；在需要对通用配置做变更时即可做到一处修改、处处生效。如图 5-17 所示，.properties 配置文件一般放在 WEB-INF/classes 文件夹下，即与 class 文件放在一起（通过 Eclipse 的 Navigator 视图可以使 classes 文件夹可见）；并通过键值对的形式存放数据。

WebRoot
META-INF
WEB-INF
classes
database.properties
driver=com.mysql.jdbc.Driver
#在和mysql传递数据的过程中，使用unicode编码格式，并且字符集设置为utf-8
url=jdbc:mysql://127.0.0.1:3306/cartoonDB?useUnicode=true&characterEncoding=utf-8
user=root
password=123456

图 5-17　.properties 配置文件

可以使用 java.util 包下的 ResourceBundle 来读取 properties 文件中的属性，步骤如下：

(1) 在 JSP 页面中引入 java.util 包，如：

```
<%@ page language = "java" import = "java.util.*" pageEncoding = "UTF-8"%>
```

(2) 使用 ResourceBundle 加载 properties 文件，如：

```
ResourceBundle resource = ResourceBundle.getBundle("FileName");
// 不需要 properties 扩展名
```

(3) 读取配置值，如：

```
resource.getString("ArgName");   // 参数为属性名
```

以下是获取图 5-17 中的配置文件的属性值的完整代码：

```
<%@ page language = "java" import = "java.util.*" pageEncoding = "UTF-8"%>
<%    ResourceBundle resource = ResourceBundle.getBundle("database");
      String driverStr = resource.getString("driver");
      out.print(driverStr);
      String urlStr = resource.getString("url");
      out.print(urlStr);
%>
```

技能训练

一、目的

✧ 理解 JavaBean 的概念与应用。

✧ 能够基于 MVC 完成数据操作。

二、要求

如图 5-18 所示，基于 MVC 和三层架构实现漫画列表的显示及漫画的删除功能。

图 5-18　漫画的显示与删除

■ **提示：** 因为要用到漫画类别名称，所以，除了涉及 Cartoon 表以外，还涉及 CartoonType 表。

任务 5.2 实现漫画类别的分页显示

任务描述

如图 5-19 所示，实现漫画类别的分页显示。

种类列表

【抗战年代】修改 删除
【神话传说】修改 删除
【名人故事】修改 删除
【中国民俗】修改 删除
【中国历史】修改 删除

当前页数:[2/3] 上一页 下一页

图 5-19 分页显示漫画类别

技能目标

✧ 理解分页的原理。

✧ 能够实现数据的分页显示。

知识链接

5.2.1 分页技术简介

网页中的数据显示方式一般有两种：一种是数据较少，一个页面能显示所有内容；另一种是数据较多，需要分页显示。

一、分页的概念

分页是一种将所有数据分段展示给用户的技术。用户每次看到的不是全部数据，而是其中的一部分，如果在其中没有找到自己想要的内容，用户可以通过指定页码或是翻页的方式变换可见内容，直到找到自己想要的内容为止。这与我们阅读书籍很类似。

二、分页的方法

在 Web 开发中，对数据库进行查询后，如何对结果进行分页显示呢？

一般的分页方法有如下两种：

(1)“假”分页：把数据库中所有的相关记录都查询出来，一次性返回给客户端，然后在客户端控制分页，指定每页可以显示的记录。

(2)“真”分页：对数据库进行多次查询，每次只获取本页的数据，即由程序通过 SQL 语句控制分页，每一次访问数据库，只返回一页大小的数据，然后显示到客户端。

对于“假”分页，如果数据量较小，效果会更优。由于不用频繁访问数据库，所以服务器压力会比较小。但是，如果数据量较大，由于一次性读取所有数据并返回给客户端会非常消耗资源和带宽，同时对客户端的要求也比较高。

对于“真”分页，如果数据量较大，效果会更优。由于每次只读取需要的数据返回给客户端，数据库压力会较小；但也因为这个特性，需要频繁与服务器端进行交互，自然也会给服务器带来负担。

5.2.2 分页的实现思路

通常情况下，Web 应用中的数据量都比较大，为了提高系统的运行速度，大家都会选用“真”分页。实现“真”分页，需要以下几个关键步骤：

(1) 确定每页显示的数据量。

(2) 确定分页显示的总页数。

(3) 确定当前需要显示的是第几页。

(4) 根据当前页码和每页的数据量编写 SQL 查询语句，实现数据查询。

(5) 在 JSP 页面中设置分页显示。

对于每页显示的数据量，一般在开发时根据实际页面设计，提前定义好；也可以由用户自己来选择。

对于分页的总页数，需要由符合条件的记录总数和每页的数据量来确定。步骤如下：

(1) 借助聚合函数 count() 可以获取记录总数。例如：

```
select count(typeid) from cartoonType;
```

(2) 根据记录总数和每页的数据量，可以借助三元运算符计算总页数。假设记录总数为 count，每页数据量为 pageSize，总页数为 pageCount，计算方法如下：

```
pageCount = count%pageSize == 0?(count/pageSize):(count/pageSize) + 1;
```

对于实现分页查询的 SQL 语句，不同的数据库系统存在一定的差异。MySQL 数据库可以通过 limit 子句实现分页功能。limit 子句有两个参数，分别代表起始行偏移量和最大返回行数。其中，最大返回行数是一个固定值，相当于每页显示的记录数；起始行偏移量是动态的，如果要显示第 5 页，则偏移量就是前 4 页的总记录数，即 4*pageSize。可以总结出如下规律：

起始行偏移量 = (当前页码 - 1) * 每页显示的记录数

假设漫画类型需要每页记录数为 5，当前页面为 2，则 SQL 语句的结构如下：

```
select * from cartoonType limit (2 - 1)*5 , 5;
```

运行结果如图 5-20 所示。

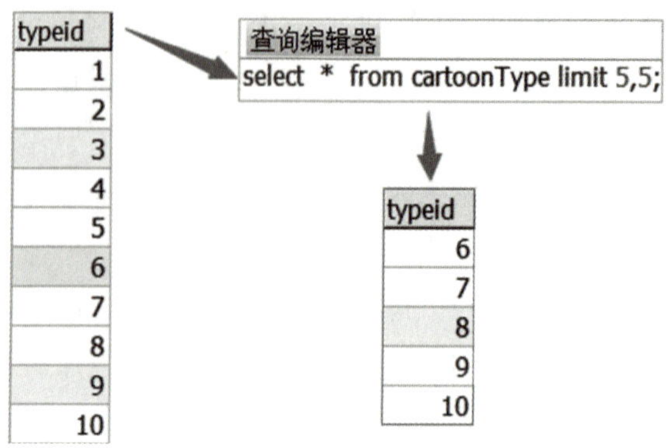

图 5-20 limit 子句查询第 2 页

在 JSP 页面中切换页面时，可以通过超链接和 URL 参数实现。例如：

<a href = 'adminpages/typeList.jsp?pageNo = <% = pageNo-1%>'> 上一页 </a>

<a href = 'adminpages/typeList.jsp?pageNo = <% = pageNo + 1%>'> 下一页 </a>

其中，pageNo 变量代表当前页码。另外，还需要通过该变量进行边界控制，保证其变化范围只能是从 1 到最大页码 (也就是总页数)。

任务实现

把 5.1 节完成的漫画网站项目 cartoon 导入 Eclipse(也可重建)，然后按如下步骤完成任务功能。

一、完成数据访问层代码

1. 新增数据访问接口方法

如图 5-21 所示，在数据访问接口中，新增获取漫画类型总数 (int getTypeCount())、分页获取漫画类别 (List<CartoonType> getPageTypeList(int pageNo,int pageSize)) 两个方法。

图 5-21 新增数据访问接口

2. 实现数据访问方法

如图 5-22 所示，在数据访问类 (CartoonTypeDaoImpl) 中，结合通用 BaseDao，实现数据访问接口中新增的两个方法。其中，pageNo 代表当前页码，pageSize 代表每页的行数。

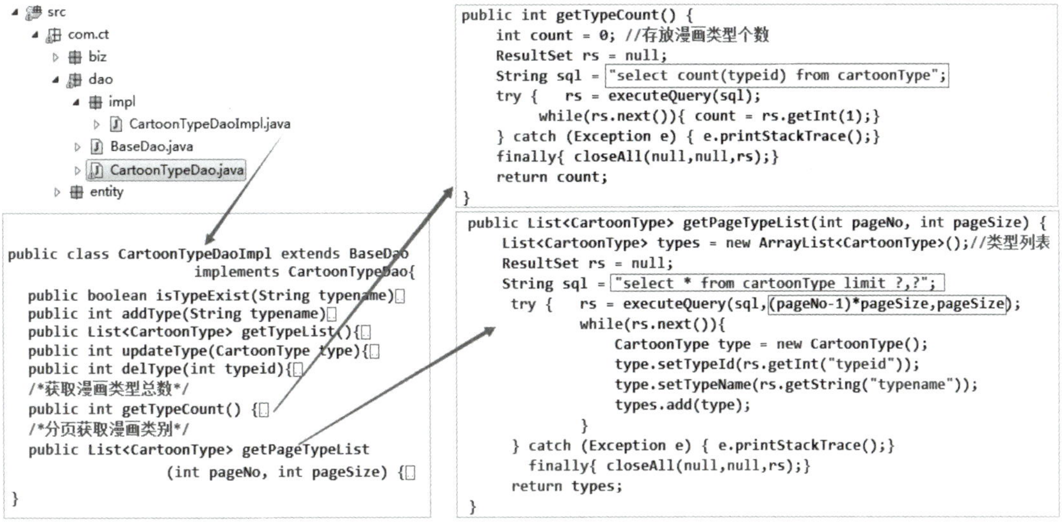

```
src
  com.ct
    biz
    dao
      impl
        CartoonTypeDaoImpl.java
      BaseDao.java
      CartoonTypeDao.java
    entity
```

```
public class CartoonTypeDaoImpl extends BaseDao
                    implements CartoonTypeDao{
  public boolean isTypeExist(String typename)
  public int addType(String typename)
  public List<CartoonType> getTypeList(){
  public int updateType(CartoonType type){
  public int delType(int typeid){
  /*获取漫画类型总数*/
  public int getTypeCount() {
  /*分页获取漫画类别*/
  public List<CartoonType> getPageTypeList
                    (int pageNo, int pageSize) {
}
```

```
public int getTypeCount() {
    int count = 0; //存放漫画类型个数
    ResultSet rs = null;
    String sql = "select count(typeid) from cartoonType";
    try {   rs = executeQuery(sql);
          while(rs.next()){ count = rs.getInt(1);}
    } catch (Exception e) { e.printStackTrace();}
    finally{ closeAll(null,null,rs);}
    return count;
}
```

```
public List<CartoonType> getPageTypeList(int pageNo, int pageSize) {
    List<CartoonType> types = new ArrayList<CartoonType>();//类型列表
    ResultSet rs = null;
    String sql = "select * from cartoonType limit ?,?";
     try {    rs = executeQuery(sql,(pageNo-1)*pageSize,pageSize);
              while(rs.next()){
                    CartoonType type = new CartoonType();
                    type.setTypeId(rs.getInt("typeid"));
                    type.setTypeName(rs.getString("typename"));
                    types.add(type);
              }
     } catch (Exception e) { e.printStackTrace();}
       finally{ closeAll(null,null,rs);}
     return types;
}
```

图 5-22 数据访问类及方法定义

二、完成业务逻辑层代码

如图 5-23 所示，在业务逻辑接口 (CartoonTypeBiz) 中，新增获取漫画类型分页显示的总页数 (int getTypePageCount(int pageSize))、分页获取漫画类别 (List<CartoonType> getPageTypeList(int pageNo,int pageSize)) 两个方法，并在业务逻辑类 (CartoonTypeBizImpl) 中，通过调用数据访问层的方法，实现这两个方法。

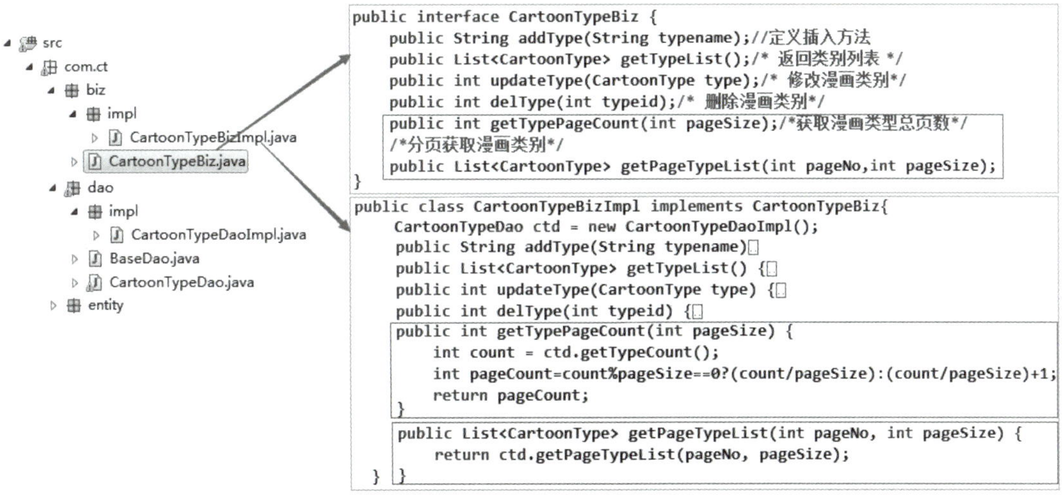

```
src
  com.ct
    biz
      impl
        CartoonTypeBizImpl.java
      CartoonTypeBiz.java
    dao
      impl
        CartoonTypeDaoImpl.java
      BaseDao.java
      CartoonTypeDao.java
    entity
```

```
public interface CartoonTypeBiz {
    public String addType(String typename);//定义插入方法
    public List<CartoonType> getTypeList();/* 返回类别列表 */
    public int updateType(CartoonType type);/* 修改漫画类别*/
    public int delType(int typeid);/* 删除漫画类别*/
    public int getTypePageCount(int pageSize);/*获取漫画类型总页数*/
    /*分页获取漫画类别*/
    public List<CartoonType> getPageTypeList(int pageNo,int pageSize);
}
```

```
public class CartoonTypeBizImpl implements CartoonTypeBiz{
    CartoonTypeDao ctd = new CartoonTypeDaoImpl();
    public String addType(String typename)
    public List<CartoonType> getTypeList() {
    public int updateType(CartoonType type) {
    public int delType(int typeid) {
    public int getTypePageCount(int pageSize) {
        int count = ctd.getTypeCount();
        int pageCount=count%pageSize==0?(count/pageSize):(count/pageSize)+1;
        return pageCount;
    }
    public List<CartoonType> getPageTypeList(int pageNo, int pageSize) {
        return ctd.getPageTypeList(pageNo, pageSize);
  } }
```

图 5-23 业务逻辑层代码

三、设置漫画类型列表页面的分页显示

如图 5-24 所示，假设每页记录数 pageSize 的值为 5，即每页显示 5 行；在 Web 根目录 WebRoot 下的 adminpages/typeList.jsp 页面中，获取 URL 参数 pageNo，即当前页码，然后进行以下操作：

(1) 页码的边界控制。对 pageNo 进行边界控制，如果页码数为空，则表示是第一次打开，设置为 1，即显示第一页；如果页码数小于 1，则表示已经到了最开始，设置为 1，也显示第一页；如果大于总页数 pageCount，则表示已经到了最后，设置为 pageCount，即最大页码。

(2) 获取当前页的漫画类型列表。根据当前页码 pageNo 和每页行数 pageSize，通过调用业务逻辑层的方法，显示当前页的数据列表。

(3) 添加换页超链接。运用表达式，把“上一页”超链接的 URL 参数 pageNo 的值设置为 pageNo - 1，“下一页”超链接的 URL 参数值设置为 pageNo + 1。

图 5-24　分页显示漫画类别

拓展与提高

在数据量较小的情况下，采用“假”分页通常能够提升响应速度，且实现方式相对简单，步骤如下：

(1) 在数据访问层和业务逻辑层添加获取所有数据的方法(在 5.1 节中已经实现)。

(2) 在 JSP 页面中，通过调用业务逻辑层的方法一次性获取所有数据。

(3) 在 JSP 页面中，计算总页数，并在获取 URL 参数 pageNo 后，对其进行边界控制。

(4) 根据当前页码和每页行数，通过 List 集合的 subList() 方法获取当前页的数据列表。

(5) 显示当前页的数据列表，并添加换页超链接。

用“假”分页的方式显示漫画类型列表的关键代码如下：

```
<ul class = "classlist">
    <%! int pageSize = 5;                                    // 每页行数
        CartoonTypeBiz cttb = new CartoonTypeBizImpl();
        List<CartoonType> typeList = cttb.getTypeList();     // 一次性获取所有数据
    %>
    <%  int count = typeList.size();                         // 类型总个数，即集合元素的个数
```

```
        int pageCount = count%pageSize == 0?count/pageSize:count/pageSize + 1;  // 计算总页数
        String pageNoStr = request.getParameter("pageNo");                      // 获取当前页码
        if(pageNoStr == null||"".equals(pageNoStr)){ pageNoStr ="1"; }          // 初值
        int pageNo = Integer.parseInt(pageNoStr);          // 当前页码转换为整型
        // 边界控制：已到第一页
        if(pageNo <= 0){  pageNo=1;  }
        // 边界控制：已到最后一页
        if(pageNo > pageCount){   pageNo=pageCount;  }
        // 从整个集合中获取当前页的数据列表
        List<CartoonType> subTypeList =
                typeList.subList((pageNo-1)*pageSize, (pageNo-1)*pageSize + pageSize);
        for(CartoonType type : subTypeList)
        {
    %>
        <li><% = type.getTypeName()%>    
        <a href = 'adminpages/editType.jsp?typeid = <% = type.getTypeId()%>'> 修改 </a>
        <a href = 'typeservlet?opr = del&typeid = <% = type.getTypeId()%>'
            onclick = 'return clickdel()'> 删除 </a></li>
    <% } %>
       <p align = "right"> 当前页数 :[<% = pageNo%>/<% = pageCount%>] 
       <a href = 'adminpages/typeList.jsp?pageNo = <% = pageNo-1%>'> 上一页 </a> 
       <a href = 'adminpages/typeList.jsp?pageNo = <% = pageNo + 1%>'> 下一页 </a></p>
</ul>
```

技能训练

一、目的

✧ 理解分页的原理。
✧ 能够实现数据的分页显示。

二、要求

如图 5-25 所示，参照任务案例，基于三层架构，实现漫画信息的分页显示。

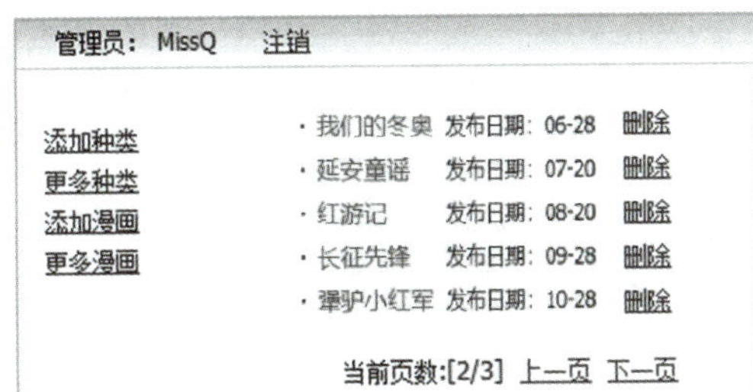

图 5-25　分页显示漫画信息

任务 5.3　基于 MVC 实现漫画信息的添加

任务描述

如图 5-26 所示，运用 MVC 和三层架构，在新增漫画之前进行存在性验证，并进行相应的提示，进而完成漫画的添加功能，同时完成漫画图片的上传。

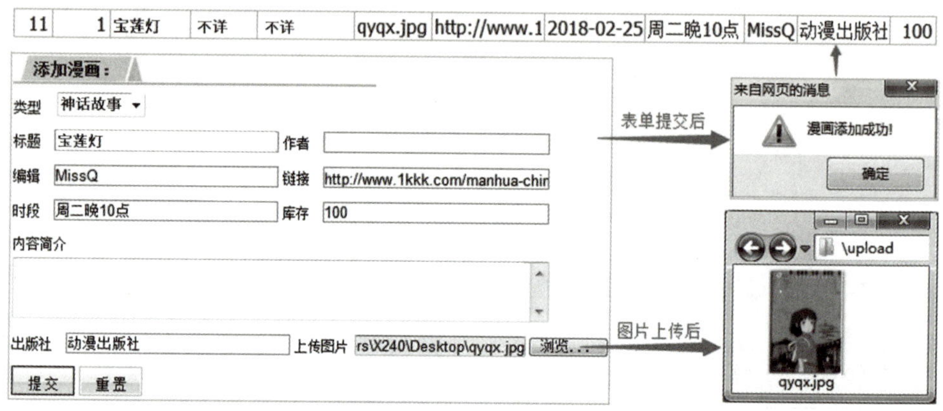

图 5-26　新增漫画

技能目标

✧ 用 Commons-FileUpload 组件实现文件上传。
✧ 用 Commons-FileUpload 组件控制文件上传。

知识链接

5.3.1　用 Commons-FileUpload 组件实现文件上传

将客户端的文件上传至服务器端供其他人浏览和使用，是 Web 应用中最常用的功能。要实现文件上传功能，涉及对文件的接收、读写和存储操作，所需的代码较多，且容易引发各种异常。幸运的是，一些 IT 厂商提供了不少实用的文件上传工具，可以帮我们实现文件上传功能，其中应用比较多的是 Commons-FileUpload 组件，使用该组件可以简化文件上传代码，减少开发的工作量。

一、Commons-FileUpload 组件简介

Commons 是 Apache 开放源代码组织的一个 Java 子项目，其中的 FileUpload 用来处理

HTTP 文件上传的子项目。

1. Commons-FileUpload 组件的特点

(1) 使用简单，可以方便地嵌入 JSP 文件中，且文件的读写和存储操作代码量较小。

(2) 能够全程控制上传内容。

(3) 能够限定上传文件的大小和类型。

2. 获取 Commons-FileUpload 组件的方式

Commons-FileUpload 组件依赖于 Commons-IO 组件，因此，必须同时导入这两个组件，才能实现文件的上传功能。

如图 5-27 所示，可以从 http://commons.apache.org/proper/commons-fileupload/ 网址下载 Commons-FileUpload 组件。

图 5-27　获取 Commons-FileUpload 组件

如图 5-28 所示，可以从 http://commons.apache.org/proper/commons-io/ 网址下载 Commons-IO 组件。

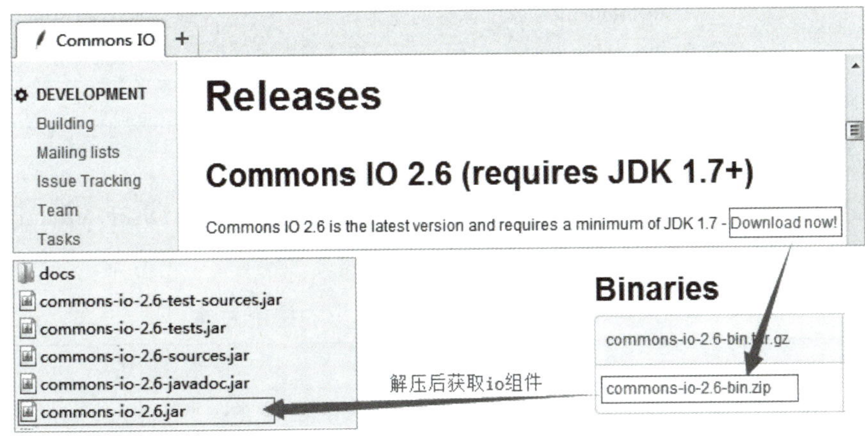

图 5-28　获取 Commons-IO 组件

二、Commons-FileUpload 组件的 API

Commons-FileUpload 组件提供的接口和类都具备了文件上传的相关功能，可获得所有上传文件的信息，包括名称、类型、大小等。

1. ServletFileUpload 类

ServletFileUpload 类用于实现文件的上传操作，它提供的常用方法如表 5-1 所示。

表 5-1　ServletFileUpload 类的常用方法

方　法	作 用 描 述
void setSizeMax (long sizeMax)	设置请求信息实体内容所允许的最大字节数
List parseRequest (HttpServletRequest req)	解析 form 表单中的每个元素的数据，返回一个 FileItem 对象集合
static final boolean isMultipartContent (HttpServletRequest req)	判断请求信息中的内容是否是 multipart/form-data 类型
void setHeaderEncoding (String encoding)	设置转换时所使用的字符集编码

2. FileItem 接口

FileItem 接口用于封装单个表单元素的数据，一个表单元素对应一个 FileItem 实例，在应用程序中使用的是其实现类 DiskFileItem。FileItem 接口提供的常用方法如表 5-2 所示。

表 5-2　FileItem 接口的常用方法

方　法	作 用 描 述
boolean isFormField()	判断 FileItem 对象封装的数据类型 (普通表单元素返回 true，文件表单元素返回 false)
String getName()	获得文件上传字段中的文件名 (普通表单字段返回 null)
String getFieldName()	返回表单元素的 name 属性值
void write()	将 FileItem 对象中保存的主体内容保存到指定的文件中
String getString()	将 FileItem 对象中保存的主体内容以一个字符串返回。其重载方法 public String getString(String encoding) 中的参数可以指定返回字符串的编码方式
long getSize()	返回单个上传文件的字节数

3. FileItemFactory 接口与实现类

创建 ServletFileUpload 实例需要依赖 FileItemFactory 接口。DiskFileItemFactory 是 FileItemFactory 接口的实现类，该类的常用方法如表 5-3 所示。

表 5-3　DiskFileItemFactory 类的常用方法

方　法	作 用 描 述
void setSizeThreshold(int sizeThreshold)	设置内存缓冲区的大小
void setRepositoryPath(String path)	设置临时文件存放的目录

三、Commons-FileUpload 组件的应用

了解了 Commons-FileUpload 组件的相关对象及方法后，来看一下如何在 JSP 中使用

Commons-FileUpload 组件实现文件上传的功能。关键步骤可以总结如下：

(1) 在项目中引入 commons-fileupload-xx.jar 和 commons-io-xx.jar 文件。

(2) 设置表单的 enctype 属性为“multipart/form-data”。

(3) 设置表单的 method 属性为“post”(不能为“get”)。

(4) 添加类型 (type) 为 file 的 input 元素。

(5) 在 JSP 或 Servlet 文件中导入 Commons-FileUpload 组件所需的类。

(6) 判断请求信息中的内容是不是 multipart 类型，如果是，则进行处理。

(7) 通过 FileItemFactory 对象实例化 ServletFileUpload 对象。

(8) 调用 ServletFileUpload 对象的 parseRequest() 方法，将表单中的元素解析成 FileItem 对象的集合。

(9) 通过迭代或者遍历依次处理每个 FileItem 对象，如果是普通字段，则通过 getString() 方法得到相应表单元素的值，该值与表单元素中的“name”属性对应；如果是文件元素，则通过 File 类的构造方法构建一个指定路径名和文件名的文件，并通过 FileItem 对象的 write() 方法将上传文件的内容保存到该文件中。

■ **说明：**

表单的 enctype 属性有以下三个值：

(1) application/x-www-form-urlencoded 是默认的编码类型。表单中发送的数据编码为名称 / 值对，适合处理文本数据。

(2) multipart/form-data 用于上传二进制数据，可以处理非文本内容，如图片、音乐、视频等。

(3) text/plain 用于传递大量的文本数据，如电子邮件。

下面通过示例 5-3-1 来说明用 Commons-FileUpload 组件进行文件上传的具体实现过程。

在示例 5-3-1 中，先在项目中引入 commons-fileupload-xx.jar 和 commons-io-xx.jar 文件，并把文件添加到 build path；然后，如图 5-29 所示，创建表单页面 uploadPage.jsp，设置表单的 enctype 和 method 属性，并通过 action 属性设置其提交目标为 uploadservlet；最后，由该 Servlet 完成文件的上传。运行效果如图 5-30 所示。

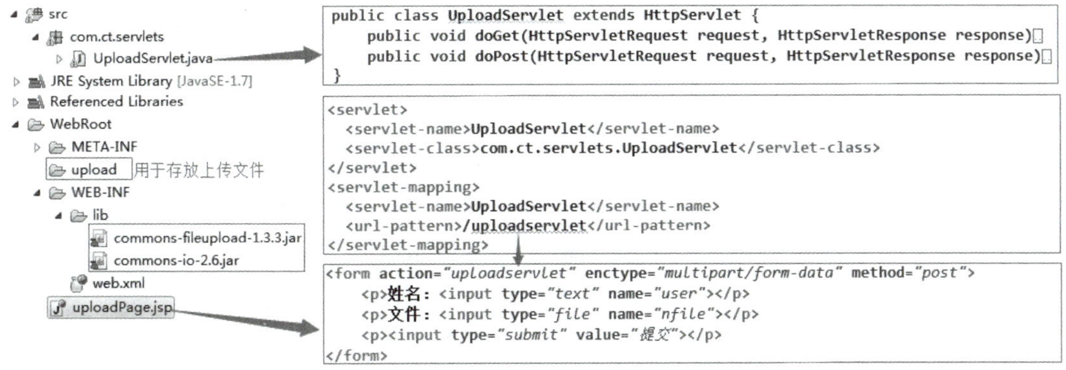

图 5-29　commons-fileupload 组件的应用

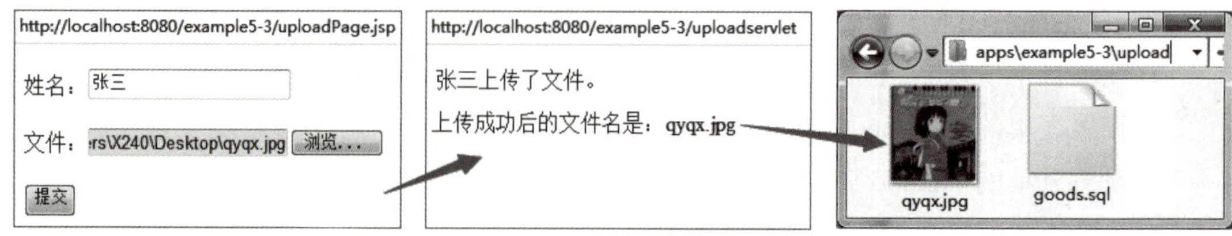

图 5-30 示例 5-3-1 运行效果

【示例 5-3-1】

```
public class UploadServlet extends HttpServlet {
    public void doGet(HttpServletRequest request, HttpServletResponse response)
            throws ServletException, IOException {
        response.setContentType("text/html;charset = utf-8");
        PrintWriter out = response.getWriter();
        String uploadFileName = "";   // 上传的文件名
        String fieldName = "";        // 表单元素的 name 属性值
        // 请求信息中的内容是不是 multipart 类型
        boolean isMultipart = ServletFileUpload.isMultipartContent(request);
        // 上传文件的存储路径（服务器文件系统上的绝对文件路径）
        String uploadFilePath = request.getSession().getServletContext().getRealPath("upload/" );
        if (isMultipart) {
            FileItemFactory factory = new DiskFileItemFactory();
            ServletFileUpload upload = new ServletFileUpload(factory);
            try {
                // 解析 form 表单中所有文件
                List<FileItem> items = upload.parseRequest(request);
                for(FileItem item:items)
                {   if (item.isFormField()){                    // 普通表单字段
                        fieldName = item.getFieldName();  // 表单元素的 name 属性值
                        if (fieldName.equals("user")){        // 输出表单字段的值
                            out.print(item.getString("UTF-8") + " 上传了文件。<br/>");
                        }
                    }else{                                        // 文件表单字段
                        String fileName = item.getName();
                        if (fileName != null && !fileName.equals("")) {
                            File fullFile = new File(item.getName());
                            File saveFile = new File(uploadFilePath, fullFile.getName());
                            item.write(saveFile);
```

```
                                uploadFileName = fullFile.getName();
                                out.print(" 上传成功后的文件名是：" + uploadFileName);
                            }
                        }
                    }

                } catch (Exception e) {
                    e.printStackTrace();
                }
            }
        }
        public void doPost(HttpServletRequest request, HttpServletResponse response)
                throws ServletException, IOException {
            request.setCharacterEncoding("utf-8");
            doGet(request, response);
        }
}
```

5.3.2　用 Commons-FileUpload 组件控制文件上传

在实际应用中，为了保证系统的安全运行，可能需要对上传的文件进行控制。

一、控制上传文件的类型

可以用 Arrays 类的 asList() 方法创建固定长度的集合，用于存储允许的文件类型；然后通过集合的 contains() 方法匹配上传文件的扩展名来判断文件类型是否在允许范围内。可以在示例 5-3-1 中添加如下代码，完成文件类型的控制。

```
List<String> fileType = Arrays.asList("gif", "bmp", "jpg");
String ext = fileName.substring(fileName.lastIndexOf(".") + 1);
if (! fileType.contains(ext)) {   // 判断文件类型是否在允许范围内
    out.print(" 上传失败，文件类型只能是 gif、bmp、jpg");
} else {
    // 上传文件
}
```

二、控制上传文件的大小

可以通过 ServletFileUpload 类的 setSizeMax (long sizeMax) 方法限制文件的大小，关键代码如下：

```
ServletFileUpload upload = new ServletFileUpload(factory);
// 设置一个完整请求的最大限制
upload.setSizeMax(1024 * 30);
try {
    //……省略上传代码
} catch (FileUploadBase.SizeLimitExceededException ex) {
    out.print(" 上传失败，文件太大，全部文件的最大限制是：" +
    upload.getSizeMax() + "bytes!");
}
```

任务实现

把 5.2 节完成的漫画网站项目 cartoon 导入 Eclipse(也可重建)，然后按如下步骤完成任务。

一、搭建三层架构并创建实体类

如图 5-31 所示，根据数据表 Cartoon，创建实体类。

```
src
  com.ct
    biz
    dao
    entity
      Cartoon.java
      CartoonType.java
      User.java
    servlets
```

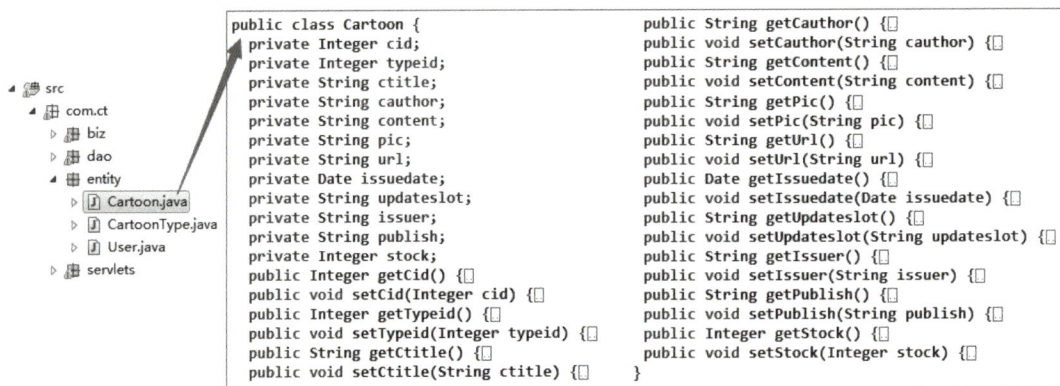

```
public class Cartoon {
    private Integer cid;
    private Integer typeid;
    private String ctitle;
    private String cauthor;
    private String content;
    private String pic;
    private String url;
    private Date issuedate;
    private String updateslot;
    private String issuer;
    private String publish;
    private Integer stock;
    public Integer getCid() {
    public void setCid(Integer cid) {
    public Integer getTypeid() {
    public void setTypeid(Integer typeid) {
    public String getCtitle() {
    public void setCtitle(String ctitle) {
    public String getCauthor() {
    public void setCauthor(String cauthor) {
    public String getContent() {
    public void setContent(String content) {
    public String getPic() {
    public void setPic(String pic) {
    public String getUrl() {
    public void setUrl(String url) {
    public Date getIssuedate() {
    public void setIssuedate(Date issuedate) {
    public String getUpdateslot() {
    public void setUpdateslot(String updateslot) {
    public String getIssuer() {
    public void setIssuer(String issuer) {
    public String getPublish() {
    public void setPublish(String publish) {
    public Integer getStock() {
    public void setStock(Integer stock) {
}
```

图 5-31 漫画实体类

二、完成数据访问层代码

1. 新增数据访问接口方法

如图 5-32 所示，在数据访问接口 CartoonDao 中，新增漫画的存在性验证 (boolean isCartoonExist(String ctitle))、添加漫画 (int addCartoon(Cartoon ct)) 两个方法。

```
dao
  impl
  CartoonDao.java
```

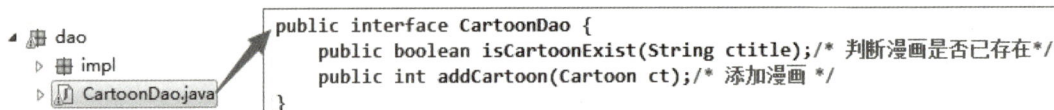

```
public interface CartoonDao {
    public boolean isCartoonExist(String ctitle);/* 判断漫画是否已存在*/
    public int addCartoon(Cartoon ct);/* 添加漫画 */
}
```

图 5-32 新增数据访问接口方法

2. 实现数据访问方法

如图 5-33 所示，在数据访问类 (CartoonDaoImpl) 中，结合通用 BaseDao，实现数据访问接口中新增的两个方法。

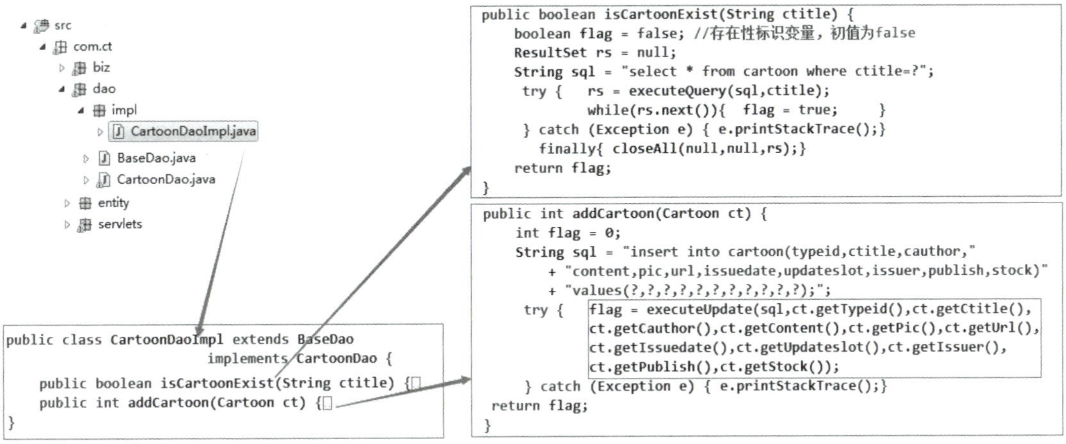

```
src
  com.ct
    biz
    dao
      impl
        CartoonDaoImpl.java
      BaseDao.java
      CartoonDao.java
    entity
    servlets
```

```java
public class CartoonDaoImpl extends BaseDao
                implements CartoonDao {
    public boolean isCartoonExist(String ctitle) {
    public int addCartoon(Cartoon ct) {
}
```

```java
public boolean isCartoonExist(String ctitle) {
    boolean flag = false; //存在性标识变量，初值为false
    ResultSet rs = null;
    String sql = "select * from cartoon where ctitle=?";
     try {    rs = executeQuery(sql,ctitle);
              while(rs.next()){  flag = true;     }
     } catch (Exception e) { e.printStackTrace();}
       finally{ closeAll(null,null,rs);}
    return flag;
}
```

```java
public int addCartoon(Cartoon ct) {
    int flag = 0;
    String sql = "insert into cartoon(typeid,ctitle,cauthor,"
         + "content,pic,url,issuedate,updateslot,issuer,publish,stock)"
         + "values(?,?,?,?,?,?,?,?,?,?,?);";
     try {    flag = executeUpdate(sql,ct.getTypeid(),ct.getCtitle(),
              ct.getCauthor(),ct.getContent(),ct.getPic(),ct.getUrl(),
              ct.getIssuedate(),ct.getUpdateslot(),ct.getIssuer(),
              ct.getPublish(),ct.getStock());
     } catch (Exception e) { e.printStackTrace();}
  return flag;
}
```

图 5-33　实现数据访问方法

三、完成业务逻辑层代码

如图 5-34 所示，在业务逻辑接口 (CartoonBiz) 中新增漫画的添加方法 (String addCartoon (Cartoon ct))，并在业务逻辑类 (CartoonBizImpl) 中通过调用数据访问层的方法来实现新增的方法。

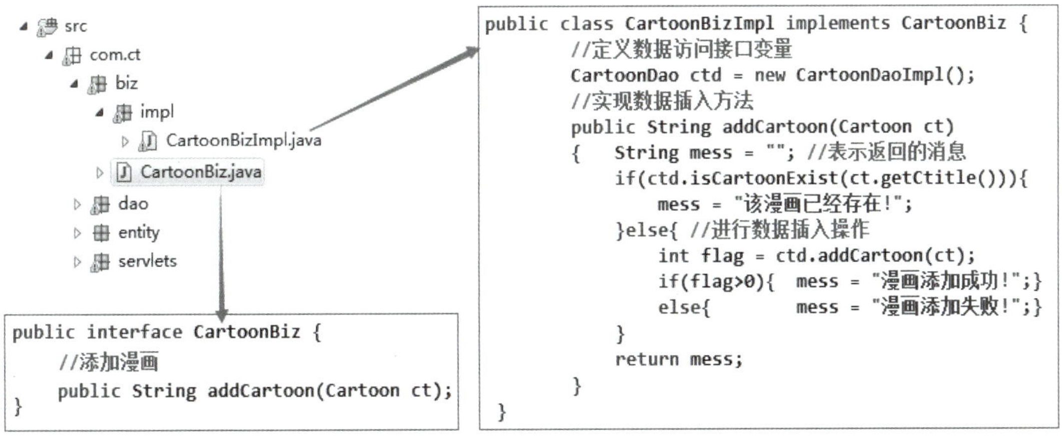

```
src
  com.ct
    biz
      impl
        CartoonBizImpl.java
      CartoonBiz.java
    dao
    entity
    servlets
```

```java
public interface CartoonBiz {
    //添加漫画
    public String addCartoon(Cartoon ct);
}
```

```java
public class CartoonBizImpl implements CartoonBiz {
        //定义数据访问接口变量
        CartoonDao ctd = new CartoonDaoImpl();
        //实现数据插入方法
        public String addCartoon(Cartoon ct)
        {   String mess = ""; //表示返回的消息
            if(ctd.isCartoonExist(ct.getCtitle())){
                mess = "该漫画已经存在!";
            }else{ //进行数据插入操作
                int flag = ctd.addCartoon(ct);
                if(flag>0){  mess = "漫画添加成功!";}
                else{        mess = "漫画添加失败!";}
            }
            return mess;
        }
 }
```

图 5-34　完成业务逻辑层代码

四、创建添加漫画的表单页

如图 5-35 所示，创建“添加漫画”的表单页面，并设置表单的 enctype、method 和 action 属性。其中，action 属性值 cartoonservlet 指向用于处理请求的控制器 Servlet。由于本节主要讲解文件上传功能，为降低实现难度，漫画类型和编辑人员等信息不做动态处理，直接使用固定的预设值代替。

<form action="cartoonservlet" method="post" enctype="multipart/form-data">

添加漫画：

类型 科幻类

标题 作者

编辑 链接

时段 库存

内容简介

出版社 上传图片 浏览...

提交 重置

<input name="pic" type="file" />

图 5-35 添加漫画的表单页

五、完成请求处理控制器代码

请求处理控制器需要完成两个任务：一个是上传漫画图片到 upload 文件夹中；另一个是要把表单元素的值(包括上传成功后的图片名或者路径 + 图片名)封装到漫画实体对象中，通过调用业务逻辑层的方法，存入数据库。

在项目中引入 commons-fileupload-xx.jar 和 commons-io-xx.jar 文件后，在 Servlet 中导入相关的包，并按如下方法编写请求处理代码。

```
package com.ct.servlets;
import java.io.File;
import java.io.IOException;
import java.io.PrintWriter;
import java.util.Arrays;
import java.util.Date;
import java.util.List;
import javax.servlet.ServletException;
import javax.servlet.http.HttpServlet;
import javax.servlet.http.HttpServletRequest;
import javax.servlet.http.HttpServletResponse;
import org.apache.commons.fileupload.FileItem;
import org.apache.commons.fileupload.FileItemFactory;
import org.apache.commons.fileupload.FileUploadBase;
import org.apache.commons.fileupload.disk.DiskFileItemFactory;
import org.apache.commons.fileupload.servlet.ServletFileUpload;
import com.ct.biz.CartoonBiz;
import com.ct.biz.CartoonTypeBiz;
import com.ct.biz.impl.CartoonBizImpl;
```

```
import com.ct.biz.impl.CartoonTypeBizImpl;
import com.ct.entity.Cartoon;
public class CartoonServlet extends HttpServlet {
    public void doGet(HttpServletRequest request, HttpServletResponse response)
            throws ServletException, IOException {
        response.setContentType("text/html;charset = utf-8");
        PrintWriter out = response.getWriter();
        CartoonBiz ctb = new CartoonBizImpl();
        Cartoon ct = new Cartoon();
        ct.setIssuedate(new Date());        // 发布时间为当前时间
        String fieldName = "";              // 表单字段元素的 name 属性值
        boolean isMultipart = ServletFileUpload.isMultipartContent(request);
        // 上传文件的存储路径(服务器文件系统上的绝对文件路径)
        String uploadFilePath = getServletContext().getRealPath("upload");
        if (isMultipart) {
            FileItemFactory factory = new DiskFileItemFactory();
            ServletFileUpload upload = new ServletFileUpload(factory);
            upload.setSizeMax(1024*1024*5);
            // 解析 form 表单中所有文件
            try {
                List<FileItem> items = upload.parseRequest(request);
                boolean isUnallowedType = false;            // 是否为不允许的类型
                File saveFile = null;                       // 上传并保存的文件
                for(FileItem item:items)                    // 依次处理每个文件
                {
                    if (item.isFormField()) {               // 普通表单字段
                    fieldName = item.getFieldName();        // 表单字段的 name 属性值
                    if (fieldName.equals("typeid")) {
                      ct.setTypeid(1);                      // 类型暂时默认设置为 1
                    } else if (fieldName.equals("ctitle")) {    // 标题
                      ct.setCtitle(item.getString("UTF-8"));
                    } else if (fieldName.equals("cauthor")) {   // 作者
                        ct.setCauthor(item.getString("UTF-8"));
                    }else if (fieldName.equals("issuer")) {     // 编辑
                        ct.setIssuer(item.getString("UTF-8"));
                    }else if (fieldName.equals("url")) {        // 链接
                      ct.setUrl(item.getString("UTF-8"));
                  }else if (fieldName.equals("updateslot")) {   // 更新时段
                      ct.setUpdateslot(item.getString("UTF-8"));
```

```
            } else if(fieldName.equals("stock")) {              // 库存
                ct.setStock(Integer.parseInt(item.getString("UTF-8")));
            }else if (fieldName.equals("content")) {            // 内容简介
                ct.setContent(item.getString("UTF-8"));
            } else if (fieldName.equals("publish")) {           // 出版社
                ct.setPublish(item.getString("UTF-8"));
            }
        } else {                                                // 文件表单字段
            String fileName = item.getName();
            if (fileName.length() > 0) {
                List<String> filType = Arrays.asList("gif", "jpg", "jpeg");
                int index = fileName.lastIndexOf(".");
                String ext = index == -1 ? "" : fileName.substring(index + 1).toLowerCase();
                if (filType.contains(ext)) {  // 判断文件类型是否在允许范围内
                    File fullFile = new File(item.getName());
                    saveFile = new File(uploadFilePath, fullFile.getName());
                    item.write(saveFile);                                      // 上传图片
                    //uploadFilePath + File.pathSeparator + fullFile.getName()  // 全路径
                    ct.setPic(fullFile.getName());                             // 图片
            } else {
                isUnallowedType = true;
            }
        }
    }
    if (isUnallowedType)
    {
        out.print("<script type = \"text/javascript\">");
        out.print("alert(\" 图片上传失败，文件类型只能是 GIF、JPG、JPEG\");");
        out.print("location.href = \"adminpages/addCartoon.jsp\";");
        out.print("</script>");
    } else
    {
        String mess = ctb.addCartoon(ct);  // 以接口的方式调用业务逻辑代码
        out.println("<script charset = 'utf-8'>");
        out.println("alert('" + mess + "');");
        out.println("</script>");
          out.print("<script>window.location.href = 'adminpages/addCartoon.jsp'; </script>");
        }
```

```
            }catch (FileUploadBase.SizeLimitExceededException ex) {
                out.print("<script type = \"text/javascript\">");
                out.print("alert(\" 图片上传失败，文件的最大限制是：5MB\");");
                out.print("location.href = \"adminpages/addCartoon.jsp\";");
                out.print("</script>");
            } catch (Exception e)
            {
                // TODO Auto-generated catch block
                e.printStackTrace();
            }
        }
    }
    public void doPost(HttpServletRequest request, HttpServletResponse response)
                throws ServletException, IOException {
        request.setCharacterEncoding("utf-8");
        doGet(request, response);
    }
}
```

拓展与提高

在上传文件的操作中，如果多个用户上传的文件名称一样，则会导致文件覆盖。为了解决这个问题，可以采用为上传文件自动命名的方式。

生成不同文件名的方法有很多种，最常用的是通过 IP 和时间戳来生成文件名，其格式为：IP 地址 + 时间戳 + 三位随机数。具体代码如下：

```
import java.text.SimpleDateFormat;
import java.util.Date;
import java.util.Random;
public class IpTimeStamp {
    private SimpleDateFormat sim = null;
    private String ip = null;
    public IpTimeStamp(){  }
    public IpTimeStamp(String ip){  this.ip = ip;  }  // 传入 IP 的值
    public String getIpTimeRand(){
        StringBuffer sbf = new StringBuffer();
        if(this.ip != null){
            String a[] = this.ip.split("\\.");          // 根据点号拆分 IP 地址 ( 点号需要转义 )
            for(int i = 0; i < a.length; i++){
```

```
                // 调用补零方法，每段 IP 不足三位的自动补足三位
                sbf.append(this.addZero(a[i], 3));
            }
            sbf.append(this.getTimeStamp());           // 用返回时间戳的方法
            Random random = new Random();              // 随机数对象
            for(int i = 0; i<3; i++){                  // 产生三位随机数
                sbf.append(random.nextInt(10));        // 每位随机数都不超过 10
            }
            } return sbf.toString();
        }
        private String getTimeStamp(){                // 返回时间戳
            this.sim = new SimpleDateFormat("yyyymmddhhmmssSSS");
            return this.sim.format(new Date());
        }
        private String addZero(String str,int len){    // 自动补零的方法，参数为指定的字符串和长度
            StringBuffer s = new StringBuffer();
            s.append(str);
            while(s.length()<len){
                s.insert(0,"0");                       // 在第一个位置(索引为 0)上进行补零操作
            } return s.toString();
        }
        public static void main(String [] ary){        // 测试
            IpTimeStamp IpTimeStamp = new IpTimeStamp("172.168.3.222");
            System.out.println(IpTimeStamp.getIpTimeRand());
        }
    }
```

通过 IP 和时间戳来生成文件名，重复率非常低，如果再加上同步处理，则效果更好。

技能训练

一、目的

✧ 用 Commons-FileUpload 组件实现文件上传。

✧ 用 Commons-FileUpload 组件控制文件上传。

二、要求

如图 5-36 和图 5-37 所示，编写一个 Web 应用程序，用于学生的信息采集。照片格式

可以是 JPEG、GIF 或者 PNG，大小不能超过 3 MB。

学生信息采集

学号：2017087724

姓名：雨果

班级：1701

爱好：☑篮球 ☑足球 ☐排球

照片：rs\X240\Desktop\qyqx.jpg 浏览...

提交

图 5-36 信息采集页面

采集成功！

同学，你好！

你的学号：2017087724

你的姓名：雨果

你的班级：1701

你的爱好：篮球、足球

你的美照：

图 5-37 采集结果显示页面

■ **提示**：本题目不涉及数据库，能获取表单数据及照片上传后的路径，并在信息采集结果页面中正常显示即可。

单元练习

一、选择题

1. MVC 设计模式将应用程序分为 (　　) 部分。

A. 2　　B. 3

C. 4　　D. 5

2. 在 J2EE 的 Model2 模式中，模型层对象被编写为 (　　)。

A. Applet　　B. JSP

C. JavaBean　　D. Server

3. 在 JSP 中，对标记 <jsp:setProperty> 描述正确的是 (　　)。

A. <jsp:setProperty> 和 <jsp:getProPerty> 必须在一个 JSP 文件中搭配出现

B. <jsp:setProperty> 就如同 session.setAttribute() 一样，来设置属性 / 值对

C. <jsp:setProperty> 和 <jsp:useBean> 动作一起使用，来设置 bean 的属性值

D. <jsp:setProperty> 就如同 request.setAttribute() 一样，来设置属性 / 值对

4. MVC 体系中的表示层技术是 (　　)。

A. HTML　　B. JavaBean

C. EJB　　D. JSP

5. 下面关于 MVC 的说法，不正确的是 (　　)。

A. M 表示 Model 层，是存储数据的地方

B. View 表示视图层，负责向用户显示外观

C. Controller 是控制层，负责控制流程

D. 在 MVC 架构中 JSP 通常作为控制层

6. 给定 TheBean 类，假设还没有创建 TheBean 类的实例，以下哪个 JSP 标准动作语句能创建这个 bean 的一个新实例，并把它存储在请求作用域？(　　)

A. <jsp:useBean name = "myBean" type = "com.example.TheBean"/>

B. <jsp:takeBean name = "myBean" type = "com.example.TheBean"/>

C. <jsp:useBean id = "myBean" class = "com.example.TheBean" scope = "request"/>

D. <jsp:takeBean id = "myBean" class = "com.example.TheBean" scope = "request"/>

二、简答题

1. 简述 MVC 模式的工作原理。
2. 简述用 SQL 语句实现分页的步骤。
3. 简述用 Commons-FileUpload 组件实现文件上传的步骤。

三、代码题

编写一个 Web 应用程序，用于模拟计算机二级考试报名，要求能够上传报名者照片，并且只能是 JPG 和 PNG 格式，大小不能超过 5 MB(要求读者自己设计数据表和界面)。

第 6 章　EL 和 JSTL

情景描述

从 JSP 2.0 开始，提倡要把 html 和 css、html 和 javascript 分离，以及把 Java 脚本替换成标签，标签的好处是非 Java 程序员也可以使用。

在早期的 JSP 中，为了实现与用户的动态交互，或者控制页面输出，需要在 JSP 页面中嵌入大量的 Java 代码。例如，在展示登录页面时，需要先用 Java 代码判断用户是否已经登录。若已登录，则显示登录成功的消息；否则显示登录框，提示用户登录。关键代码如下：

```
<% String userId = (String) session.getAttribute ("userId");   // 获取 session 中的登录信息
    if(userId == null){
%>
<form name = "loginForm" method = "post" action = "……">
<!-- 登录相关的表单元素省略 -->
</form>
<% } else { %>
<% = userId%> 已登录！
<% } %>
```

另外，在 JSP 中使用嵌入 Java 代码的方式访问 JavaBean 的属性时，需要调用该属性的 get() 方法。如果访问的属性是 String 类型或者其他的基本数据类型，则可以比较方便地达到目的。但是，如果该属性是另外一个 JavaBean 对象，就需要多次调用 get() 方法，而且有时还需要做强制类型转换。

假设对漫画 (Cartoon) 实体类进行重新设计，漫画类型 (CartoonType) 类是其中的一个属性。关键代码如下：

```
public class CartoonType {          // 漫画类型实体类
    private int typeId;              // 编号
    private String typeName;         // 类别名称
    ……// 其他代码省略
}
public class Cartoon {              // 漫画实体类
    private Integer cid;             // 编号
    private String ctitle;           // 标题
```

```
        private CartoonType type;       // 类型
        ……// 其他代码省略
    }
```

如果需要在 JSP 页面中显示某个漫画的类型名称，就必须先调用 Cartoon 对象的 getType() 方法得到 CartoonType 对象，然后调用 CartoonType 对象的 getTypeName() 方法，才能得到漫画的类型名称。关键代码如下：

```
<% Cartoon ct = (Cartoon)request.getAttribute("cartoon");    // 从 request 域中获取漫画对象
   CartoonType ctt = ct.getType();                            // 获取漫画类型
   out.print(ctt.getTypeName());                              // 输出漫画类型的名称
%>
```

不难发现，以上代码结构复杂、可读性差、不易维护。为了解决这些问题，JSP 2.0 引入了 EL 表达式，可以将以上代码简化为 ${requestScope.cartoon.type.typeName }。

本章的主要学习目标是理解 EL 表达式的概念及应用，熟悉常用的 JSTL 标签，进而能够使用 EL 表达式实现一项问卷调查，并使用 JSTL 和 EL 显示漫画列表。

学习目标

- ✧ 掌握 EL 表达式的概念及应用。
- ✧ 熟悉常用的 JSTL 标签。
- ✧ 培养服务意识、质量意识。
- ✧ 培养科学严谨的工作态度。
- ✧ 培养换位思考的习惯。

任务 6.1 使用 EL 表达式实现问卷调查

任务描述

目前，市场上的漫画越来越多，为了粗略统计用户对各类漫画的喜欢程度，可以在漫画网站上做如下统计：让用户输入昵称、所在城市，并以多选的方式让用户选择所喜欢的漫画类型，然后用 EL 表达式显示在页面上（无须访问数据库）。页面效果如图 6-1 所示。

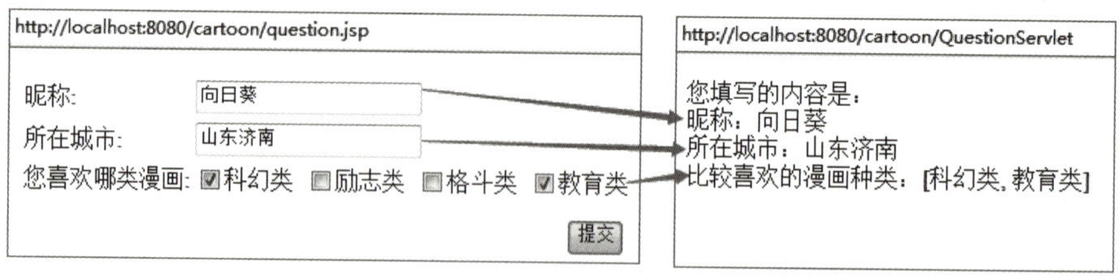

图 6-1 关于漫画种类的问卷调查

技能目标

✧ 理解 EL 表达式的概念与应用。
✧ 能够使用 EL 表达式完成数据显示。

知识链接

6.1.1 EL 表达式概述

EL 表达式是一种 JSP 技术，能够代替 JSP 中原本要用 Java 语言进行数据显示的语句，使得代码更容易编写与维护。

一、EL 简介

EL 的全称是 Expression Language，它是一种借鉴了 JavaScript 和 XPath 的表达式语言。EL 表达式定义了一系列的隐含对象和操作符，使开发人员能够很方便地访问页面的上下文，以及不同作用域内的对象，无须在 JSP 页面嵌入 Java 代码，从而使开发人员即使不熟悉 Java 也能轻松地编写 JSP 程序。

二、EL 的特点和使用范围

EL 表达式提供了在 Java 代码之外访问和处理应用程序数据的功能，通常用于在某个作用域 (page、request、session、application) 内通过变量名取值、获取对象的属性值、获取集合元素或者执行表达式。

EL 表达式有以下特点：

(1) 自动转换类型。在使用 EL 得到某个数据时可以自动转换数据类型。

(2) EL 不显示 null。当 EL 表达式的值为 null 时，会在页面上显示空白。

(3) 使用简单。与 JSP 页面中嵌入的 Java 代码相比，EL 表达式使用起来非常简单。如果想得到某个对象的属性值，只需把该对象放在某个作用域中，然后在 JSP 页面中用以下方式获取即可，十分方便。

```
${ 域对象 . 对象名 . 属性名……}
```

6.1.2 EL 表达式的语法

下面具体介绍 EL 表达式的语法。

语法如下：

```
${EL 表达式 }
```

EL 表达式的语法有两个要素：$ 和 {}，两者缺一不可，如 ${1 + 2}。

一、“.” 操作符

EL 表达式通常由两部分组成：对象和属性。就像在 Java 代码中一样，在 EL 表达式中也可以用点操作符“.”来访问对象的某个属性。例如，通过 ${cartoon.type} 可以访问 cartoon 对象的 type 属性，而通过 ${cartoon.type.typeName} 则可以访问某个漫画的类别名称。

二、“[]”操作符

与点操作符类似，“[]”操作符也可以访问对象的某个属性，如 ${cartoon["type"]} 可以访问漫画的类别属性。除此之外，“[]”操作符还提供了更加强大的功能。

(1) 当属性名中包含了特殊字符时，如“.”或“-”等，就不能使用点操作符来访问，这时只能使用“[]”操作符。

(2) 访问数组，如果有一个对象名为 array 的数组，则可以根据索引值来访问其中的元素，如 ${array[0]}、${array[1]} 等。

(3)“[]”操作符中可以使用变量实现动态访问，如 ${cartoon[propertyName]}，其中的 propertyName 是另一个变量，改变其值可以动态访问 cartoon 对象的不同属性。

在示例 6-1-1 中，使用 Map 存储姓名集合，在 JSP 页面中分别运用 EL 表达式的两种运算符进行姓名的输出显示，运行结果如图 6-2 所示。

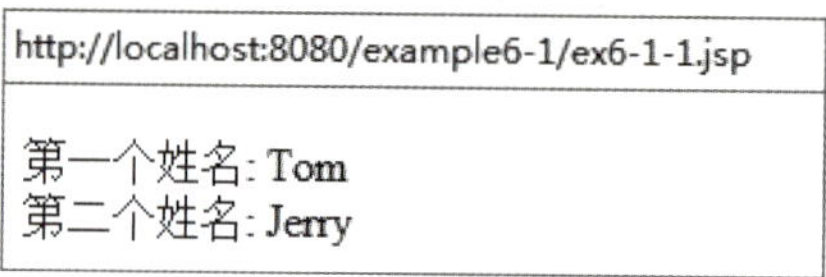

图 6-2　EL 表达式显示集合数据

【示例 6-1-1】

```
<body>
    <% Map names = new HashMap() ;
          names. put ("one","Tom") ;  names.put ("two","Jerry");
          request.setAttribute("names",names );
    %>
       第一个姓名 : ${names.one}<br/>
       第二个姓名 : ${names["two"] }
</body>
```

三、运算符

如表 6-1 所示，在 EL 表达式中，有 5 个算术运算符、6 个关系运算符、3 个逻辑运算符和 1 个 empty 运算符。

表 6-1　EL 表达式中的运算符

运算符	说 明	范　例	结果
+	加	${17+5}	22
−	减	${17−5}	12
*	乘	${17*5}	85
/ 或 div	除	${17/5} 或 ${17 div 5}	3

续表

运算符	说 明	范　　例 (或说明)	结果
% 或 mod	取余	${17%5} 或 ${17 mod 5}	2
== 或 eq	等于	${5==5} 或 ${5 eq 5}	true
!= 或 ne	不等于	${5!=5} 或 ${5 ne 5}	false
< 或 lt	小于	${3<5} 或 ${3 lt 5}	true
> 或 gt	大于	${3>5} 或 ${3 gt 5}	fase
<= 或 le	小于等于	${3<=5} 或 ${3 le 5}	true
>= 或 ge	大于等于	${3>=5} 或 ${3 ge 5}	false
&& 或 and	并且	${true&&false} 或 ${true and false}	false
! 或 not	非	${!true} 或 ${not true}	false
|| 或 or	或者	${true || false} 或 ${true or false}	true
empty	是否为空	${empty""}，可以判断字符串、数据、集合的长度是否为 0，为 0 返回 true。empty 还可以与 not 或！一起使用，如 ${not empty""}	true

算术运算符：“+”“-”“*”“/ 或 div”“% 或 mod”；

关系运算符：“== 或 eq”“!= 或 ne”“< 或 lt”“> 或 gt”“<= 或 le”“>= 或 ge”；

逻辑运算符：“&& 或 and”“! 或 not”“|| 或 or”；

其他运算符：empty 运算符。

6.1.3　EL 表达式隐式对象

JSP 提供了 page、request、session、application、pageContext 等若干隐式对象。这些隐式对象无须声明，就可以很方便地在 JSP 页面中使用。相应地，在 EL 表达式语言中也提供了一系列可以直接使用的隐式对象。EL 表达式中的隐式对象按照使用途径的不同可分为作用域访问对象、参数访问对象和 JSP 隐式对象，如图 6-3 所示。

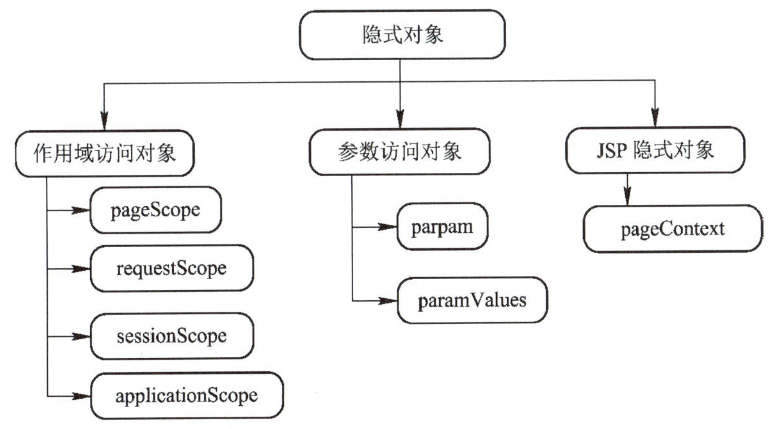

图 6-3　EL 表达式中的隐式对象

EL 表达式中的隐式对象说明如表 6-2 所示。

表 6-2 EL 表达式中的隐式对象说明

类 别	对象名称	说 明
作用域访问对象	pageScope	与 page 作用域相关联的 Map 对象
	requestScope	与 request 作用域相关联的 Map 对象
	sessionScope	与 session 作用域相关联的 Map 对象
	applicationScope	与 application 作用域相关联的 Map 对象
参数访问对象	param	按照请求参数名称返回单一值的 Map 对象
	paramValues	按照请求参数名称返回 String 数组的 Map 对象
JSP 隐式对象	pageContext	提供对页面信息和 JSP 内置对象的访问

一、作用域访问对象

开发 JavaWeb 应用时，可以把变量存放在不同的作用域中以满足不同范围的访问需求，作用域共有四个选项：page、request、session 和 application。在 EL 表达式中，为了访问这四个作用城内的变量和属性，提供了四个作用域访问对象，如表 6-2 中所示。

当使用 EL 表达式访问某个变量时，应该指定查找的范围，如 ${requestScope.cartoon}(等同于 request.getAttribute("cartoon"))，即在请求作用域范围内查找 cartoon 变量。如果不指定查找范围，即 ${cartoon}，则会按照 page→request→session→application 的顺序依次查找 cartoon 变量。

二、参数访问对象

参数访问对象是与页面输入参数有关的隐式对象，通过它们可以得到用户的请求参数。如表 6-2 中所示，param 和 paramValues 的不同之处在于，param 对象用于得到请求中单一名称的参数，而 paramValues 对象用于得到请求中的多个值。

例如，在用户注册时，通常会填写一个名为 userName 的参数，这就可以用 ${param.userName} 来访问此参数，等同于调用 request.getParameter("userName")；用户注册时，也可能会选择多个业余爱好 (habits), 这样通过 ${paramValues.habits} 可以得到用户所有选择的值，等同于调用 request.getParameterValues("habits")。

三、JSP 隐式对象

为了能够方便地访问 JSP 隐式对象，EL 表达式语言引入了 pageContext，如表 6-2 中所示。它是 JSP 和 EL 的一个公共对象，通过 pageContext 可以访问其他 8 个 JSP 内置对象 (如 request、response 等)，这也是 EL 表达式语言把它作为内置对象的一个主要原因。

任务实现

把本书配套资源提供的漫画网站项目 cartoon 导入 Eclipse(也可重建)，然后按如下步骤完成任务。

一、创建问卷调查表单页

如图 6-4 所示，在 WebRoot 下，新建问卷页面 (question.jsp)，其表单的 action 属性设

置为用于处理提交请求的 QuestionServlet。

```
WebRoot
  adminpages
  CSS
  Images
  META-INF
  upload
  userpages
  WEB-INF
  answer.jsp
  index.jsp
  question.jsp
  reg.jsp
```

```
<form id="quesForm" action="QuestionServlet" method="post">
  <table>
    <tr><td>昵称:</td>
        <td><input id="username" name="username" type="text"></td>
    </tr>
    <tr><td>所在城市:</td>
       <td><input id="city" name="city" type="text"></td>
    </tr>
    <tr><td>您喜欢哪类漫画:</td>
        <td><input name="type" type="checkbox" value="科幻类">科幻类
            <input name="type" type="checkbox" value="励志类">励志类
            <input name="type" type="checkbox" value="格斗类">格斗类
            <input name="type" type="checkbox" value="教育类">教育类
        </td>
    </tr>
    <tr><td colspan="2"><input type="submit" value="提交"></td></tr>
  </table>
</form>
```

图 6-4　问卷调查表单页

二、创建问题实体类

如图 6-5 所示，在 com.ct 的 entity 包中，创建问卷实体类 Question.java，其中，用户所选的漫画类型列表为 List 集合。

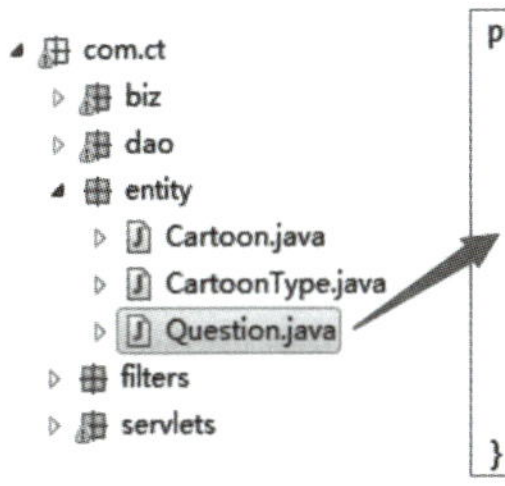

```
com.ct
  biz
  dao
  entity
    Cartoon.java
    CartoonType.java
    Question.java
  filters
  servlets
```

```
public class Question {
      private String username; //用户名
      private String city;  //所在城市
      private List<String> types; //用户所喜欢的漫画类型列表
      public String getUsername() {
      public void setUsername(String username) {
      public String getCity() {
      public void setCity(String city) {
      public List<String> getTypes() {
      public void setTypes(List<String> types) {
}
```

图 6-5　问卷实体类

三、完成用于处理提交请求的 Servlet 代码

如图 6-6 所示，获取表单数据姓名 name、城市 city 及漫画类型数组 types，并把 types 用 Arrays 的 asList() 方法转换成集合对象；然后把所有的表单数据封装到一个问卷实体对象中，存入 request 作用域；最后，将请求转发给问卷结果页面 (answer.jsp)。

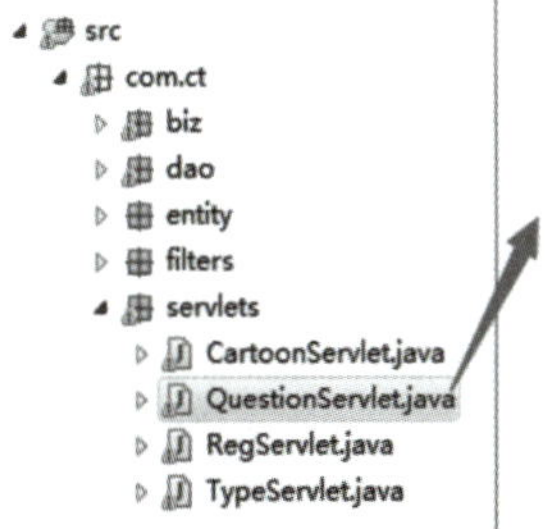

```
src
  com.ct
    biz
    dao
    entity
    filters
    servlets
      CartoonServlet.java
      QuestionServlet.java
      RegServlet.java
      TypeServlet.java
```

```
public class QuestionServlet extends HttpServlet {
      public void doGet(HttpServletRequest request, HttpServletResponse response)
               throws ServletException, IOException {
         String name = request.getParameter("username");//从请求参数中取得用户名
         String city = request.getParameter("city");// 城市
         String[] types = request.getParameterValues("type");// 喜欢的漫画种类
         Question question = new Question();// 此处生成一个Question对象
         question.setUsername(name);  question.setCity(city);
         question.setTypes(java.util.Arrays.asList(types));
         // 省略问卷功能的持久化实现代码
         request.setAttribute("question", question);//把此Question对象存入request作用域
         request.getRequestDispatcher("/answer.jsp")
                  .forward(request, response);
      }
      public void doPost(HttpServletRequest request, HttpServletResponse response)
               throws ServletException, IOException {
         request.setCharacterEncoding("UTF-8");
         this.doGet(request, response);
      }
}
```

图 6-6　请求处理代码

四、完成问卷结果的显示

如图 6-7 所示，在 WebRoot 下，新建问卷结果页面 (answer.jsp)，并通过 EL 表达式读取 request 作用域中问卷对象的各个属性。

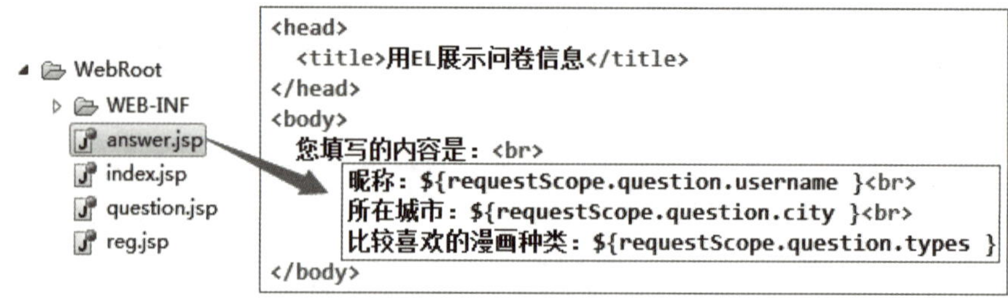
WebRoot
WEB-INF
answer.jsp
index.jsp
question.jsp
reg.jsp
<head>
<title>用EL展示问卷信息</title>
</head>
<body>
您填写的内容是：
昵称：${requestScope.question.username }
所在城市：${requestScope.question.city }
比较喜欢的漫画种类：${requestScope.question.types }
</body>

图 6-7 问卷结果页面

拓展与提高

EL 表达式是 JSP 2.0(Servlet 2.4 或以上) 最重要的特征之一，并且 JSP 2.0 中默认启用 JSP EL 表达式。在 JSP 1.2 中默认禁用 EL 表达式，因此，在 JSP 1.2 的 JSP 页面中出现 EL 表达式，将会被忽略。

可以通过两种方式禁用 EL 表达式：

(1) 使用 page 指令的 isELIgnored 属性，其语法格式如下：

```
<%@ page  isELIgnored = "true" %>
```

其中，isELIgnored 属性值为 boolean 类型，true 表示将会被忽略，false 表示 EL 表达式将被计算，JSP 2.0 中 isELIgnored 默认值为 false。

(2) 在 WEB-INF/web.xml 中使用 jsp-property-group 标签批量禁用 EL 表达式，其语法格式如下：

```
<jsp-config>
  <jsp-property-group>
    <url-pattern>*.jsp</url-pattern>
    <el-ignored>true</el-ignored>
  </jsp-property-group>
</jsp-config>
```

jsp-property-group 标签是 JSP 2.0 中的新增功能，因此，在低版本的 web.xml 中是不能使用该标签的。

技能训练

一、目的

✧ 理解 EL 表达式的概念与应用。
✧ 能够使用 EL 表达式完成数据显示。

二、要求

用 EL 表达式的隐式对象 param 和 paramValues 改写任务案例。

■ **提示：**只需创建两个页面，即问卷页面 question.jsp 和结果页面 answer.jsp；然后，把问卷页面中的表单属性 action 的值设置为 answer.jsp；最后在 answer.jsp 页面中，运用 param 和 paramValues 获取问卷答案，并生成结果。

任务 6.2　使用 JSTL 和 EL 显示漫画列表

任务描述

如图 6-8 所示，使用 JSTL 和 EL 显示漫画列表 (暂不考虑分页)。

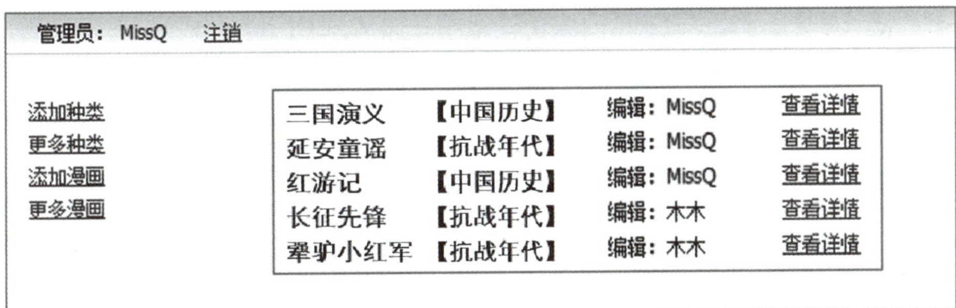

图 6-8　漫画列表

技能目标

✧ 理解 JSTL 的概念与应用。
✧ 能够使用 JSTL 进行逻辑控制。

知识链接

6.2.1　JSTL 概述

JSTL 的全称是 JSP Standard Tag Library，即 JSP 标准标签库。它包含了在开发 JSP 页面时经常用到的一组标准标签，这些标签提供了一种不用嵌入 Java 代码就可以开发复杂的 JSP 页面的途径。JSTL 标签库包含了多种标签，如通用标签、条件判断标签和迭代标签等。

EL 表达式封装了数据访问的功能，而 JSTL 标签库则封装了逻辑控制、循环控制以及数据格式化等功能，二者结合使用才能完整实现动态页面的开发需求。

在项目中如何使用 JSTL 标签？需要如下两个步骤：

(1) 在工程中引用 JSTL 的两个 jar 文件和标签库描述符文件 (扩展名为 .tld)。与使用 JDBC 连接数据库类似，使用 JSTL 标签库也必须在工程中导入相关的包 (jstl.jar 和 standard.jar)。另外，标签库描述符文件也是必需的。这些资源都需要从网上下载得到。

幸运的是，Eclipse 中已经集成了 JSTL，实现方法如下：

首先，在 File 菜单中选择“New”→“Web Project”命令，弹出“New Web Project”窗口。如图 6-9 所示，在该窗口中的“J2EE Specification Level”选项组中选中 Java EE 5.0 或 Java EE 6.0 单选按钮，Eclipse 会自动在项目中添加 JSTL 所需的 jar 文件和标签库描述符文件。如果选择更低的版本，则需要勾选“Add JSTL libraries to WEB-INF/lib folder ?”复选框，然后单击“Finish”按钮就可以了。

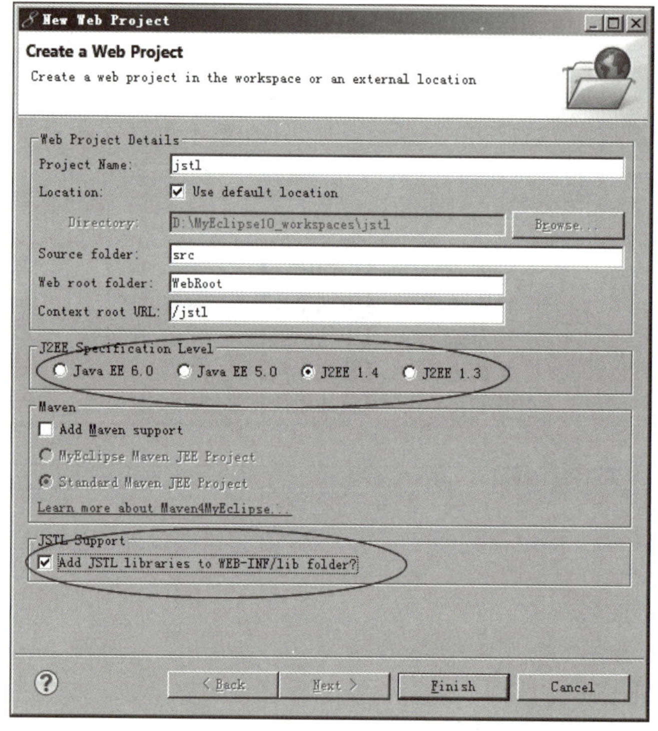

图 6-9　在工程中添加 JSTL

(2) 在需要使用 JSTL 的 JSP 页面中使用 taglib 指令导入标签库描述符文件。要使用 JSTL 核心标签库，必须在 JSP 页面上方增加如下的 taglib 指令：

```
<%@ taglib uri = "http://java.sun.com/jsp/jstl/core" prefix = "c" %>
```

其中，taglib 指令通过 uri 属性引用某个标签库的配置文件，JSP 页面中通过 prefix 属性指定的前缀即可使用该标签库中的某个标签功能，其语法格式为 <c: 标签名 >。

完成以上两个步骤，就可以用 JSTL 方便地开发 JSP 页面了，而无须再嵌入 Java 代码。

6.2.2　JSTL 核心标签库简介

JSTL 由四个定制标签库 (core、fmt、xml、sql) 组成。其中，最常用的 core 即是 JSTL

核心标签库，它提供了定制操作，通过限制作用域的变量来管理数据，以及执行页面内容的条件操作和迭代操作。

core 标签库中常用的标签如图 6-10 所示。

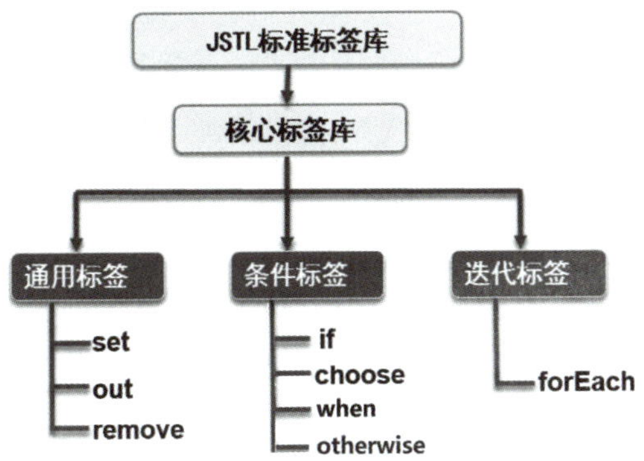

图 6-10　JSTL 核心标签库常用标签

6.2.3　通用标签

通用标签用于在 JSP 页面内设置、显示和删除变量，它包含三个常用标签：<c:set>、<c:out> 和 <c:remove>。

一、<c:set> 标签

<c:set> 标签用于设置作用域变量的值或者作用域变量的属性值，其语法格式分为如下两种。

(1) 将 value 值存储到范围为 scope 的变量 variable 中。

语法如下：

```
<c:set var = "variable" value = "value" scope = "scope"/>
```

其中，var 属性的值是设置的变量名；value 属性的值是赋予变量的值；scope 属性对应的是变量的作用域，可选值有 page、request、session 和 application。

例如，在请求范围内将变量 currentIndex 的值设置为 6，用 <c:set> 标签可以写成：

```
< c:set var = "currentIndex" value  = "6" scope = "request"/>
```

(2) 将 value 值设置到对象的属性中。

语法如下：

```
<c:set value = "value" target = "target" property = "property" />
```

其中，target 属性对应操作的 JavaBean 对象，可以使用 EL 表达式来表示；property 属性对应 JavaBean 对象的属性名；value 属性是赋予 JavaBean 对象属性的值。

二、<c:out> 标签

<c:out> 标签用于将计算的表达式结果输出显示，类似于 JSP 中的 <% = %>，但是功能更加强大，代码也更加简洁，方便页面维护。其语法格式分为指定默认值和不指定默认值两种形式。

(1) 不指定默认值的语法：

```
<c:out value = "value" />
```

其中，value 属性表示需要输出的表达式的运算结果，可以通过 EL 表达式来获取。

(2) 指定默认值的语法：

```
<c:out value = "value" default = "default" />
```

其中，default 属性是 value 属性的值为空时输出的默认值。另外，<c:out> 标签还有一个 escapeXml 属性，表示是否转换特殊字符，用于指定在使用 <c:out> 标签输出诸如 <、>、'、"、& 之类在 HTML 和 XML 中具有特殊意义的字符时是否应该进行转义。escapeXml 属性默认为 true，表明会自动进行转义处理。代码如示例 6-2-1 所示，escapeXml 为 false 时与直接使用 EL 表达式的效果相同。

【示例 6-2-1】

```
${"<a href = 'www.baidu.com'> 百度 </a>"}
<c:out value = "<a href = 'www.baidu.com'> 百度 </a>"></c:out>
<c:out escapeXml = "false" value = "<a href = 'www.baidu.com'> 百度 </a>"></c:out>
```

运行结果如图 6-11 所示。

http://localhost:8080/example6-2/ex6-2-1.jsp
百度 <a href='www.baidu.com'>百度</a> 百度

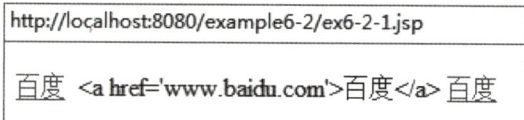

图 6-11 示例 6-2-1 的运行结果

下面用示例 6-2-2 来看一下 <c:set> 和 <c:out> 标签如何配合使用。假设 CartoonType 为实体类，在 JSP 页面中导入相应的包和标签库描述符文件，如图 6-12 所示，用 <jsp:useBean> 动作创建对象 type，用 <c:set> 标签为其 typeName 属性赋值，用 <c:out> 标签输出结果。

【示例 6-2-2】

```
<%@ page language = "java" import = "com.ct.entity. * " pageEncoding = "utf-8" %>
<%@ taglib uri = "http://java.sun.com/jsp/jst1/core" prefix = "c" %>
<%
String path = request.getContextPath();
String basePath = request.getScheme() + ": // " + request.getServerName() + " : "
                + request.getServerPort() + path + "/";
%>
<!DOCTYPE HTML PUBLIC "-//W3C//DTD HTML 4.01 Transitional//EN">
<html>
<head><base href = "<% = basePath%>"> </head>
<body>
    <jsp:useBean id = "type" class = "com.ct.entity.CartoonType" scope = "request"/>
    <c:out value = "${type.typeName}" default = "no typeName"> </c:out> <br>
    <c:set target = "${type}" property = "typeName" value = " 科幻类 "> </c:set> <br>
```

```
    <c:out value = "${type.typeName}" default = "no typeName"> </c:out> <br>
</body>
</html>
```

src
com.ct.entity
Cartoon.java
CartoonType.java
实体类
public class CartoonType {
private int typeId; //编号
private String typeName; //类别名称
public int getTypeId() {
public void setTypeId(int typeId) {
public String getTypeName() {
public void setTypeName(String typeName) {
}
http://localhost:8080/example6-2/ex6-2-2.jsp
no typeName
科幻类
运行效果
WebRoot
META-INF
WEB-INF
ex6-2-1.jsp
ex6-2-2.jsp
<%@ page language="java" import="com.ct.entity.*" pageEncoding="utf-8"%>
<%@ taglib uri="http://java.sun.com/jsp/jstl/core" prefix="c" %>
<body>
<jsp:useBean id="type" class="com.ct.entity.CartoonType" scope="request"/>
<c:out value="${type.typeName }" default="no typeName"></c:out>
<c:set target="${type}" property="typeName" value="科幻类"></c:set>
<c:out value="${type.typeName }" default="no typeName"></c:out>
</body>

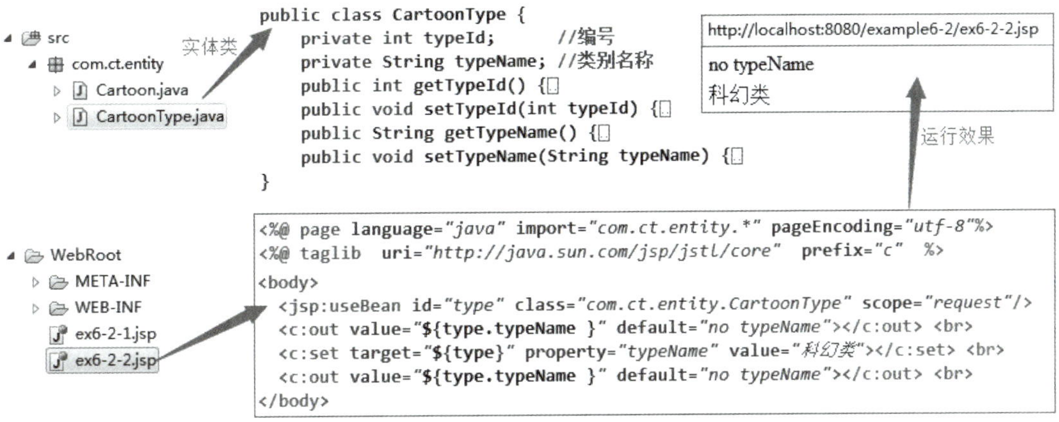

图 6-12　示例 6-2-2 的代码和运行结果

三、<c:remove> 标签

与 <c:set> 标签的作用相反，<c:remove> 标签用于移除指定作用域内的指定变量。

语法如下：

```
<c:remove var = "variable" scope = "scope"/>
```

其中，var 属性是指待移除的变量名；scope 属性对应待移除变量的所在范围，可选值有 page、request、session 和 application，默认为 page。

如示例 6-2-3 所示，用 <c:set> 标签设置变量 msg 的值后，再用 <c:remove> 标签移除。

【示例 6-2-3】

```
没有值：
<c:out value = "${msg}" default = "no msg"/> <br>
设置值：
<c:set var = "msg" value = "Hello JSTL" scope = "page"/>
<c:out value = "${msg}" default = "no msg"/> <br>
移除值：
<c:remove var = "msg"/>
<c:out value = "${msg}" default = "no msg"/> <br>
```

运行结果如图 6-13 所示。

http://localhost:8080/example6-2/ex6-2-3.jsp
没有值：no msg
设置值：Hello JSTL
移除后：no msg

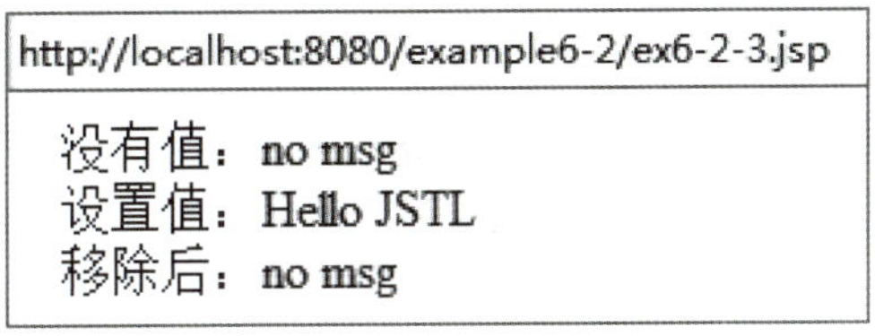

图 6-13　示例 6-2-3 的运行结果

6.2.4 条件标签

JSTL 的条件标签包括 <c:if>、<c:choose>、<c:when> 和 <c:otherwise> 标签。

一、<c:if> 标签

<c:if> 标签用于实现 Java 语言中 if 语句的功能。

语法如下：

```
<c:if test = "condition" var = "varName" scope = "scope"/>
    主体内容
</c:if>
```

其中，test 属性是判断条件，当 condition (可以用 EL 表达式表示) 的结果为 true 时，会执行主体内容，如果为 false 则不会执行；var 属性用于定义变量，该变量存放判断的结果，该属性可以省略；scope 属性是指 var 定义变量的存储范围，可选值有 page、request、session 和 application，该属性可以省略。

如示例 6-2-4 所示，在 page 域中创建名为 a 的变量，用 <c:if> 判断，如果 a 变量不为 null，则输出显示。

【示例 6-2-4】

```
<c:set var = "a" value = "hello"/>
<c:if test = "${not empty a }"> <c:out value = "${a }"/> </c:if>
```

二、<c:choose> 标签

<c:choose>、<c:when> 和 <c:otherwise> 一起实现互斥条件的执行，类似于 Java 语言的 if - else if - else 语句。

语法如下：

```
<c:choose var = "varName" scope = "scope">
    <c:when test = "condition"> 主体内容 </c:when>
    <c:otherwise> 其他内容 </c:otherwise>
</c:choose >
```

其中，<c:choose> 是作为 <c:when> 和 <c:otherwise> 的父标签使用的，除了空白字符外，<c:choose> 的标签体只能包含这两个标签；<c:when> 标签必须有一个直接的父标签 <c:choose>，而且必须在同一个父标签下的 <c:otherwise> 标签之前出现；在同一个父标签 <c: choose> 中，可以有多个 <c:when> 标签；<c:otherwise> 标签必须有一个直接的父标签 <c:choose>，而且必须是 <c:choose> 标签中最后一个嵌套的标签。

在运行时，判断 <c:when> 的测试条件是否为 true，第一个测试条件为 true 的 <c:when> 标签体被 JSP 容器执行；如果没有满足条件的 <c:when> 标签，那么 <c:otherwise> 的标签体将被执行。

如示例 6-2-5 所示，根据输入的分数判断并输出对应的等级。

【示例 6-2-5】

```
<form method = "post">
请输入你的分数：<input type = "text" name = "score"/>
```

```
        <input type = "submit" value = " 显示等级 "/>
</form>
<c:set var = "score" value = "${param.score }" />
<!-- 第一个 when 相当于 if，剩下的 when 相当于 else if，最后的 otherwise 相当于 else-->
<c:choose>
  <c:when test = "${score > 100 || score < 0}"> 输入错误 </c:when>
  <c:when test = "${score >= 90 }">A 级 </c:when>
  <c:when test = "${score >= 80 }">B 级 </c:when>
  <c:when test = "${score >= 70 }">C 级 </c:when>
  <c:when test = "${score >= 60 }">D 级 </c:when>
  <c:otherwise>E 级 </c:otherwise>
</c:choose>
```

运行结果如图 6-14 所示。

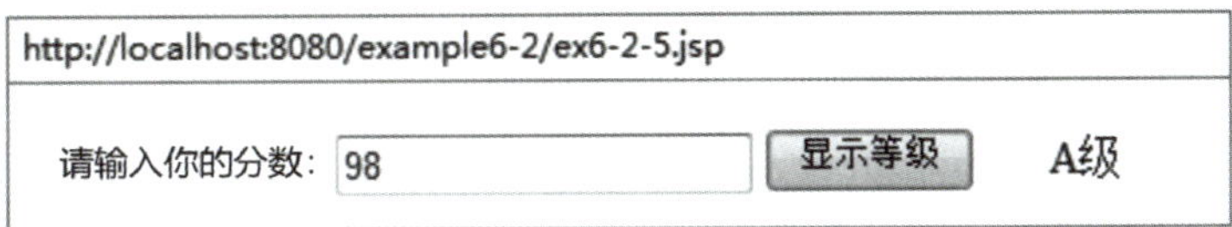

图 6-14　示例 6-2-5 的运行结果

6.2.5　迭代标签

在 JSP 的开发中，经常需要对集合对象进行迭代操作，例如显示数据列表等。通常用 Java 代码实现集合对象 (如 List、Map 等) 的遍历。现在，通过 JSTL 的 <c:forEach> 标签，能在很大程度上简化迭代操作。

<c:forEach> 标签有两种语法格式：一种用于遍历集合对象的成员，另一种用于使语句循环执行指定的次数。

1. 遍历集合对象的成员

语法如下：

```
<c:forEach var = "varName" items = "collectionName" varStatus = "varStatusName"
      begin = "beginIndex" end = "endIndex" step = "step"> 主体内容
</c:forEach>
```

其中，var 属性是对当前成员的引用，即如果当前循环到第一个成员，var 就引用第一个成员，如果当前循环到第二个成员，它就引用第二个成员，以此类推；items 指被迭代的集合对象；varStatus 属性用于存放 var 引用的成员的相关信息，如索引等；begin 属性表示开始位置，默认为 0，该属性可以省略；end 属性表示结束位置，该属性可以省略；step 表示循环的步长，默认为 1，该属性可以省略。

如示例 6-2-6 所示，用 <c:forEach> 标签遍历一个数组。

【示例 6-2-6】

```
<%
```

```
    String[] names = {"zhangSan", "liSi", "wangWu", "zhaoLiu"};
    pageContext.setAttribute("ns", names);
%>
  <c:forEach var = "item" items = "${ns}">
  <c:out value = "${item}"/> <!--item 保存在 pageScope 里面。-->
  </c:forEach>
```

运行结果如图 6-15 所示。

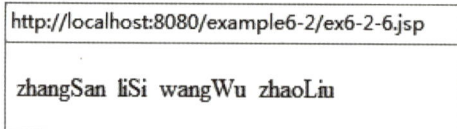

http://localhost:8080/example6-2/ex6-2-6.jsp
zhangSan liSi wangWu zhaoLiu

图 6-15　示例 6-2-6 的运行结果

2. 指定语句的执行次数

语法如下：

```
<c:forEach var = "varName" varStatus = "varStatusName"
          begin = "beginIndex" end = "endIndex" step = "step"> 主体内容
</c:forEach>
```

格式 2 与格式 1 的区别是：格式 2 不是对一个集合对象的遍历，而是根据指定的 begin 属性、end 属性以及 step 属性执行主体内容固定的次数。

如示例 6-2-7 所示，用 <c:forEach> 标签计算 0～100 之间的奇数和。

【示例 6-2-7】

```
<c:set var = "sum" value = "0" />
<c:forEach var = "i" begin = "1" end = "100" step  = "2">
    <c:set var = "sum" value = "${sum + i}" />
</c:forEach>
<c:out value = "sum = ${sum }"/>
```

运行结果如图 6-16 所示。

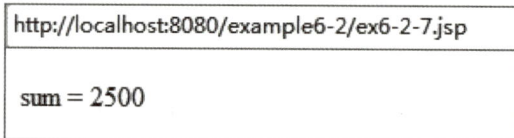

http://localhost:8080/example6-2/ex6-2-7.jsp
sum = 2500

图 6-16　示例 6-2-7 的运行结果

任务实现

把任务 6.1 完成的漫画网站项目 cartoon 导入 Eclipse(也可重建)，然后按如下步骤完成任务。

一、修改漫画实体类

由于在漫画列表中包含漫画类别名称，所以需要对漫画实体类 Cartoon 进行修改，为其增加类别对象成员。关键代码如下：

```
public class Cartoon {
    // 其他代码省略
    private CartoonType type;   // 把类别对象作为属性
    public CartoonType getType() {   return type;   }
    public void setType(CartoonType type) {   this.type = type;   }
}
```

二、完成数据访问层代码

1. 新增数据访问接口方法

如图 6-17 所示，在数据访问接口 CartoonDao 中，新增 List<Cartoon> getCartoonList() 方法，用于获取漫画列表。

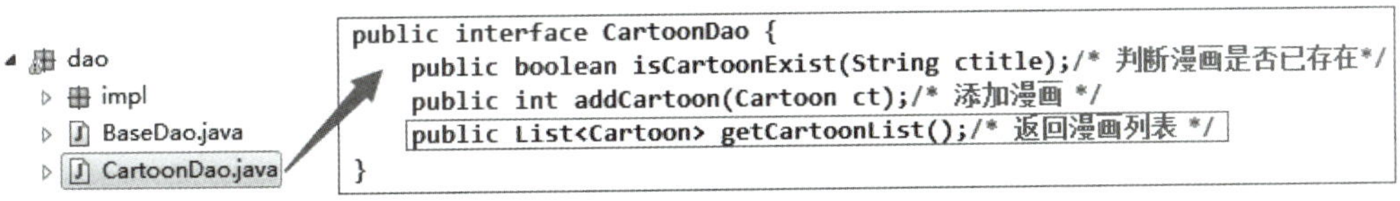

```
dao
  impl
  BaseDao.java
  CartoonDao.java
```

```
public interface CartoonDao {
    public boolean isCartoonExist(String ctitle);/* 判断漫画是否已存在*/
    public int addCartoon(Cartoon ct);/* 添加漫画 */
    public List<Cartoon> getCartoonList();/* 返回漫画列表 */
}
```

图 6-17　新增数据访问接口方法

2. 实现数据访问方法

如图 6-18 所示，在数据访问类 (CartoonDaoImpl) 中，结合通用 BaseDao，实现新增的数据访问接口方法。

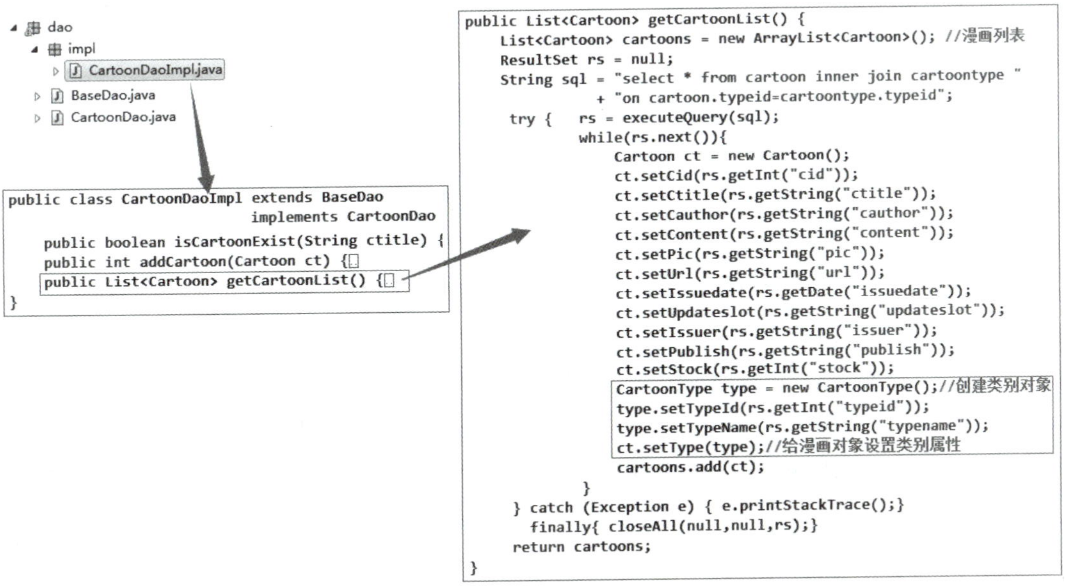

```
dao
  impl
    CartoonDaoImpl.java
  BaseDao.java
  CartoonDao.java
```

```
public class CartoonDaoImpl extends BaseDao
                    implements CartoonDao
    public boolean isCartoonExist(String ctitle) {
    public int addCartoon(Cartoon ct) {
    public List<Cartoon> getCartoonList() {
}
```

```
public List<Cartoon> getCartoonList() {
    List<Cartoon> cartoons = new ArrayList<Cartoon>(); //漫画列表
    ResultSet rs = null;
    String sql = "select * from cartoon inner join cartoontype "
                + "on cartoon.typeid=cartoontype.typeid";
     try {    rs = executeQuery(sql);
            while(rs.next()){
                Cartoon ct = new Cartoon();
                ct.setCid(rs.getInt("cid"));
                ct.setCtitle(rs.getString("ctitle"));
                ct.setCauthor(rs.getString("cauthor"));
                ct.setContent(rs.getString("content"));
                ct.setPic(rs.getString("pic"));
                ct.setUrl(rs.getString("url"));
                ct.setIssuedate(rs.getDate("issuedate"));
                ct.setUpdateslot(rs.getString("updateslot"));
                ct.setIssuer(rs.getString("issuer"));
                ct.setPublish(rs.getString("publish"));
                ct.setStock(rs.getInt("stock"));
                CartoonType type = new CartoonType();//创建类别对象
                type.setTypeId(rs.getInt("typeid"));
                type.setTypeName(rs.getString("typename"));
                ct.setType(type);//给漫画对象设置类别属性
                cartoons.add(ct);
            }
    } catch (Exception e) { e.printStackTrace();}
      finally{ closeAll(null,null,rs);}
    return cartoons;
}
```

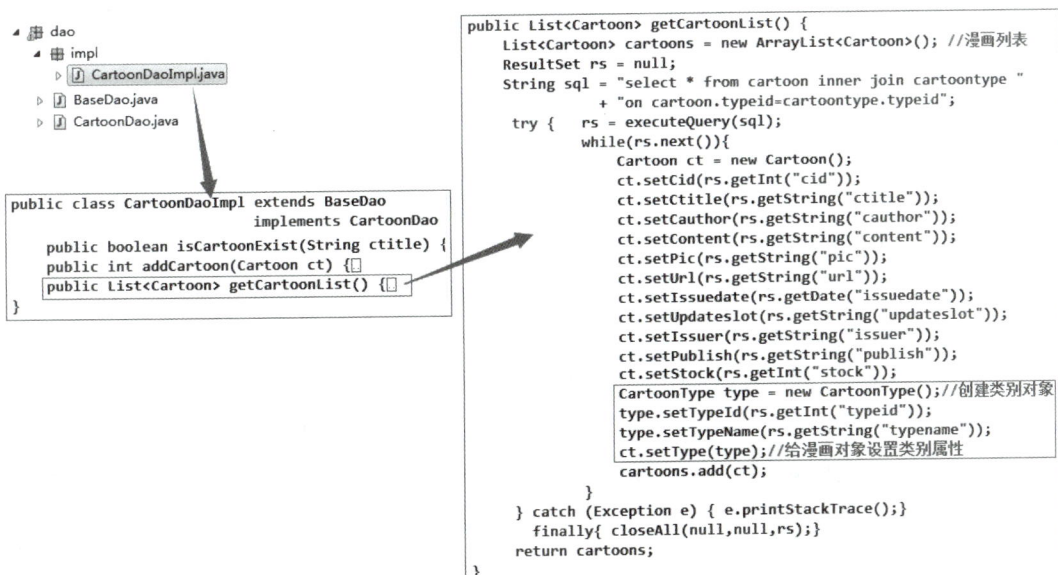

图 6-18　实现数据访问方法

三、完成业务逻辑层代码

如图 6-19 所示，在业务逻辑接口 (CartoonBiz) 中新增 List<Cartoon> getCartoonList() 方法，用于获取漫画列表；在业务逻辑类 (CartoonBizImpl) 中，通过调用数据访问层的方法来实现该功能。

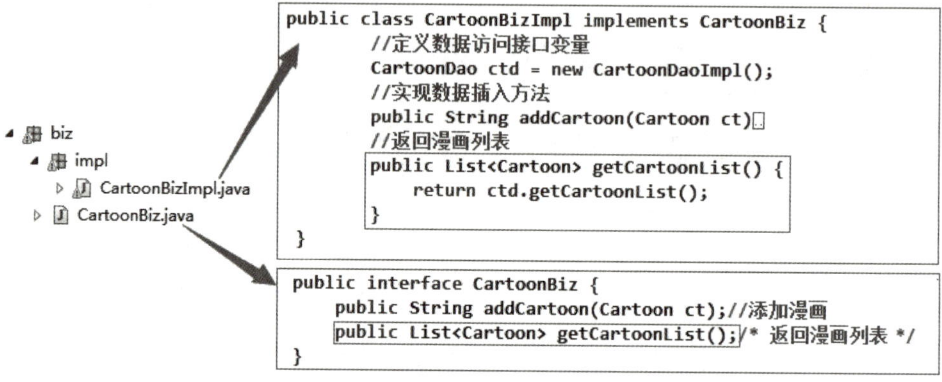

biz
impl
CartoonBizImpl.java
CartoonBiz.java
public class CartoonBizImpl implements CartoonBiz {
//定义数据访问接口变量
CartoonDao ctd = new CartoonDaoImpl();
//实现数据插入方法
public String addCartoon(Cartoon ct)
//返回漫画列表
public List<Cartoon> getCartoonList() {
return ctd.getCartoonList();
}
}
public interface CartoonBiz {
public String addCartoon(Cartoon ct);//添加漫画
public List<Cartoon> getCartoonList();/* 返回漫画列表 */
}

图 6-19　完成业务逻辑层代码

四、完成漫画列表页面

在 WebRoot\adminpages 下创建漫画列表页面 cartoonList.jsp，并在页面中调用业务逻辑方法，获取漫画列表，然后运用 <c:forEach> 标签和 EL 表达式显示漫画列表。关键代码如下：

```
<%@ page language = "java" import = "java.util.*" pageEncoding = "utf-8"%>
<%@ page import = "com.ct.biz.*,com.ct.biz.impl.*,com.ct.entity.*" %>
<%@ taglib  uri = "http://java.sun.com/jsp/jstl/core"  prefix = "c"  %>
<!-- 其他代码省略 -->
<%   CartoonBiz ctb = new CartoonBizImpl();
     List<Cartoon> ctList = ctb.getCartoonList();   // 一次性获取所有数据，暂不考虑分页
     request.setAttribute("cartoonList", ctList) ;
%>
   <table border = 0 width = "50%">
   <c:forEach var = "cartoon" items = "${requestScope.cartoonList}">
      <tr><td>${cartoon.ctitle}</td>
          <td>【${cartoon.type.typeName}】</td>
          <td> 编辑：${cartoon.issuer} </td>
          <td> <a href = '#'> 查看详情 </a></td>
     </tr>
   </c:forEach>
   </table>
```

拓展与提高

JSTL 核心标签库包含三个与 URL 操作有关的标签，它们分别是：

<c:import> 标签：用于包含其他文件的内容。

<c:redirect> 标签：用于页面跳转。

<c:url> 标签：用于生成 URL。

一、<c:import> 标签

<c:import> 标签提供了所有 <jsp:include> 动作标签所具有的功能，同时也允许包含绝对 URL。

语法如下：

```
<c:import url = "…" var = "…" scope = "…" varRender = "…"
        context = "…" charEncoding = "…"/>
```

<c:import> 标签的属性说明如表 6-3 所示。

表 6-3　<c:import> 标签的属性说明

属　性	说　　明
url	待导入资源的 URL，可以是相对路径或绝对路径，并且可以导入其他主机资源
context	用来指定要访问的外部 Web 应用的路径名
charEncoding	所引入的数据的字符编码集
var	用于存储所引入的文本的变量
scope	var 属性的作用域
varReader	可选的用于提供 java.io.Reader 对象的变量

以下语句可实现打印 http://www.baidu.com 页面的源代码。

```
<c:import var = "data" url = "http://www.baidu.com"/>
<c:out value = "${data}"/>
```

二、<c:redirect> 标签

<c:redirect> 标签通过自动重写 URL 来将浏览器重定向至一个新的 URL，它提供相关的 URL，并且支持 <c:param> 标签。

语法如下：

```
<c:redirect url = "…" context = "…" />
```

<c: redirect > 标签的属性说明如表 6-4 所示。

表 6-4　<c: redirect > 标签的属性说明

属 性	说　明
url	目标 URL
context	本地网络应用程序的名称

用浏览器打开以下代码，将跳转至 http://www.baidu.com。

```
<%@ page language = "java" pageEncoding = "UTF-8"%>
<%@ taglib uri = "http://java.sun.com/jsp/jstl/core" prefix = "c" >
<html>
	<head><title>c:redirect 标签实例 </title></head>
	<body><c:redirect url = "http://www.baidu.com"/></body>
</html>
```

三、<c:url> 标签

<c:url> 标签将 URL 格式化成字符串，并将其存储到变量中。此标记在必要时会自动执行并重写 URL。

语法如下：

```
<c:url  var = "…"  scope = "…"  value = "…"  context = "…"/>
```

<c: url > 标签的属性说明如表 6-5 所示。

表 6-5　<c: url> 标签的属性说明

属　性	说　明
value	基础 URL
context	本地网络应用程序的名称
var	代表 URL 的变量名
scope	var 属性的作用域

以下语句可通过 <c:url> 生成一个链接。

```
<a href = "<c:url value = "http://www.baidu.com"/>"> 生成链接 </a>
```

技能训练

一、目的

✧ 理解 JSTL 的概念与应用。

✧ 能够使用 JSTL 进行逻辑控制。

二、要求

如图 6-20 所示，实现“查看详情”功能。

■ 提示：

(1) 在“查看详情”超链接中绑定漫画编号。

(2) 在漫画详情页面中获取超链接 URL 参数中的漫画编号值，并从数据库获取相应的漫画对象，然后将该漫画的各个属性显示在漫画详情页面的适当位置上。

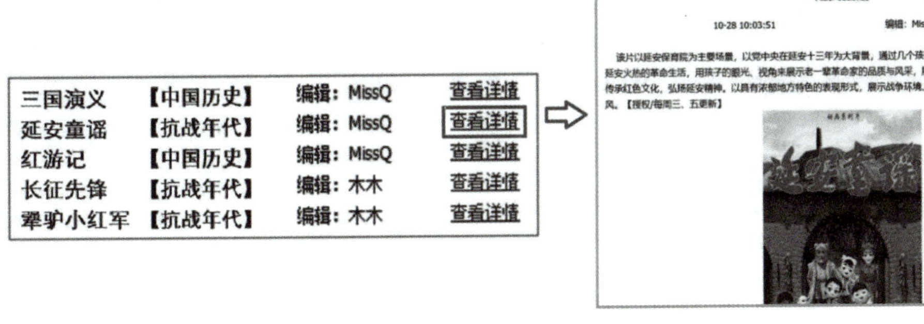

图 6-20　显示漫画详情

单 元 练 习

一、选择题

1. 以下选项不是 EL 表达式隐含对象的是 (　　)。

A. request　　B. requestScope
C. sessionScope　　D. pageContext

2. 以下 EL 表达式的语法结构正确的是 (　　)。

A. $[user.userName]　　B. #[user.userName]
C. ${user.userName}　　D. #{user.userName}

3. 关于“.”操作符和“[]”操作符，以下说法不正确的是 (　　)。

A. ${user.name} 等价于 ${user[name]}
B. ${user.name} 等价于 ${user[“name”]}
C. 如果 user 是一个 List，则 ${user[0]} 的写法是正确的
D. 如果 user 是一个数组，则 ${user[0]} 的写法是正确的

4. 如果想在 JSP 页面声明一个名字为 name 的变量，应该使用 (　　) 标签。

A. <c:if>　　B. <c:set>
C. <c:out>　　D. <c:forEach>

5. 如果要遍历一个数组中的所有元素，需要 (　　) 标签。

A. <c:if>　　B. <c:set>
C. <c:remove>　　D. <c:forEach>

二、简答题

1. JSTL 中常用的标签有哪些？
2. EL 表达式中提供了哪几个隐式对象？分别有什么作用？

三、代码题

1. 以下是一个 JSP 页面的代码，如果用网页地址追加“?name = tom&age = 20”的 URL 去访问该网页，会输出什么结果？

```
<%@ page language = "java" import = "java.util.* "  pageEncoding = "UTF-8"%>
```

```
<html><head><title></title></head>
  <body>
    ${param.name } ${param.age } ${param.sex } ${ paramValues.age[0] }
  </body>
</html>
```

2. 假设现有一个存放所有学生信息的 ArrayList(studentList)，以下是一个使用 JSTL 迭代标签输出学生姓名的程序片段，请指出其中的错误。

```
<c:forEach var = "studentList" items = "student" varStatus = "status" begin = "0"
    <c:out value = "${ student.name}"
</c:forEach>
```

第 7 章　用 Ajax 改善用户体验

情景描述

在传统的 Web 应用中，每次请求服务器都会生成新的页面，用户在提交请求后，总是要等待服务器的响应。如果前一个请求没有得到响应，则后一个请求就不能发送。由于这是一种独占式的请求，因此如果服务器响应没有结束，用户就只能等待。在等待期间，由于新的页面没有生成，整个浏览器将是一片空白。对于用户而言，这是一种不连续的体验，同时，频繁地刷新页面也会使服务器的负担加重。

Ajax 技术正是为了弥补以上不足而诞生的。Ajax 使用 JavaScript 异步发送请求，不用每次请求都重新加载页面，发送请求时可以继续其他的操作，在服务器响应完成后，再使用 JavaSript 将响应展示给用户。使用 Ajax 技术，从用户发送请求到获得响应，其界面在整个过程中不会受到干扰；而且可以在必要的时候只更新页面的一小部分，而不用刷新整个页面，即“无刷新”。

本章的主要学习目标是理解 Ajax 技术、掌握 jQuery 的 $ajax() 方法、掌握 JSON 的使用方法，进而能够基于 Ajax 实现无刷新的用户名存在性验证，使用 JSON 生成漫画类型列表。

学习目标

✧ 理解 Ajax 技术。

✧ 掌握 jQuery 的 $.ajax() 方法。

✧ 掌握 JSON 的数据格式与应用。

✧ 能够实现页面的局部刷新。

✧ 能够用 JSON 生成页面。

✧ 培养服务意识、质量意识。

✧ 培养精益求精的工匠精神。

任务 7.1 基于 Ajax 实现无刷新的用户名存在性验证

任务描述

如图 7-1 和图 7-2 所示，在用户注册页中，实现无刷新用户名验证。当用户名输入框失去焦点，即用户切换到页面上的其他地方时，自动向服务器发送请求，检查输入的用户名是否存在；如果已经存在则提示“该账号已被使用”，如果不存在则提示“该账号可用”。

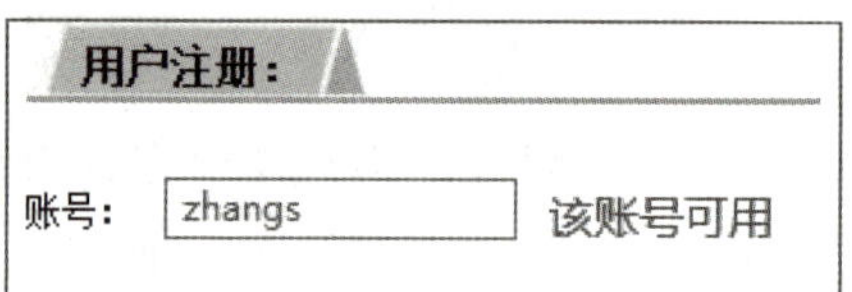

图 7-1 账号可用

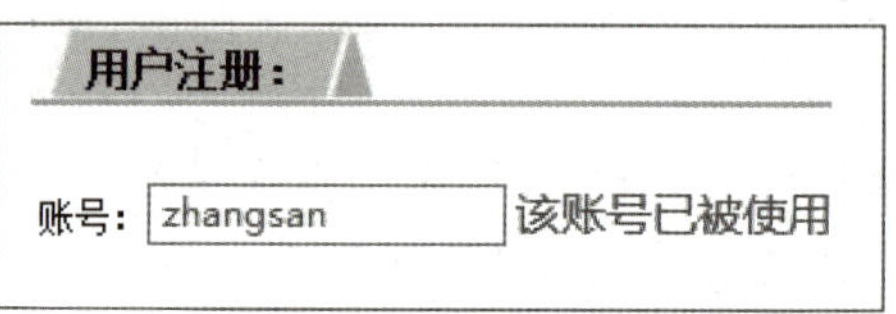

图 7-2 账号不可用

技能目标

✧ 理解 Ajax 技术。

✧ 能够使用 jQuery 的 $.ajax() 方法实现页面局部刷新。

知识链接

7.1.1 Ajax 技术概述

Ajax 的全称是 Asynchronous JavaScript and XML，即异步的 JavaScript 和 XML，能够实现在无须重新加载整个网页的情况下更新部分网页。Ajax 并不是一种全新的技术，而是由 JavaScript、XML、CSS 等几种现有技术整合而成的。

Ajax 的执行流程是：用户界面触发事件调用 JavaScript，通过 XMLHttpRequest 对象 (Ajax 引擎）异步发送请求到服务器，服务器返回 XML、JSON 或 HTML 等格式的数据，然后利用返回的数据使用 DOM 和 CSS 技术局部更新用户界面。

Ajax 的整个工作流程如图 7-3 所示，包括以下关键元素：

JavsScript：Ajax 技术的主要开发语言；

XML/JSON/HTML 等：用来封装请求或响应的数据格式；

DOM(文档对象模型)：通过 DOM 属性或方法修改页面元素，实现页面局部刷新；

CSS：用来改变样式，美化页面效果，提高用户体验；

Ajax 引擎：XMLHttpRequest 对象，以异步方式在客户端与服务器端之间传递数据，目前它已经得到了所有浏览器的良好支持。

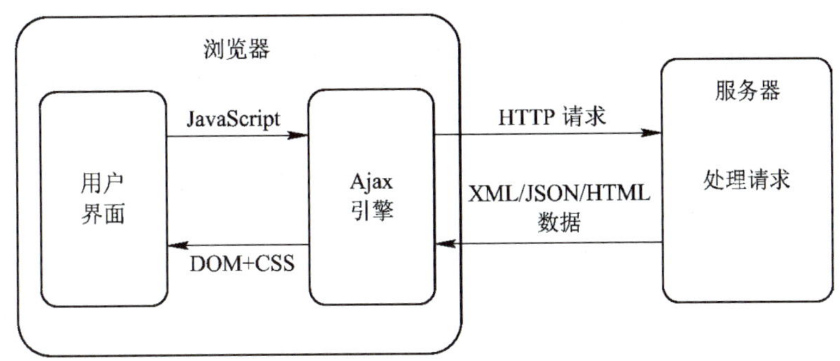

图 7-3　Ajax 工作流程

7.1.2　jQuery 的 $.ajax() 方法

直接使用纯 JavaScript 及 XMLHttpRequest 对象实现 Ajax，过程和代码编写相对比较复杂，并且如果服务器返回复杂结构的数据 (如 XML 格式)，处理起来也会比较烦琐，而且还要考虑浏览器的兼容性等一系列问题；而 jQuery 将 Ajax 相关的操作都进行了封装，只需调用一个 $.ajax() 方法即可完成请求的发送和复杂格式结果的解析，简单方便。

$.ajax() 方法等价于 jQuery.ajax()，可以通过发送 HTTP 请求加载远程数据，是 jQuery 最底层的 Ajax 实现，具有较高的灵活性。

语法如下：

```
$.ajax([settings]);
```

其中，settings 是 $.ajax() 方法的参数列表，用于配置 Ajax 请求的键值对集合。$.ajax() 方法常用配置参数说明如表 7-1 所示。如果想了解更多细节可参考 jQuery 官方文档。

表 7-1　$.ajax() 方法常用配置参数说明

参　数	类　型	说　　明
url	String	发送请求的地址，默认为当前页地址
type	String	请求方式，默认为 GET
data	Object 或 String	发送到服务器的数据
dataType	String	指定服务器返回的数据类型，如 XML、HTML、Script、JSON、JSONP、text 等
timeout	Number	设置请求超时时间 (ms)
global	Boolean	表示是否触发全局 Ajax 事件，默认为 true
success	Function	请求成功后调用的回调函数
error	Function	请求失败后调用的函数
complete	Function	请求完成后 (无论成功还是失败) 调用的函数
beforeSend	Function	发送请求前可修改 XMLHttpRequest 对象的函数

$.ajax() 方法的参数语法比较特殊。参数列表需要包含在一对花括号“{}”之间；每个参数以 " 参数名 ":" 参数值 " 的方式书写；如有多个参数，以逗号 (,) 隔开。例如：

```
$.ajax({        "url"     : "NameServlet",                    // 要提交的 URL 路径
```

```
        "type"      : "GET",                      // 发送请求的方式
        "data"      : "uname = " + name,          // 要发送到服务器的数据
        "dataType"  : "text",                     // 指定返回的数据格式
        "success"   : callBack,                   // 响应成功后要执行的代码
        "error"     : function() {                // 请求失败后要执行的代码
            alert(" 出现错误，请稍后再试或与管理员联系！");
        }
});
```

任务实现

把教材资源提供的漫画网站项目 cartoon 导入 Eclipse(也可重建)，然后按如下步骤完成任务。

一、完成数据访问层代码

用户名存在性验证的数据访问层代码已在前面的章节中完成，如图 7-4 所示，只涉及一个方法。

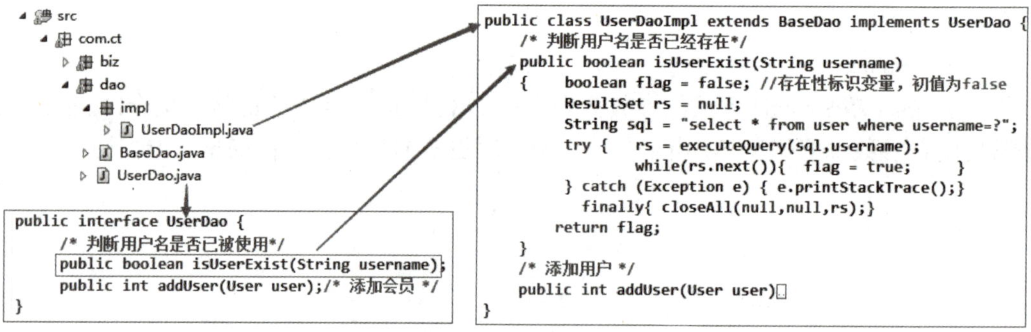

```
src
  com.ct
    biz
    dao
      impl
        UserDaoImpl.java
      BaseDao.java
      UserDao.java
```

```java
public interface UserDao {
    /* 判断用户名是否已被使用*/
    public boolean isUserExist(String username);
    public int addUser(User user);/* 添加会员 */
}
```

```java
public class UserDaoImpl extends BaseDao implements UserDao {
    /* 判断用户名是否已经存在*/
    public boolean isUserExist(String username)
    {   boolean flag = false; //存在性标识变量，初值为false
        ResultSet rs = null;
        String sql = "select * from user where username=?";
        try {   rs = executeQuery(sql,username);
                while(rs.next()){  flag = true;     }
        } catch (Exception e) { e.printStackTrace();}
          finally{ closeAll(null,null,rs);}
        return flag;
    }
    /* 添加用户 */
    public int addUser(User user)
}
```

图 7-4　数据访问层代码

二、完成业务逻辑层代码

如图 7-5 所示，在业务逻辑接口 (UserBiz) 中，新增用户名存在性验证方法；在业务逻辑类 (UserBizImpl) 中，通过调用数据访问层的方法来实现该功能。

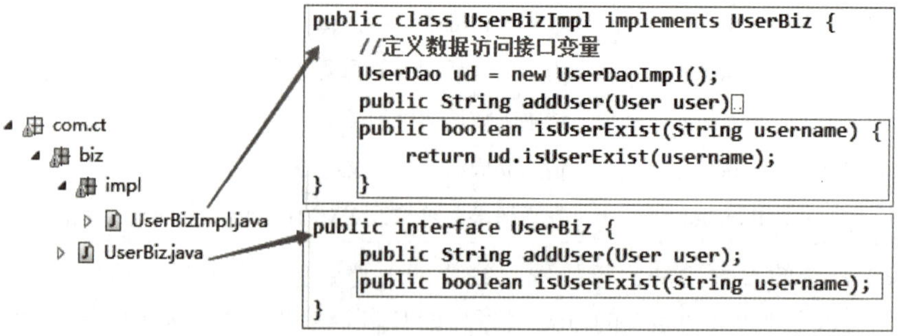

```
com.ct
  biz
    impl
      UserBizImpl.java
    UserBiz.java
```

```java
public class UserBizImpl implements UserBiz {
    //定义数据访问接口变量
    UserDao ud = new UserDaoImpl();
    public String addUser(User user)
    public boolean isUserExist(String username) {
        return ud.isUserExist(username);
}   }
```

```java
public interface UserBiz {
    public String addUser(User user);
    public boolean isUserExist(String username);
}
```

图 7-5　业务逻辑层代码

三、完成注册控制器代码

为了不和之前的代码混淆，这里新建一个 Servlet 类 (NameServlet)，专门用来处理用户名的存在性验证，并把结果返回客户端。关键代码如下：

```
public class NameServlet extends HttpServlet {
public void doGet(HttpServletRequest request, HttpServletResponse response)
            throws ServletException, IOException {
        String name = request.getParameter("uname"); // 获取请求参数
        UserBiz ub = new UserBizImpl();
        boolean used = ub.isUserExist(name); // 进行存在性验证
        response.setContentType("text/html;charset = UTF-8");
        PrintWriter out = response.getWriter();
        out.print(used); // 打印结果 (true 或 false)
        out.flush();
        out.close();
    }
    public void doPost(HttpServletRequest request, HttpServletResponse response)
            throws ServletException, IOException {
        request.setCharacterEncoding("UTF-8");
        this.doGet(request, response);
    }
}
```

四、完成用户名存在性的无刷新验证

1. 引入 jQuery 文件

在 WebRoot 下新建 js 文件夹，并把提前下载好的 jQuery 文件拷贝到该文件夹下，然后在注册页面 reg.jsp 中引入 jQuery 文件。例如：

```
<script type = "text/javascript" src = "js/jquery-1.12.4.min.js"></script>
```

2. 在账号文本框后面新增一个层标签

代码如下：

```
<input name = "uname" id = "uname" type = "text" /><!-- 添加 id 属性 -->
<div id = "nameDiv" style = "display: inline"></div><!-- 该层用于显示提示信息 -->
```

3. 完成无刷新验证代码

为用户名文本框 (uname) 添加失去焦点的事件处理函数，把请求提交给 NameServlet。然后根据结果 (true 或者 false)，在 nameDiv 层显示不同的提示消息。关键代码如下：

```
<script type = "text/javascript">
$(document).ready(function() {
        $("#uname").blur(function() {
        var name = this.value;
```

```
        if (name == null || name == "") {
            $("#nameDiv").html(" 用户名不能为空！");
        } else {
            $.ajax({
                "url"       : " NameServlet ",          // 要提交的 URL 路径
                "type"      : "POST",                   // 发送请求的方式
                "data"      : "uname = " + name,        // 要发送到服务器的数据
                "dataType"  : "text",                   // 指定返回的数据格式
                "success"   : callBack,                 // 响应成功后要执行的代码
                "error"     : function() {              // 请求失败后要执行的代码
                    alert(" 用户名验证时出现错误，请稍后再试或与管理员联系！");
                }
            });
            // 响应成功时的回调函数
            function callBack(data) {
                if (data == "true") {
                    $("#nameDiv").html(" 用户名已被使用！");
                } else {
                    $("#nameDiv").html(" 用户名可以使用！");
                }
            }//end of callBack()
        }
    });//end of blur()
});
</script>
```

拓展与提高

页面对不同访问者的响应叫作事件，如在元素上移动鼠标、选取单选按钮、单击元素等。事件处理程序指的是当 HTML 中发生某些事件时所调用的方法。在事件中经常使用术语“触发”(或“激发”)，例如：“当您按下按键时触发 keypress 事件”。

常见的 DOM 事件如表 7-2 所示。

表 7-2 常见的 DOM 事件

鼠标事件	键盘事件	表单事件	文档 / 窗口事件
click	keypress	submit	load
dblclick	keydown	change	resize
mouseenter	keyup	focus	scroll
mouseleave		blur	unload

在 jQuery 中，大多数 DOM 事件都有一个等效的 jQuery() 方法。例如，在页面中指定一个单击事件：

```
$("p").click();
```

下一步是编写事件处理代码，可以通过一个事件函数实现。例如：

```
$("p").click(function(){ // 动作触发后执行的代码！ });
```

可以看到实例中的 jQuery 函数位于一个 document ready 函数中：

```
$(document).ready(function(){ // 开始写 jQuery 代码 });
```

这是为了防止文档在完全加载 (就绪) 之前运行 jQuery 代码，即在 DOM 加载完成后才可以对 DOM 进行操作。

document ready 函数的简洁写法是：

```
$(function(){ // 开始写 jQuery 代码 });
```

以上两种写法的效果相同。

技能训练

一、目的

能够使用 jQuery 的 $.ajax() 方法实现页面局部刷新。

二、要求

如图 7-6 和图 7-7 所示，模仿任务案例，实现漫画的存在性验证。

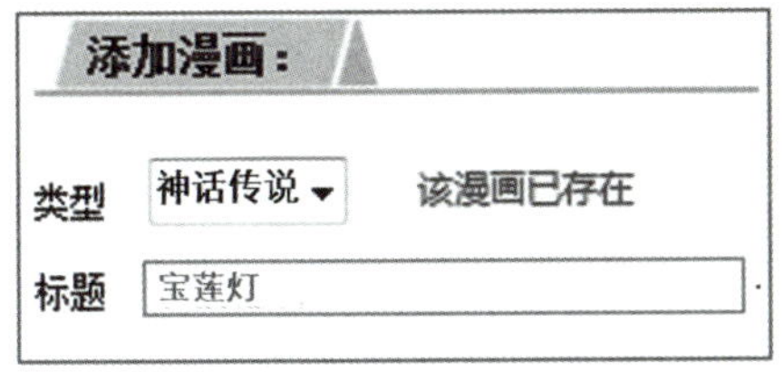

图 7-6　漫画已存在

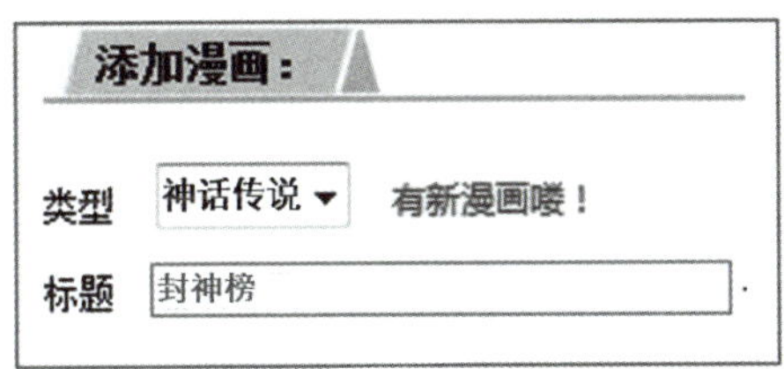

图 7-7　漫画不存在

任务 7.2　使用 JSON 生成漫画类型列表

任务描述

如图 7-8 所示，用 Servlet 获取漫画类别列表，并拼接成 JSON 文本；然后，在客户端通过 $.ajax() 方法调用后台的 Servlet，获取漫画类别的 JSON 文本，并进行解析和显示。

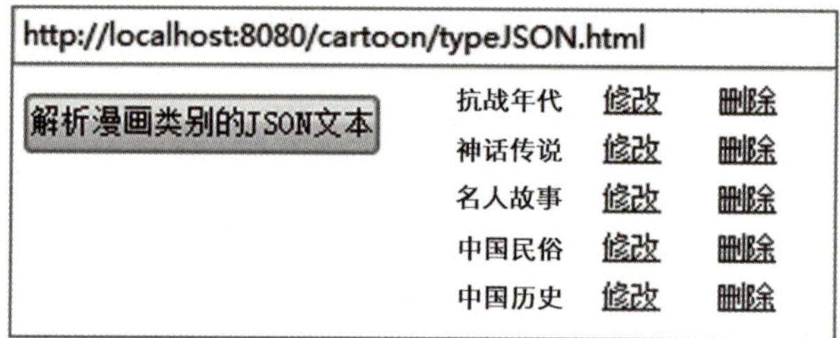

图 7-8 解析漫画类别的 JSON 文本

技能目标

✧ 熟悉 JSON 的文本格式。
✧ 掌握解析 JSON 文本的方法。
✧ 能够运用 Ajax 获取并解析 JSON 数据。

知识链接

7.2.1 JSON 简介

在前面介绍的 Ajax 实现中，服务器响应内容是一些含义简单的文本，对于更多应用，例如电商网站中动态加载商品评论、电子邮件 Web 客户端动态加载新邮件列表等，是远远不够的。这就需要用到一些结构化的数据表示方式，JSON 就是其中之一。

JSON(JavaScript Object Notation) 是一种轻量级的数据交换格式。它基于 JavaScript 的一个子集，采用完全独立于语言的文本格式。JSON 类似于实体类对象，通常用来在客户端和服务器之间传递数据。

JSON 的语法较简单，只需掌握如何使用 JSON 定义对象和数组即可。

1. 定义 JSON 对象

语法如下：

```
var JSON 对象 = {name:value , name:value, ... };
```

JSON 数据以名值对的格式书写，名和值用 “:” 隔开，各名值对之间用 “,” 隔开，整个表达式放在 “{}” 中。其中，name 必须是字符串，由双引号 (" ") 括起来，value 可以是 String、Number、bealoon、null、对象、数组。例如：

```
var person = {"name" : " 张三 ","age" : 30 };
```

2. 定义 JSON 数组

语法如下：

```
var JSON 数组 = [ value, value, ...]
```

JSON 数组的整个表达式放在 “[]” 中，元素之间用 “,” 隔开。

例如，字符串数组 [" 中国 "," 美国 "," 俄罗斯 "] 和对象数组 [{"name":" 张三 ","age" : 30}，{"name":" 李四 ","age":20}]。

7.2.2　JSON 的基本用法

JSON 最常见的用法之一，是从 Web 服务器上读取 JSON 数据 (作为文件或作为 HttpRequest)，将 JSON 数据转换为 JavaScript 对象，然后在网页中使用该数据。使用过程一般分两步：

(1) 添加用于显示 JSON 数据的页面元素。

(2) 用 JavaScript 获取 JSON 数据，并将其显示在相应的页面元素中。

在页面中解析 JSON 数据可以通过以下两种方法来完成。

1. 用 JavaScript 解析 JSON

由于 JSON 语法是 JavaScript 语法的子集，故 JavaScript 函数 eval() 可用于将 JSON 文本转换为 JavaScript 对象。需要注意的是，必须把文本包围在括号中，才能避免语法错误。如示例 7-2-1 所示，使用字符串作为输入进行操作。

【示例 7-2-1】

```
<html><body>
        <h2> 从 JSON 字符串中创建对象 </h2>
        网站名 : <span id = "name"></span><br>
        网站地址 : <span id = "url"></span><br>
        <script>  var txt = '{ "sites" : ['
                    + '{ "name":" 百度 " , "url":"www.baidu.com" },'
                    + '{ "name":" 谷歌 " , "url":"www.google.com" },'
                    + '{ "name":" 微博 " , "url":"www.weibo.com" } ]}';
            var obj = eval("(" + txt + ")");
            document.getElementById("name").innerHTML = obj.sites[0].name;
            document.getElementById("url").innerHTML = obj.sites[0].url;
        </script>
</body></html>
```

运行结果如图 7-9 所示。

http://localhost:8080/example7-2/ex7-2-1.html

JavaScript解析JSON

网站名: 百度
网站地址: www.baidu.com

图 7-9　示例 7-2-1 的运行结果

2. 用 jQuery 解析 JSON

可以通过 jQuery.parseJSON() 函数解析 JSON。如示例 7-2-2 所示，使用字符串作为输入，将 JSON 文本转换为 JavaScript 对象，然后遍历数据元素，并以表格的形式输出。

【示例 7-2-2】

```
<html><body>
        <h2>jQuery 解析 JSON</h2>
        用表格形式输出 :<div id = "objectArrayDiv"></div>
        <script> var txt = '{ "sites" : ['
                    + '{ "name":" 百度 " , "url":"www.baidu.com" },'
                    + '{ "name":" 谷歌 " , "url":"www.google.com" },'
                    + '{ "name":" 微博 " , "url":"www.weibo.com" } ]}';
            var obj = $.parseJSON(txt);
            var $table = $("<table border = '1'></table>")
            .append( "<tr><th> 站名 </th><th> 地址 </th></tr>");
    $(obj.sites).each(function() {
        $table.append("<tr><td>" + this.name + "</td><td>" + this.url + "</td></tr>");
    });
  $("#objectArrayDiv").append($table);
</script></body></html>
```

运行结果如图 7-10 所示。

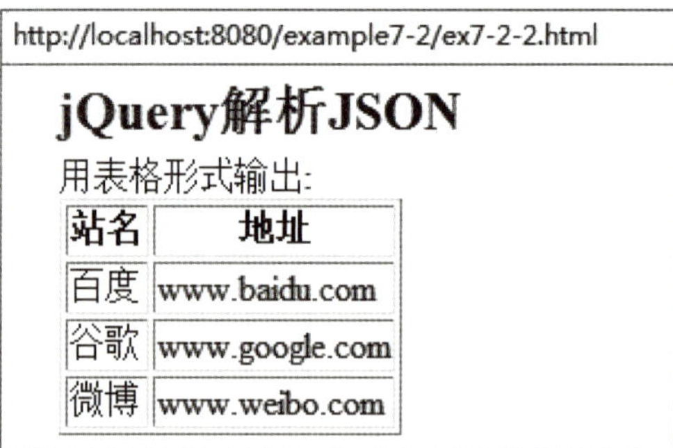

图 7-10　示例 7-2-2 的运行结果

任务实现

把本书配套资源提供的漫画网站项目 cartoon 导入 Eclipse(也可重建)，然后按如下步骤完成任务。

一、创建用于返回 JSON 文本的 Servlet

由于与漫画类别相关的数据访问和业务逻辑代码在前面的章节中已经完成，因此这里直接创建控制器 Servlet(TypeJSONServlet)，调用业务逻辑代码获取漫画类型列表，并将其拼接成 JSON 文本，返回给客户端。具体代码如图 7-11 所示。

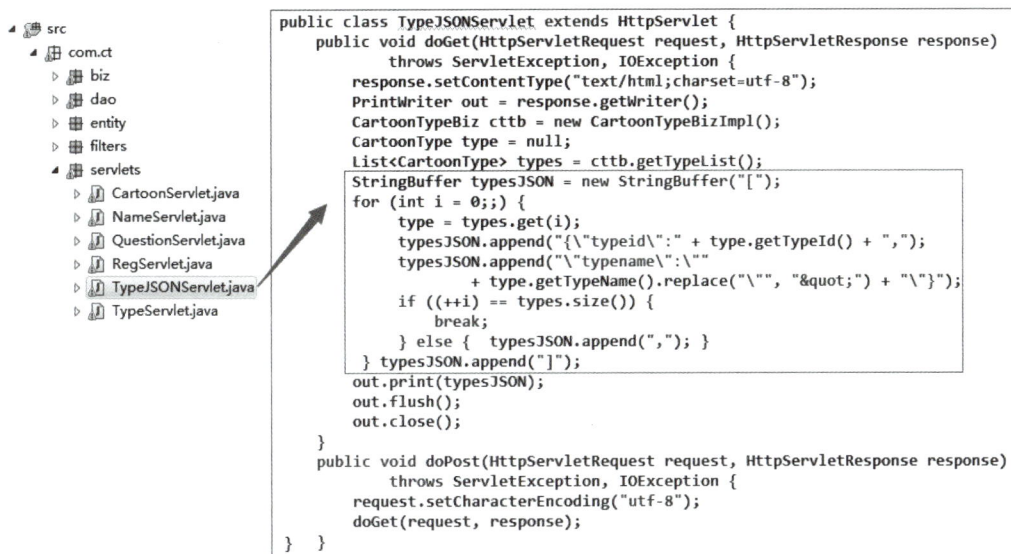

```
src
  com.ct
    biz
    dao
    entity
    filters
    servlets
      CartoonServlet.java
      NameServlet.java
      QuestionServlet.java
      RegServlet.java
      TypeJSONServlet.java
      TypeServlet.java
```

```java
public class TypeJSONServlet extends HttpServlet {
    public void doGet(HttpServletRequest request, HttpServletResponse response)
            throws ServletException, IOException {
        response.setContentType("text/html;charset=utf-8");
        PrintWriter out = response.getWriter();
        CartoonTypeBiz cttb = new CartoonTypeBizImpl();
        CartoonType type = null;
        List<CartoonType> types = cttb.getTypeList();
        StringBuffer typesJSON = new StringBuffer("[");
        for (int i = 0;;) {
            type = types.get(i);
            typesJSON.append("{\"typeid\":" + type.getTypeId() + ",");
            typesJSON.append("\"typename\":\""
                    + type.getTypeName().replace("\"", "&quot;") + "\"}");
            if ((++i) == types.size()) {
                break;
            } else {  typesJSON.append(","); }
         } typesJSON.append("]");
        out.print(typesJSON);
        out.flush();
        out.close();
    }
    public void doPost(HttpServletRequest request, HttpServletResponse response)
            throws ServletException, IOException {
        request.setCharacterEncoding("utf-8");
        doGet(request, response);
}   }
```

图 7-11　TypeJSONServlet 关键代码

二、在客户端获取并解析 JSON 文本

1. 获取漫画类型的 JSON 文本

编写 initTypes() 方法，用于通过 $.ajax() 方法调用 TypeJSONServlet，获取 JSON 文本。

2. 解析并显示漫画列表

编写 processTypeList(data) 方法，用于解析漫画类型的 JSON 文本，并用 <ul> 页面元素对其进行显示，然后把该方法作为 initTypes() 方法中 $.ajax() 的“success”参数值。

3. 为按钮添加事件处理代码

获取数据显示按钮，并把 initTypes() 方法绑定到该按钮的单击事件中。

关键代码如下：

```html
<!DOCTYPE html>
<html>
   <head><title>typeJSON.html</title>
      <meta name = "content-type" content = "text/html;charset = GBK">
      <script type = "text/javascript" src = "js/jquery-1.12.4.min.js"></script>
      <script type = "text/javascript">
      $(document).ready(function($) {
```

```
        function initTypes() { // 使用 Ajax 技术获取漫画类型列表数据
            $.ajax({
                "url"         : "TypeJSONServlet",
                "type"        : "GET",
                "data"        : "",
                "dataType"    : "json",
                "success"     : processTypeList
            });
        }
        function processTypeList(data) {   // 展示类型列表
            var $typesList = $("#type_area>ul").empty();
            for (var i = 0; i < data.length; i++) {
                $typesList.append("<li>" + data[i].typename
                    + "<span>"+ "         "
                    + "<a href = '#'> 修改 </a>         "
                    + "<a href = '#' onclick = 'return clickdel()'> 删除 </a>"
                    + "</span></li>");
            }
        }
        var $link = $("#show");            // 获取按钮
        $link.click(initTypes);            // 设置按钮的单击事件
        });
    </script>
  </head>
  <body>
    <button id = "show"> 解析漫画类别的 JSON 文本 </button>
    <div id = "type_area"><ul></ul></div>
  </body>
</html>
```

拓展与提高

json-lib 是一个 Java 类库（官网：http://json-lib.sourceforge.net/），可以实现如下功能：

(1) 转换 javabeans、maps、collections、java arrays 和 XML 成为 JSON 格式的数据。

(2) 转换 JSON 格式的数据成为 JavaBean 对象。

需要注意的是，在将 JSON 形式的字符串转换为 JavaBean 时，该 JavaBean 必须有无参构造函数，否则会出现找不到初始化方法的错误。

在项目中导入 json-lib 包 (这里以 json-lib-2.4-jdk15.jar 为例) 及其所依赖的包，即可方便地解析 JSON 文本。具体方法如示例 7-2-3 所示。

【示例 7-2-3】

```
System.out.print(" 将 Array 解析成 Json 串 :");
String[] str = { "Jack", "Tom", "90", "true" };
JSONArray json = JSONArray.fromObject(str);
System.out.println(json);
System.out.print(" 将集合解析成 Json 串 :");
List<String> list = new ArrayList<String>();
list.add("Tom");  list.add("Jerry");
json = JSONArray.fromObject(list);
System.out.println(json);
System.out.print(" 将 Json 串转换成 Array:");
JSONArray jsonArray = JSONArray.fromObject("[89,90,99]");
Object array = JSONArray.toArray(jsonArray);
System.out.println(Arrays.asList((Object[]) array));
```

运行结果如图 7-12 所示。

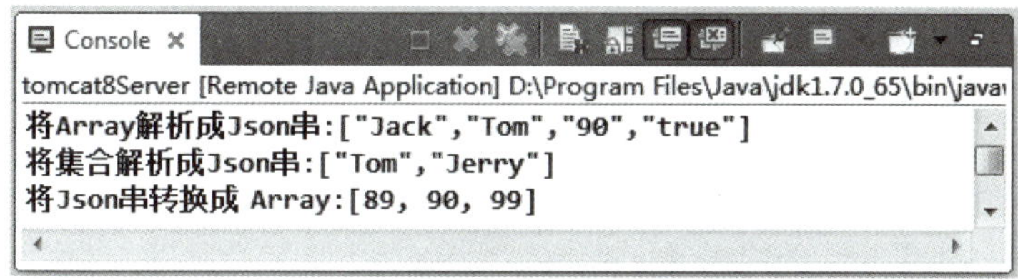

图 7-12　示例 7-2-3 的运行结果

■ 启示：加强社会服务能力，提高服务质量。

怎样去衡量一个网站成功与否呢？用户对它的喜好程度决定了这个网站开发的成功与否。因此，在开发过程中，开发者需要更多地去关注用户体验，不断提高服务能力和服务质量。这是项目团队的重要素养，也是整个项目进展的前提。

技能训练

一、目的

能够运用 Ajax 获取并解析 JSON 数据。

二、要求

如图 7-13 所示，模仿任务案例，运用 Ajax 技术从后台获取漫画列表的 JSON 文本，并在单击相应的按钮后，把解析后的漫画信息显示在页面上。

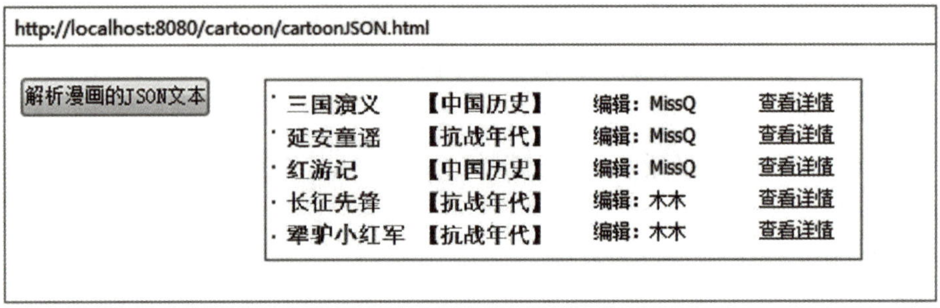

http://localhost:8080/cartoon/cartoonJSON.html

解析漫画的JSON文本

· 三国演义	【中国历史】	编辑：MissQ	查看详情
· 延安童谣	【抗战年代】	编辑：MissQ	查看详情
· 红游记	【中国历史】	编辑：MissQ	查看详情
· 长征先锋	【抗战年代】	编辑：木木	查看详情
· 犟驴小红军	【抗战年代】	编辑：木木	查看详情

图 7-13 用 Ajax 技术获取并解析漫画的 JSON 文本

单 元 练 习

一、选择题

1. 以下哪个技术不是 Ajax 技术体系的组成部分？(　　)

A. XMLHttpRequest　　B. DHTML

C. CSS　　D. DOM

2. 创建一个对象 obj，该对象包含一个名为“name”的属性，其值为“value”。以下哪一段 JavaScript 代码无法得到上述结果？(　　)

A. var obj = new Object(); obj["name"] = "value";

B. var obj = new Object(); obj.prototype.name = "value";

C. var obj = {name : "value"};

D. var obj = new function() { this.name = "value"; }

3. 下列哪些方法或属性是 Web 标准中规定的？(　　)

A. all()　　B. innerHTML

C. getElementsByTagName()　　D. innerText

4. 不同的 HTTP 请求响应代码表示不同的含义，下面表示请求被接受，但处理未完成的是(　　)。

A. 200　　B. 202

C. 400　　D. 404

5. 以下关于 Ajax 的说法正确的是(　　)。

A. Ajax 是一种同步的 Web 访问技术

B. Ajax 的核心就是对 XMLHttpRequest 对象的操作

C. XMLHttpRequest 对象的创建是跨浏览器的

D. XMLHttpRequest 对象不能发送 POST 请求

二、简答题

1. XMLHttpRequest 是什么？

2. Ajax 由哪些组件组成？各组件的作用是什么？

3. Ajax 中向服务器发送消息的 get 和 post 有什么区别？

4. 写出 JSON 的具体形式。

三、代码题

用 Ajax 技术实现如图 7-14 所示的级联菜单。

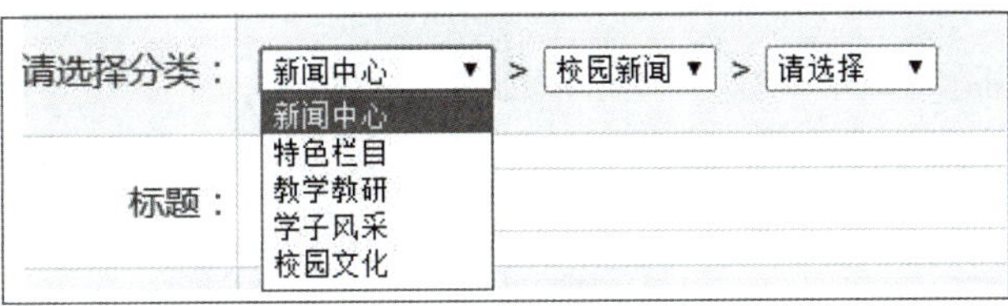

图 7-14　级联菜单

第 8 章　综合实战项目

情景描述

在中华大地上发生过很多中国人民奋勇抗争、自强不息、艰苦奋斗，充分显示伟大民族精神的重大事件、重大活动和重要人物事迹。这些红色记忆作为中国共产党带领中国人民争取民族独立、国家富强奋斗史的精神财富，其重要性不言而喻。红色记忆旅游活动是传承红色基因、传播红色文化的有效途径之一，而相关网站的建设则是开拓红色记忆旅游服务渠道的重要手段。

本章要求读者根据需求分析，运用 JSP&Servlet、JDBC、会话跟踪、EL&JSTL 及过滤器等技术，基于 MVC 设计模式和三层架构实现一个红色记忆旅游网站。

学习目标

✧ 熟练开发 Web 应用程序的基本流程。
✧ 加强对 JSP&Servlet 技术的应用。
✧ 巩固对 JDBC、EL&JSTL、过滤器等技术的理解和应用。
✧ 加深对 MVC 的理解。
✧ 加强对所学的 JavaWeb 技术进行综合应用的能力。
✧ 培养数据素养和创新意识。
✧ 培养科学系统的软件工程思维。
✧ 强化 B/S 程序架构的全局观。

任务 8.1　需 求 分 析

8.1.1　项目概述

作为一个以红色记忆为主题的旅游网站，除了应包含旅行景区、食宿、交通等信息之外，还应突出红色旅游的学习性，主要是指以学习中国革命史为目的，以旅游为手段，达到“游中学、学中游”，寓教于游的境界。

网站设计应注重与游客的交互性，操作方便简单，游客可以通过浏览网站对景点的相关信息有初步的了解。主页应注意更新，各种节日促销优惠活动应及时更新推送，提升用户体验的同时，对景点本身也是一个很好的宣传和推广。

8.1.2　功能分析

一个综合旅游服务网站应能提供旅游信息的汇集、传播与交流等功能，如旅游信息的检索、旅游产品或服务的在线销售(包括票务、食宿、旅游组团等)，方便游客熟悉景区各类信息，并通过浏览网站对景点有比较真实和丰富的了解，同时方便景区管理人员与游客进行沟通，提高服务水平。图 8-1 所示为红色记忆旅游网站的系统功能结构图。

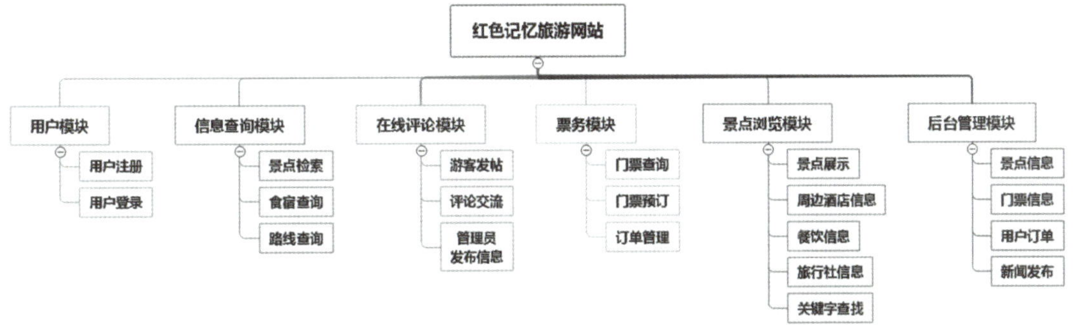

图 8-1　红色记忆旅游网站的系统功能结构图

该网站的主要功能划分如下。

1. 用户模块

用户模块设置普通会员及管理员权限，实现的主要功能包括新用户注册、老用户登录。

通过输入正确的账号和密码实现登录网站，是会员操作的第一步。这个过程涉及登录界面的显示、用户输入数据的获取及用户信息的验证。

2. 信息查询模块

信息查询模块主要是方便用户对景点、食宿、路线等进行相关检索，并返回检索结果。系统根据用户选择的检索方式和输入的关键字进行相关检索，获取用户需要的数据。

3. 在线评论模块

在线评论模块主要是方便游客和管理人员进行沟通和交流。游客可以随时随地发帖子，方便景区管理人员在掌握各方面反馈意见的同时发布景点的最新信息。

4. 票务模块

票务模块提供景区门票查询与订购功能。用户浏览相关景区信息后，可通过本模块的一个购物车实现网上订票。游客可以查看和修改购物车的信息、提交订单及查看历史订单。

5. 景点浏览模块

景点浏览模块的主要功能包括景点展示及周边酒店、餐饮、旅行社等信息，并且可以根据景点名、所在地等关键字查找相关景点的信息。

6. 后台管理模块

管理员可以通过后台管理模块对后台数据进行修改，如景点信息的发布、修改、删除，门票信息的更新，用户订单信息的审核、取消或确认，同时还可以及时发布站内信息及新闻等。

任务 8.2 数据库设计

通过对红色记忆旅游网站进行功能分析，可以把主要数据进行如下划分(仅供读者参考，如需增加功能，可以重新设计数据结构)。

- 景点(景点 ID、景点名称、景点简介、推荐指数、景点详情、门票价钱、门票库存、开放时间、景点交通、景点食宿、景点图片、论坛链接)。
- 酒店(酒店 ID、酒店名称、酒店星级、酒店房型、酒店地址、酒店联系方式、酒店外部图片、酒店内部图片、酒店简介、酒店链接、关联景点 ID)。
- 旅行线路(线路 ID、线路名称、线路报价、所需时间、行程安排、途经景点、线路备注、景点图片、攻略链接)。
- 公告(公告 ID、公告标题、公告的内容、发布日期、详情链接)。
- 管理员(管理员 ID、管理员账号、管理员密码)。
- 用户(用户 ID、账号、密码、姓名、性别、年龄、E-mail、联系电话)。
- 用户订单(订单 ID、用户 ID、景点 ID 或旅游路线 ID、折扣、付费方式、实付费用、订单状态、提交时间、付费时间)。
- 评论(评论 ID、用户 ID、景点 ID、点评日期、点评内容、关联评论 ID)。

任务 8.3 参考界面设计

读者可以根据需要进行界面设计。以下界面仅供参考。

1. 登录页面

会员必须登录之后才能订购门票、参与评论。登录页面如图 8-2 所示。

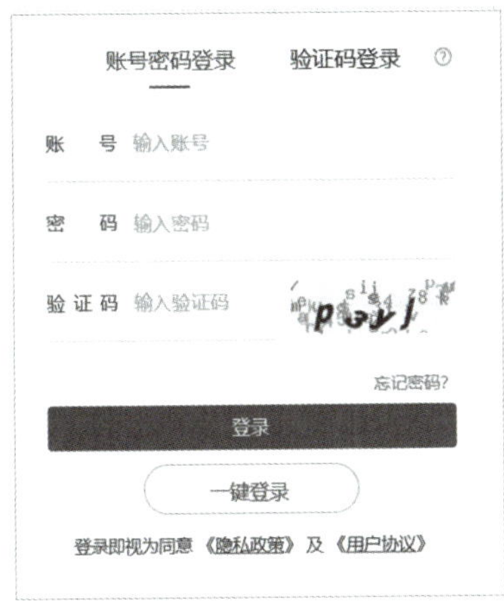

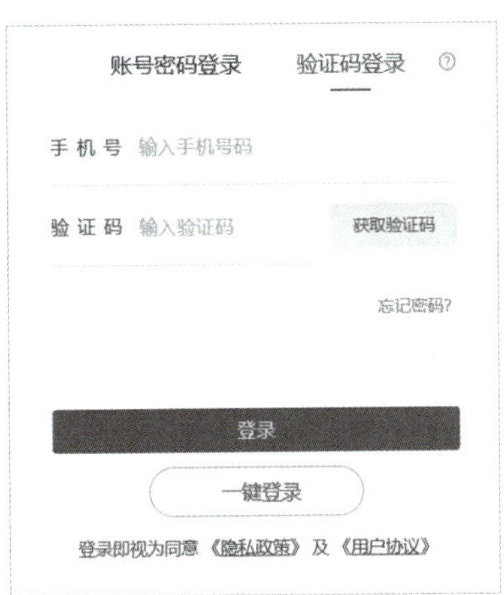

图 8-2 登录页面

2. 注册页面

用户需要先进行注册才能成为会员。注册页面如图 8-3 所示。

真实姓名 请输入真实姓名（其他用户不可见）
手机号 请使用你的手机注册
短信验证码 发送验证码 请输入6位短信验证码
昵称 昵称一经注册，不能更改 2-12个中英文或数字
密码 8-20个字符，建议使用大小写字母及数字
确认密码 请再次输入密码
我已阅读并同意 个人信息保护政策
提交 重置

图 8-3 注册页面

3. 网站主页

网站主页面提供了站点主要信息和其他所有功能的入口。网站主页面如图 8-4 所示。

图 8-4 网站主页面

4. 其他页面

其他页面可以根据功能进行合理布局，自主设计。图 8-5 是红色故事的参考页面。

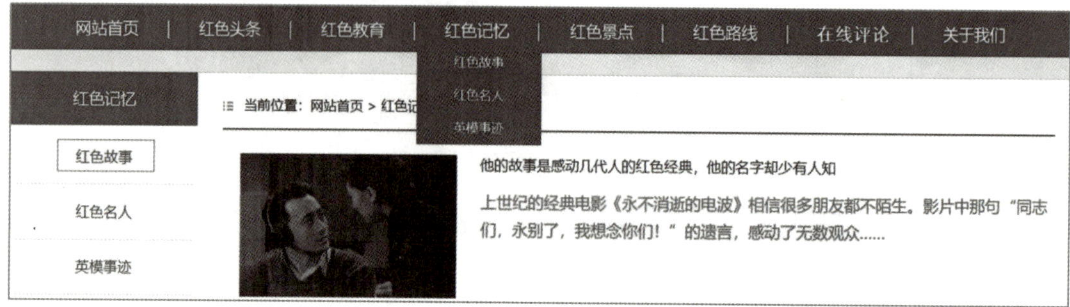

图 8-5　红色故事页面

参考文献

[1] 李兴华，马云涛．Java Web 开发实战 [M]．北京：人民邮电出版社，2022.

[2] 孙鑫．Servlet/JSP 深入详解 [M]．北京：电子工业出版社，2019.

[3] 千锋教育高教产品研发部．Java Web 开发实战 [M]．北京：清华大学出版社，2018.

[4] 唐大仕．Java 程序设计 [M]．北京：北京交通大学出版社，2021.

[5] 张娜，王嘉．Java Web 开发技术教程 [M]．北京：清华大学出版社，2023.

[6] 马军霞，张志锋，皇安伟．JSP 程序设计实训与案例教程 [M]．2 版．北京：清华大学出版社，2019.

[7] 杨占胜，王鸽，王海峰．JSP Web 应用程序开发教程 [M]．2 版．北京：电子工业出版社，2018.

[8] 黑马程序员团队．Java Web 程序设计任务教程 [M]．2 版．北京：人民邮电出版社，2022.

[9] 沈泽刚．Java Web 编程技术 [M]．3 版．北京：清华大学出版社，2019.

[10] 杨文，吴奇英．Java Web 开发系统项目教程 [M]．北京：人民邮电出版社，2019.

[11] 李俊，胡众义，叶晓丰，张笑钦．Java Web 开发基础教程 [M]．北京：清华大学出版社，2021.

[12] 曹慧，艾迪．Java Web 应用开发 [M]．北京：人民邮电出版社，2022.

[13] 蒋亚平．Java Web 开发从入门到实战 [M]．北京：人民邮电出版社，2025.

[14] 陈恒，姜学．Java Web 开发从入门到实战 [M]．北京：清华大学出版社，2019.

[15] 何月顺．jsp 动态网页设计案例教程 [M]．北京：电子工业出版社，2021.

[16] 伊雯雯．基于 MVC 的 Java Web 开发项目式教程 [M]．北京：人民邮电出版社，2019.

[17] 马建红，李学相，韩颖，王瑞娟，张晗．JSP 应用与开发技术 [M]．3 版．北京：清华大学出版社，2019.

[18] 苗连强．JSP 程序设计基础教程 [M]．北京：人民邮电出版社，2019.

[19] 刘华贞．JSP + Servlet + Tomcat 应用开发从零开始学 [M]．3 版．北京：清华大学出版社，2023.

[20] 耿祥义，张跃平．JSP 实用教程 [M]．4 版．北京：清华大学出版社，2020.